近代日本のフードチェーン

海外展開と地理学

荒木一視 著

海青社

1 戦前の地図帳にみるアジア(1)……アジア洲

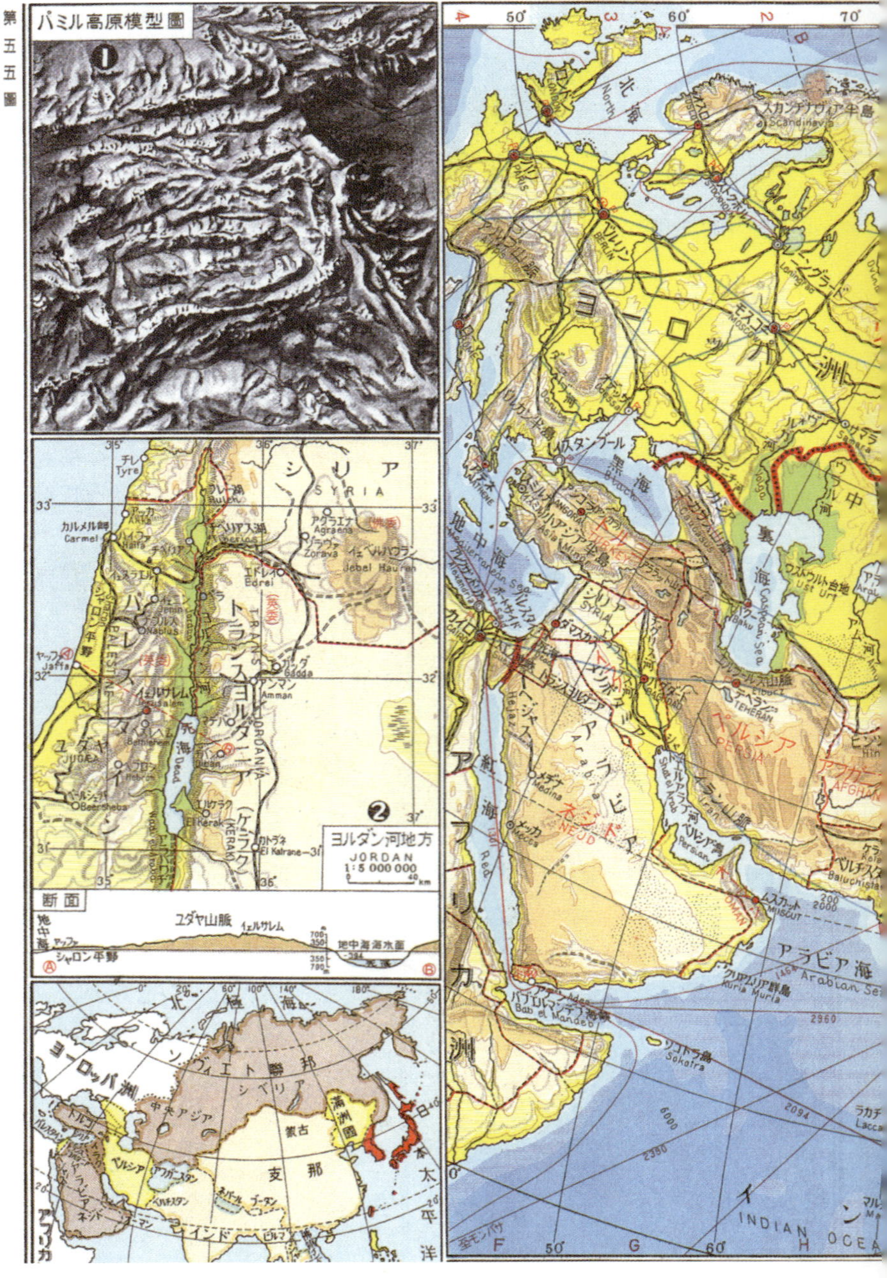

▲『地図で見る昭和の動き』帝国書院 2004 による復刻版地図帳
昭和９年版『増訂改版新選詳図世界之部』よりアジア洲

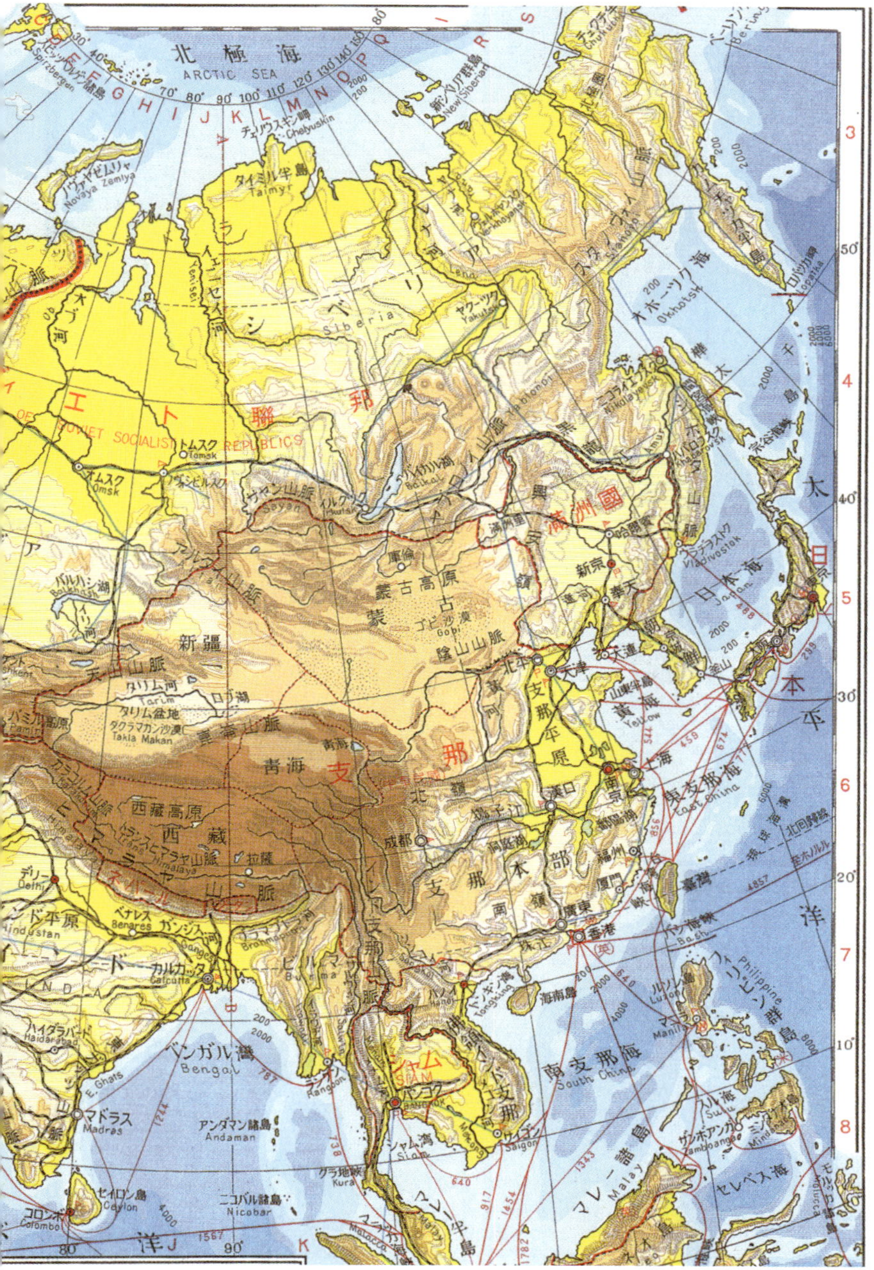
北極海
ARCTIC SEA
Spitzbergen
新シベリア群島
New Siberian
チェリウスキン岬
Chelyuskin
ノヴァヤゼムリャ
Novaya Zemlya
タイミル半島
Taimyr
ベーリング
Bering
オホーツク海
Okhotsk
ヤクーツク
Yakutsk
Siberia
オブ河
Ob
Yenisei
トムスク
Tomsk
オムスク
Omsk
ノヴォシビルスク
OF SOVIET SOCIALIST REPUBLICS
聯
邦
バイカル湖
Baikal
イルクーツク
Irkutsk
サヤン山脈
Sayan
ニコライエフスク
Nikolayevsk
ハバロフスク
Khabarovsk
ウラジオストク
Vladivostok
滿洲國
滿洲里
哈爾賓
新京
奉天
日本海
Japan
宗谷海峡
太
日
京
本
平
バルハシ湖
Balkhash
イリ河
新疆
天山山脈
タリム河
Tarim
ロブ湖
タリム盆地
タクラマカン沙漠
Takla Makan
パミル高原
Pamir
崑崙山脈
青海
支
那
蒙古高原
蒙
古
ゴビ沙漠
Gobi
陰山山脈
庫倫
北平
天津
大連
遼河
黃河
山東半島
黃海
Yellow
支那平原
南京
上海
漢口
東支那海
East China
北回歸線
臺灣
福州
厦門
廣東
香港
バシー海峡
Bashi
カラコルム山脈
西藏高原
西藏
トランスヒマラヤ山脈
Trans Himalaya
ヒマラヤ山脈
Himalaya
拉薩
成都
洞庭湖
支那本部
南嶺
デリー
Delhi
インド平原
Hindustan
ベナレス
Benares
ガンジス河
Ganges
ブラマプトラ河
Brahmaputra
カルカッタ
Calcutta
ビルマ
Burma
トンキン湾
Tongking
海南島
フィリピン群島
Philippine
ルソン島
Luzon
マニラ
Manila
南支那海
South China
ハイデラバード
Haidarabad
ベンガル湾
Bengal
E. Ghats
マドラス
Madras
ラングーン
Rangoon
シャム
SIAM
バンコク
Bangkok
サイゴン
Saigon
アンダマン諸島
Andaman
シャム湾
Siam
クラ地峡
Kura
ニコバル諸島
Nicobar
セイロン島
Ceylon
コロンボ
Colombo
マレー半島
マラッカ
Malacca
マレー諸島
Malay
ザンボアンガ
Zamboanga
スル海
Sulu
ミンダナオ島
Mindanao
セレベス海
モルッカ
洋

第五五圖

2 戦前の地図帳にみるアジア(2)……台湾

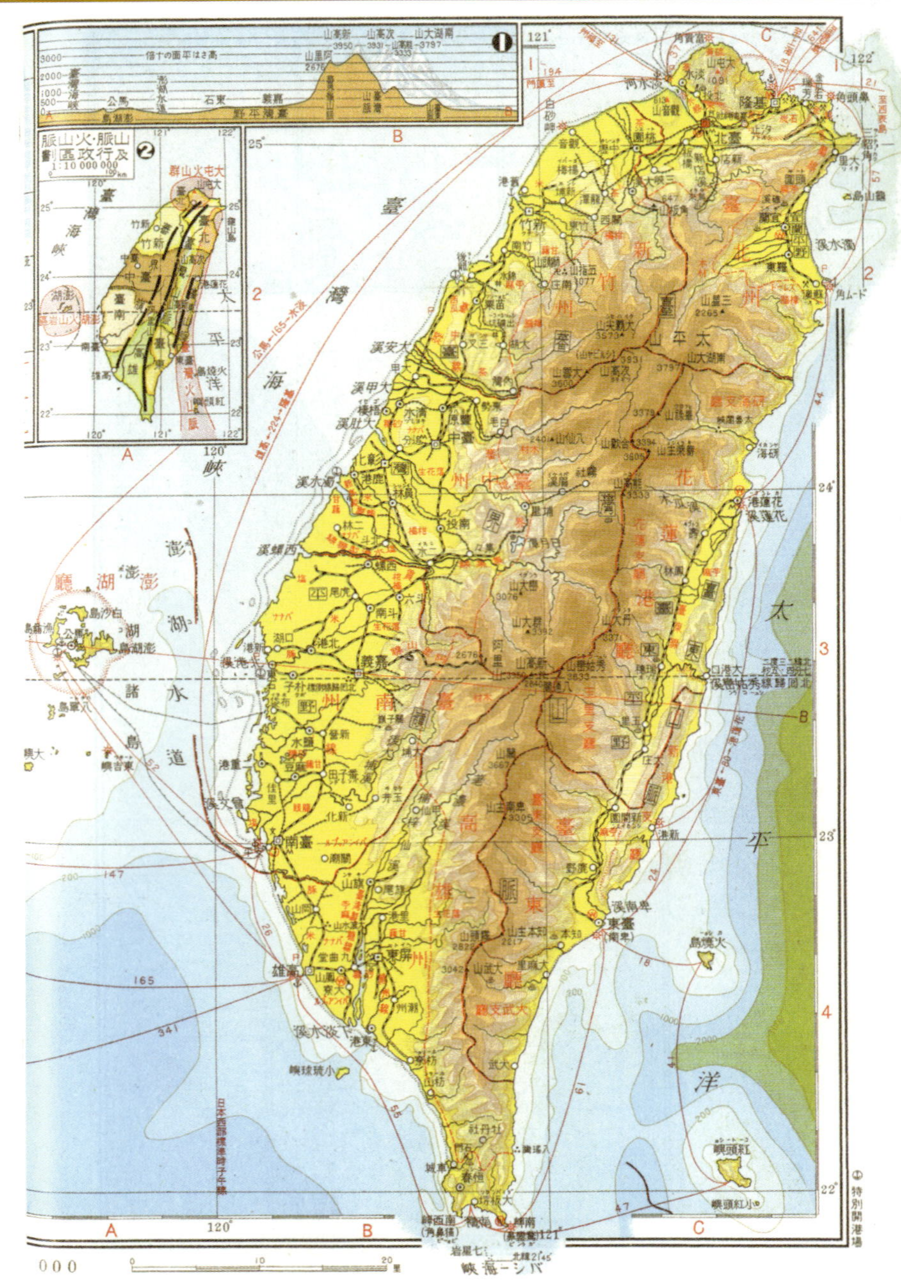

▲『地図で見る昭和の動き』帝国書院 2004 による復刻版地図帳
昭和９年版『増訂改版新選詳図帝國之部』より台湾地方

3 戦前の地図帳にみるアジア(3)……朝鮮

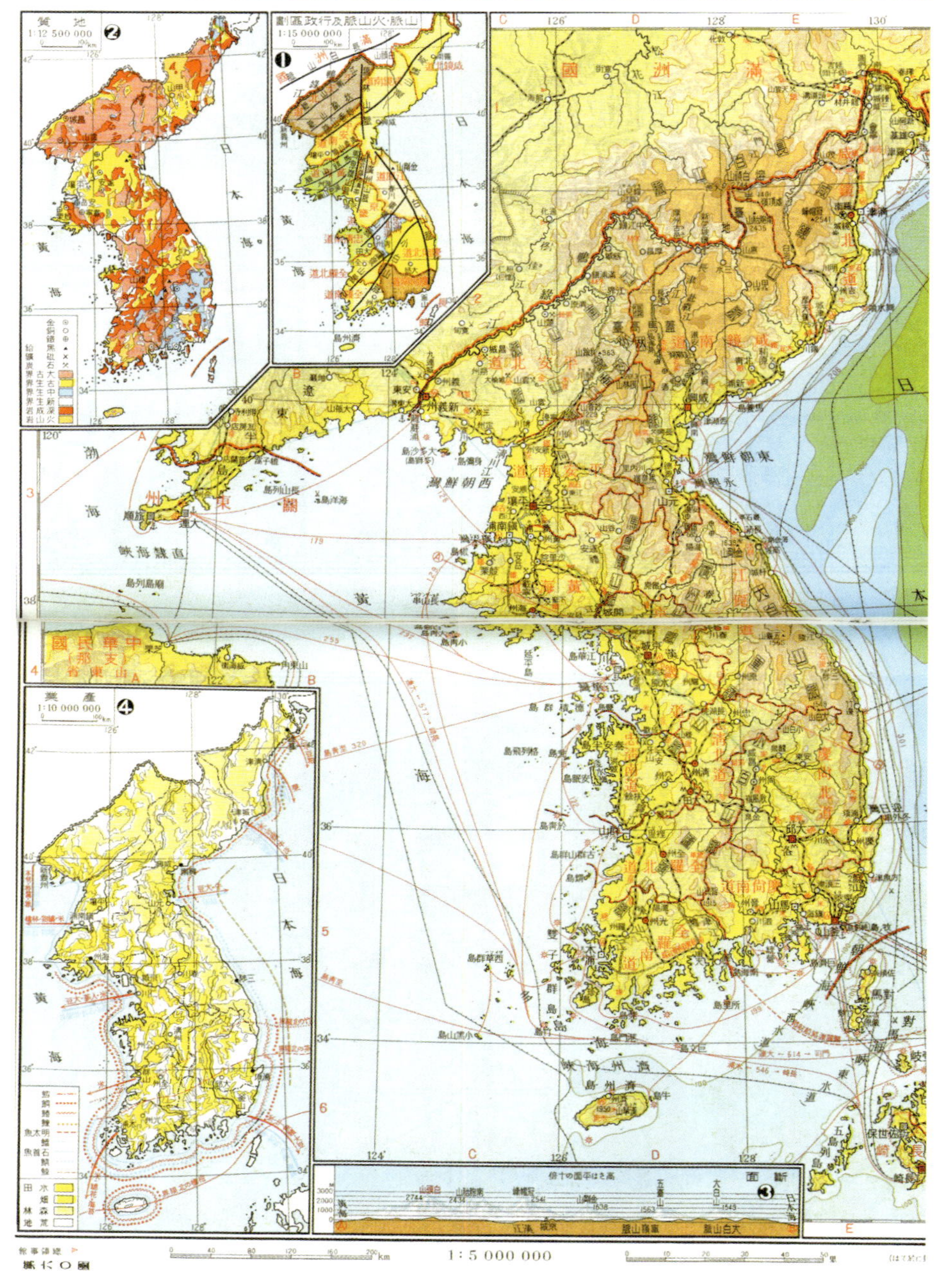

▲『地図で見る昭和の動き』帝国書院 2004 による復刻版地図帳
昭和 9 年版『増訂改版新選詳図帝國之部』より朝鮮地方

4 戦前の地図帳にみるアジア（4）……日本海時代

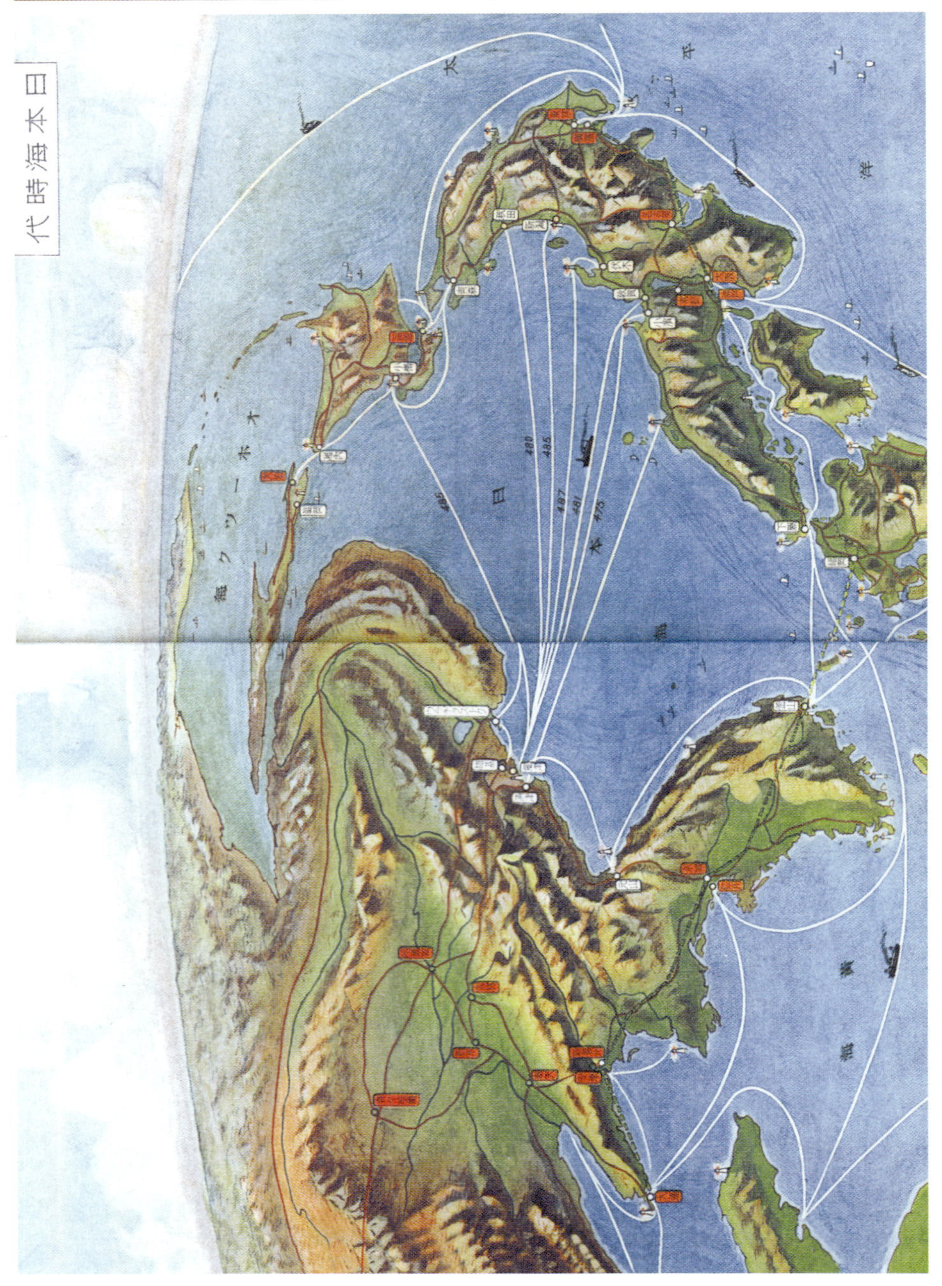

▲『地図で見る昭和の動き』帝国書院 2004 による復刻版地図帳
昭和９年版『増訂改版新選詳図帝國之部』より日本海時代

5 戦前の地図帳にみるアジア(5)……満洲国・関東州

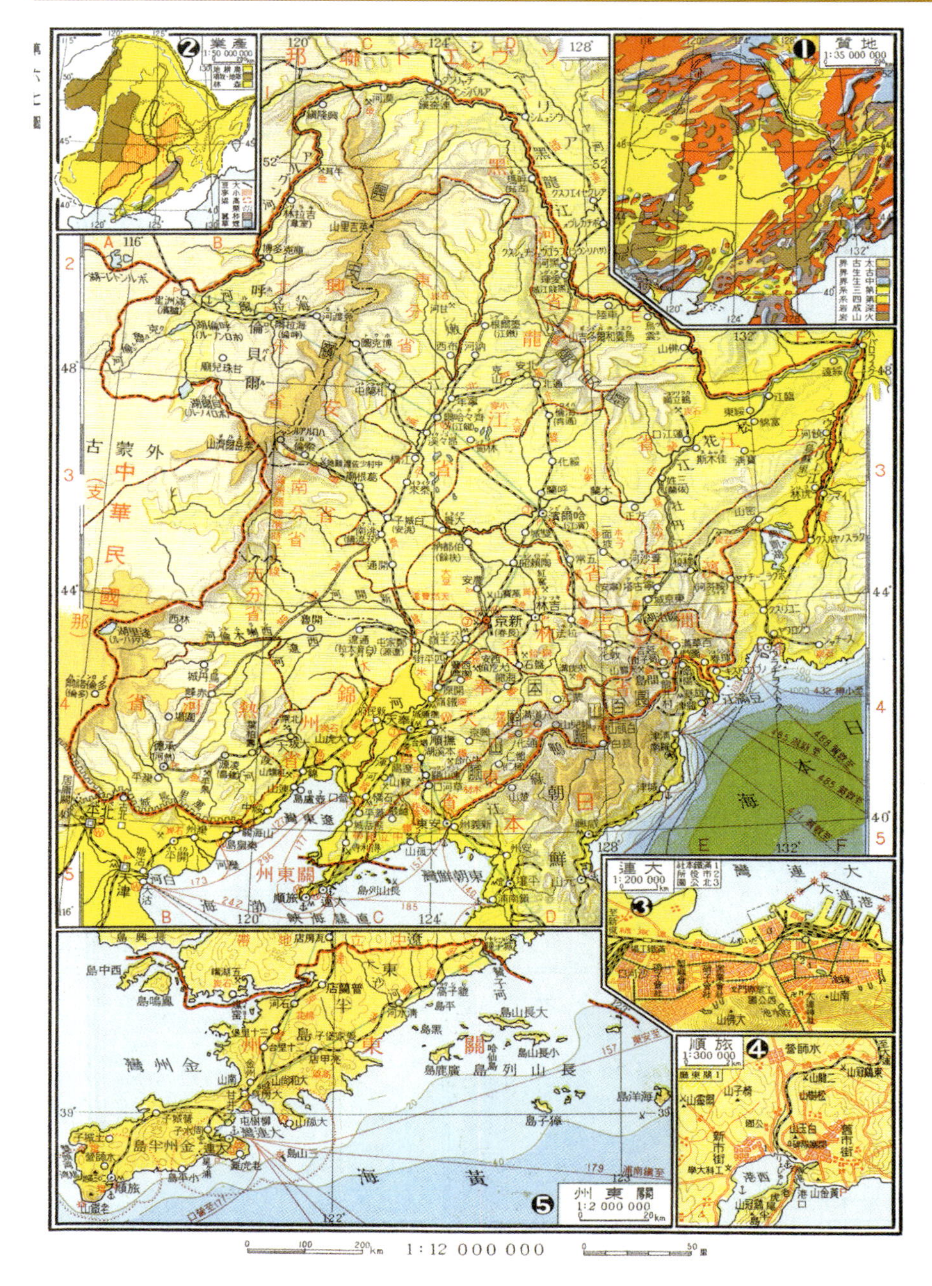

▲『地図で見る昭和の動き』帝国書院 2004 による復刻版地図帳
昭和９年版『増訂改版新選詳図帝國之部』より満洲国・関東州

6 戦前の日本の食品企業の海外展開(1)……味の素株式会社

▲「味の素®」の中国向けポスター(1920年代)(『味の素グループの百年(2009年)』より)

▲「味の素®」のアメリカ向けポスター(1937年頃)(『味の素グループの百年(2009年)』より)

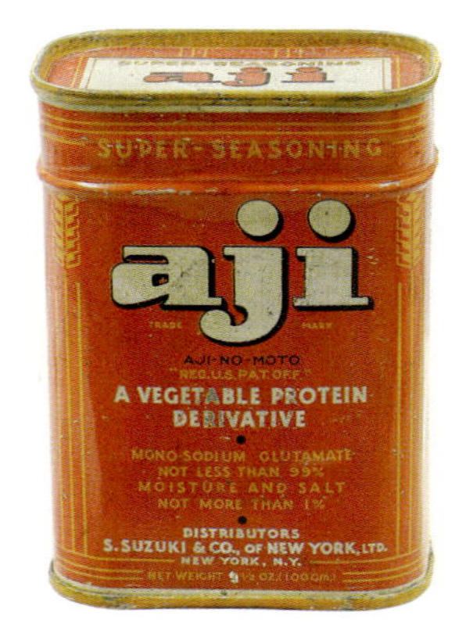

▲米国向けデザインの「味の素®」小瓶とその外箱,「味の素®」小缶(1938年)(『味の素グループの百年(2009年)』より)

7 戦前の日本の食品企業の海外展開(2)……味の素株式会社

▲上海の街頭に飾られたペンキ絵の大看板(1935 年)
◀アメリカにおける広告(1930 年代)
戦前(1937 年)の輸出宣伝広告▶

(いずれも『味の素グループの百年(2009 年)』より)

▲ 満州の路面電車屋上の広告看板(1930 年代)(『味の素グループの百年(2009 年)』より)

8 戦前の日本の食品企業の海外展開(3)……豊年製油株式会社

▲ 豊年製油ポスター(『育もう未来を　ホーネン70年の歩み』より)

▲ 豊年製油大連工場(『育もう未来を　ホーネン70年の歩み』より)

9 戦前の日本の食品企業の海外展開(4)……日本水産株式会社

▲ ニッスイ戸畑ビル屋上の漁業無線アンテナ。漁業用の戸畑無線電信取扱い所を設置し，東シナ海，黄海，南シナ海のトロール船をはじめ，遠く南米の操業船とも交信し，効率的な事業経営を支えたとされる。(2016年著者撮影)

▶ ニッスイ戸畑ビル。1930年以降戸畑は東シナ海や黄海で操業するトロール船の根拠地となった。(2016年著者撮影)

▲ 1935年にオーストラリア北西岸沖に出漁した新京丸(左上)。南氷洋の第二図南丸と捕鯨船拓南丸(右上)，日本食料工業新浦魚糧工場(下)(いずれも『日本水産百年史』より)

⑩ 社史にみる海外事業(1)……大日本麦酒株式会社

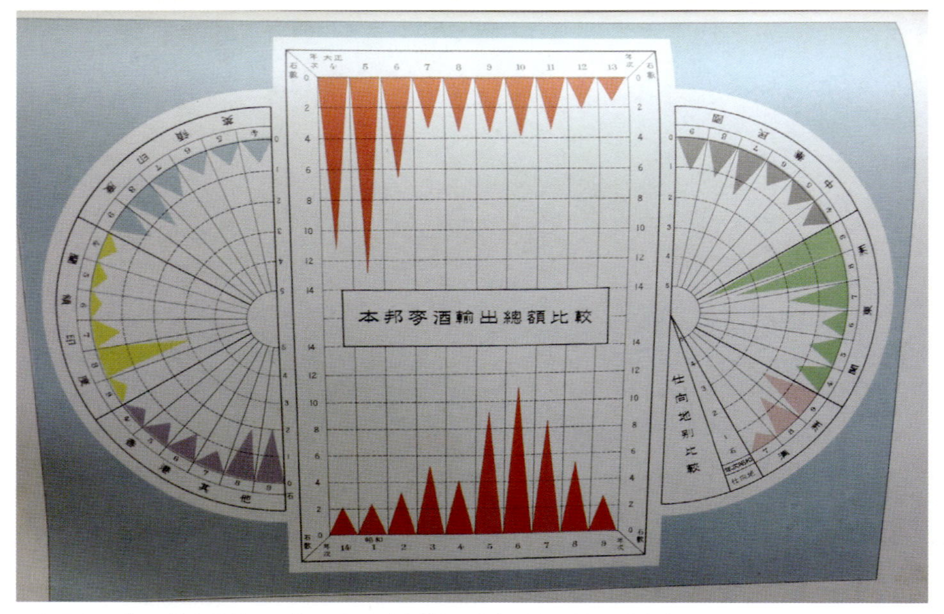

▲ 日本のビール輸出額(大正４年～昭和９年)(『大日本麦酒株式会社三十年史』より)

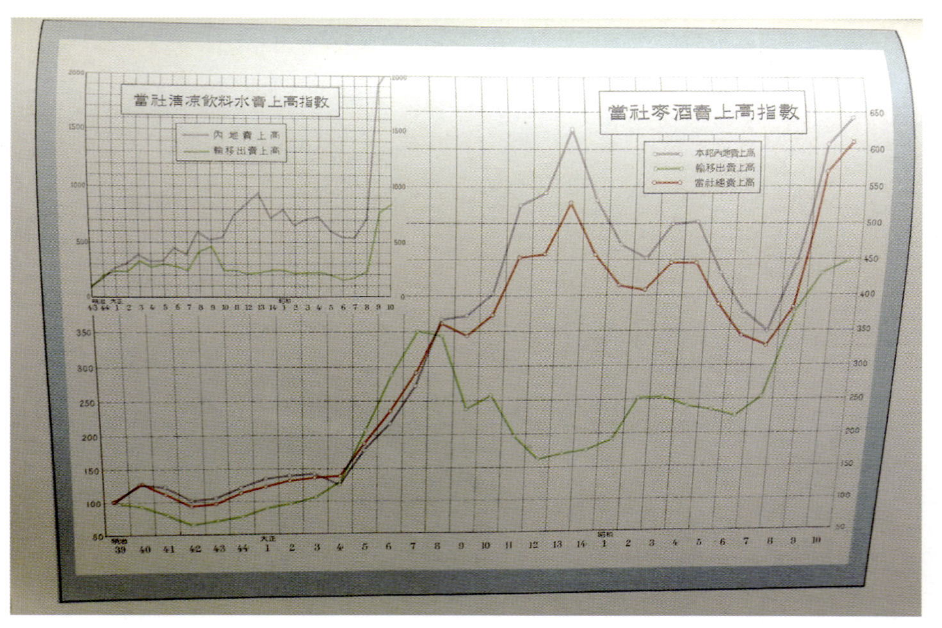

▲ 大日本麦酒の麦酒売上高の推移(明治 39 年～昭和 10 年)(『大日本麦酒株式会社三十年史』より)

11 社史にみる海外事業（2）……日本水産株式会社

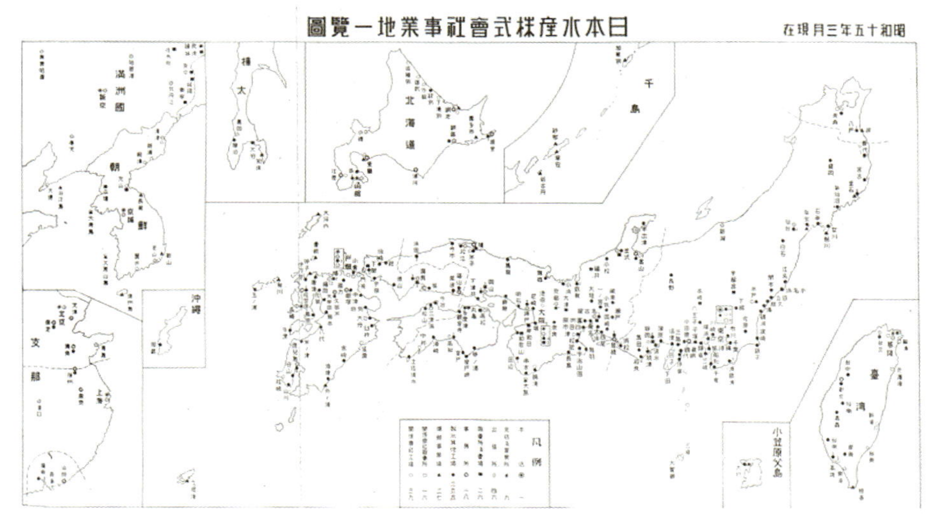

▲ 1940 年の日本水産株式会社事業地一覧。（同社 HP「沿革」http://www.nissui.co.jp/corporate/history/02.html より）

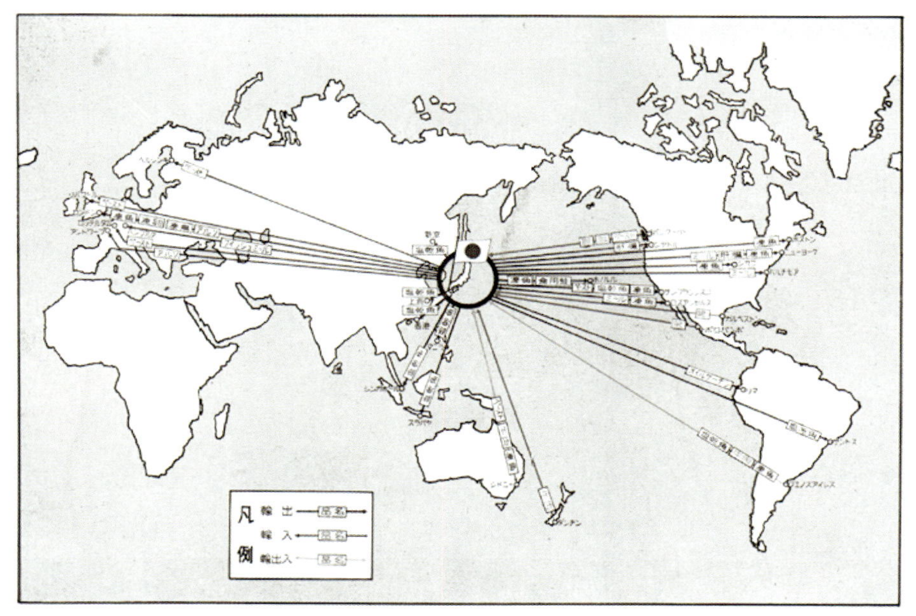

▲ 1937 年当時の貿易圏（『日本水産百年史』より）

⑫ 戦前・戦後の地理学書(1)……『資源經濟地理　食糧部門』『食糧の東西―經済地理―』

▲ 石田龍次郎編『資源經濟地理　食糧部門』中興館,『食糧の東西―經済地理―』矢島書房

八〇

原を貫いて延び、合衆國の中部にまで及んでゐる。ミズーリ河の東に行くと廣漠たる平野がたゞ一面の涯しない玉蜀黍畑となる。アイオワ州がその中心であるが、合衆國に於ける玉蜀黍の栽培面積は殆んど四千五百萬ヘクタールに及ぶ。即ちそれは世界の玉蜀黍畑の六割であり、全歐洲（ロシアを除いて）の小麦とライ麦の栽培面積を合したものよりも大きい。そして合衆國の玉蜀黍の産額は量の上からも、又價格の上からも、小麦・ライ麦・大麦・燕麦・米・果物などの生産を合したものよりも大きい。アメリカ人に取つては正に此の玉蜀黍は國寶的な「穀物」であり、且つ又國寶的な資本である。アメリカ人が彼等の玉蜀黍を利用することは頗る徹底したものであつて、その結果輸出には殆んど殘らず全産額の百分の一にも足りない。

▲ 石田龍次郎編『資源經濟地理　食糧部門』81ページの挿絵。太平洋戦争前夜に刊行された同書でアメリカのトウモロコシ産業が正確に描かれている。

⑬ 戦前・戦後の地理学書（2）……『食物の地理』『食糧の生産と消費』『叢文閣經濟地理學講座』

▲ 浅香幸雄『食物の地理』愛育社，尾留川正平『食糧の生産と消費』金星堂

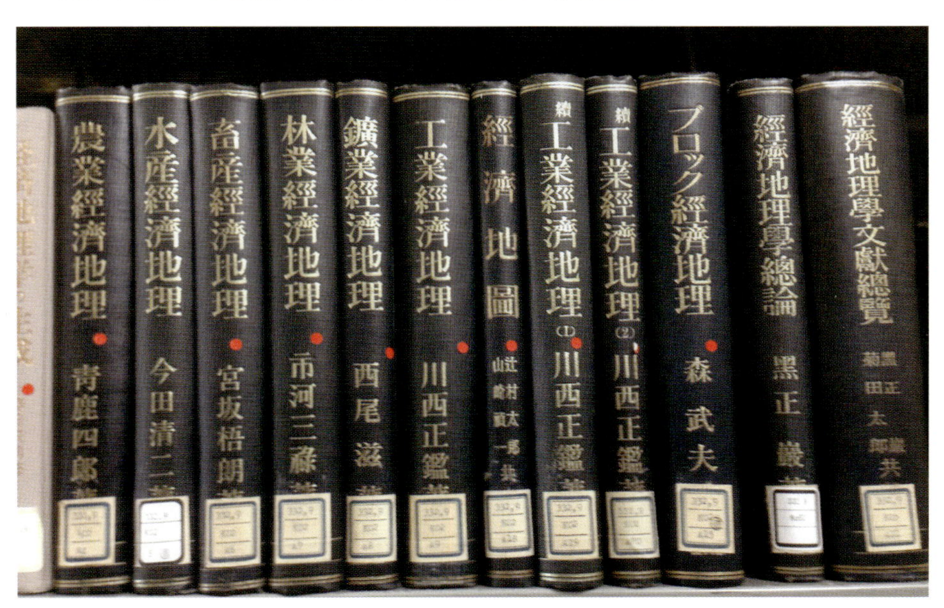

▲『叢文閣經濟地理學講座』

14 戦前・戦後の地理学書(3)……『經濟地理學文獻總覽』 黒正巖の肖像

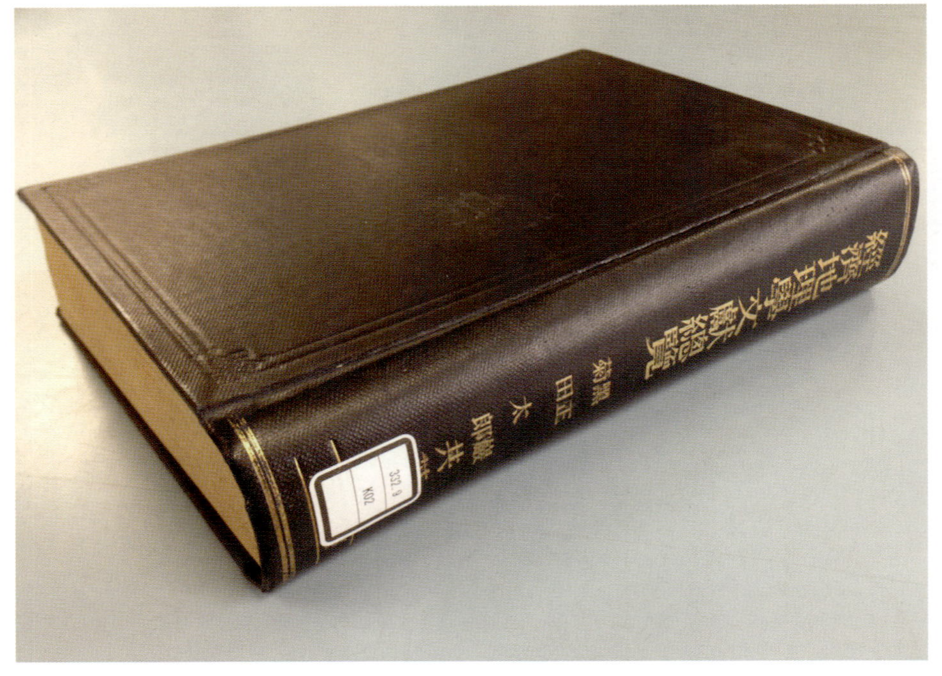

▲ 黑正巖・菊田太郎『經濟地理學文獻總覽』叢文閣

◀ 黑正巖, 『商業學(下)』改造社経済学全集第38巻の巻頭写真より

はしがき

本書は明治以降の近代日本が築いたフードチェーンに関わる地理学書で,「食料の地理学」は筆者の標榜する主題である。第1部では食料の地理学の系譜を,第2部では食料の地理学の手法で戦前のフードチェーンを論じた。しかしながら,本文中には「食料の地理学」という言葉は基本的に出てこない。こういう言葉がその時代にあったわけではないからである。本文中であえて,「地理学における食料研究」という表現を用いているのはそのためである。かといって当時,食料への関心がなかったわけではない。まず,本書を構想した背景から話を始めたい。

今日,日本食が広く海外でも注目され,さまざまな日本の食べ物が世界各地で消費されている。その一方,日本は世界最大の食料輸入国であり,大量の食品を世界各地から輸入しているという指摘も繰り返されてきた。それはとりもなおさず日本の食品企業が商品の輸出や輸入に関わって世界各地に展開し,フードチェーンを構築してきたということでもある。では,そのルーツはどこに求められるのであろうか。古い時代には食料は海外依存せずに,国内で自給できていたのだろうか。戦前の資料を読み解いてみよう。当時の日本が海外にたくさんのフードチェーンを張り巡らせていたことが浮かび上がる。それはあの戦争や植民地支配とも密接に関わりながら,戦中,戦後にかけても確かに日本の食料供給を支え続けてきた。少なくとも支え続けようとしてきた。そして,こうしたフードチェーンの海外展開の一翼を学術的側面から支えたのが当時の地理学であった。本書ではその話をしようと思う。

本書は学史的な検討に主眼を置く第1部と事例研究に主眼を置く第2部から構成される。第1部では明治以降,今日に至るまでの食料供給をめぐる地理学研究を紐解く。第1章では近代地理学の黎明期ともいえる1920年代にさかのぼり,今日に至る食料研究が地理学界においてどのように取り組まれ,何を目指してきたのかを明らかにする。第2章では特に1940年代に焦点を当て,戦争と敗戦という大きな変動のなかで食料供給をどのようにして支えようとしたのか，そこで食料研究は何を目指していたのかを論じる。それらは今日の私たちの食料供給に直接つながっている問題でもある。第2部では戦前の日本が作り上げたフードチェーンを具体的に取り上げ，その多様性を論じる。無論，今日のフードチェーンという概念が当時から存在したわけではないので，いわば今日的な分析手法(フードチェーン・フードシステム)を用いて戦前の状況を把握しようとする試みである。第3章では合計9社の食品企業が戦前に構築したフードチェーンに着目し，多様な食品をめぐる多様なチェーンが稼働していたことを描き出す。一方，第4章では満洲と朝鮮の間の粟貿易に着目し，当時の日本の食料供給の一断面に光を当てた。さらに第5章では台湾における日本(内地)製食品の受容に着目し，内地向けのフードチェーンのみならず，内地から海外に向けられたフードチェーンがいかに機能したのかを検討した。最後に配置した補論には，直接食料やフードチェーンと関わるものではないものの，戦前期の地理学，特に経済地理学の枠組みについての論考を置いた。当時の地理学における食料研究を理解する上で，それを取り巻くディシプリンがどうあったのか，さらにそれが今日とどのような異同があるのかにも目を向けていただきたいからである。

以上のように本書は，基本的に近代以降の地理学史を紐解くことと，戦前の日本が海外に張り巡らしたフードチェーンに関する研究ではあるが，通底するのは「今日の私たちの食料供給はどのようにあるべきなのか」という問題意識である。決して，歴史的な研究を目指しているわけではない。念頭にあるのは今日の食料供給である。

例　言

「食料」と「食糧」　「食料」と「食糧」は本来的に別の字で，前者は飲み物をいう飲料，香りをつけるものをいう香料，あるいは衣料や染料，塗料，材料などと同様に使い，「食べるもの」を意味する。米麦など主食となる食べ物を指す場合には後者の「食糧」として使い分けることもあるが，今日では両者を同義にとらえることも少なくない。ここでは混乱を避けるため基本的には「食料」という言葉を使用し，いわゆる「食糧」の意で使用する際には「基本的な食料」あるいは「米」や「穀物」等の表現を併用することで，誤解の生じないように努めた。例えば第1章で取り上げる対象は穀物が中心であるので「食糧」表記という選択肢もあるが，今日のトウモロコシや大豆はそのまま食用に供せられるのではなく，さまざまな加工食品の原料や飼料等に利用され，それによって穀物以外の食料供給をも支えている。こうした現状を踏まえ，「食料」表記を採用した。ただし，引用や文献情報に関しては上記にかかわらず，原典の表記を尊重している。

旧字体の使用について　本書は戦前戦中の研究成果を紐解くものであり，文献欄の人名や書名，雑誌名などは基本的には原典の表記を尊重するという観点から可能な限り旧字体を使用した。また，本文中に示す論文題目なども原典表記の尊重に努めたが，章節のタイトルなどに関しては煩雑さを避けるため新字体を用いた箇所もある。他にも十分に原典通りの旧字体を反映できていない箇所もある。ご理解いただきたい。なお，『地学雑誌』や『地理学評論』などは，当該論文の刊行号の表記を採用した。すなわち，『地理学評論』は1957年の30巻までを旧字体とし，判型が変わるとともに字体も変わる1958年の31巻からを新字体とした。『地学雑誌』は現在も表紙の字体は旧字体であるが，奥付の字体が変わる1949年の58巻3号と4・5号を境として新字体・旧字体の表記を変更した。

地名の表記など　本書は明治以降の文献や資料の渉猟によるものであり，地名表記は当時の呼称に基づき原典の表記をそのまま用いた。例えば，「朝鮮」や

「台湾」は当時の植民地の呼称としてそのまま使用し,「新京(長春)」「奉天(瀋陽)」「京城(ソウル)」などの都市名もそれに従った。また,「支那」「満洲(国)」や「仏印」「蘭印」などについても同様である。以下,括弧は省略。なお,鉄(鐵)嶺,昌図(圖)など旧字体の地名は新字体に改めた。

ただし,「ハルビン／哈爾濱」の表記については,地名としては「ハルビン」を用いたが,企業名や事務所名などの固有名詞として用いられる際には原典とした社史などの表記に従った。例えば「哈爾濱麦酒株式会社」「(明治製糖)哈爾濱駐在所」「(豊年製油)ハルビン駐在所」「(味の素)ハルビン事務所」などである。同様に「フィリピン」も原典表記に従い「比律賓」「フィリッピン」が混在している。また「オーストラリア」「豪州」「濠州」などの地名表記も混在している。いずれも典拠とした資料の表記を尊重したためである。

なお「内地」という表記は戦前の植民地と本国とを区別するために使用し,国家を指す場合には「日本」あるいは明確に植民地を含む領域を示すためには「帝国」を使用した。同様に「海外」という場合には,外国と同義ではなく,「内地」ではないということを前提とした。このため,植民地などの海外領土は「海外」に含めた。同様に,移出入は基本的に内地と植民地間の貿易のことを指している。

また,単に戦前,戦中,戦後と記した場合は基本的に第二次世界大戦(以下,第二次大戦と略記),とくに1941年開戦の太平洋戦争のことを指しているが必要に応じて日中戦争,太平洋戦争と区別して表記した。

最後に農産物や食品の品目名称についても地名表記同様に典拠とした資料の表記を尊重したため,別々の表記が混在している。例えば「トウモロコシ」「玉蜀黍」,「ビール」「麦酒」などである。

近代日本のフードチェーン
海外展開と地理学

目　次

口　絵

補　論 …… 161

『経済地理学文献総覧』にみる戦前の経済地理学の枠組みと研究動向……163

図表目次

第1部　食料の地理学の系譜

第1章　食料の安定供給と地理学

第2章　1940年代の地理学における食料研究

第2部　戦前の日本をめぐるフードチェーン

第3章　戦前の日本の食品企業の海外展開

補　論

『経済地理学文献総覧』にみる戦前の経済地理学の枠組みと研究動向

第1部　食料の地理学の系譜

日本食が世界で注目される一方，食料自給率の低下が叫ばれて久しい。実際，膨大な量の農産物や食料が輸入され，それらは食料価格の抑制や品質の問題，あるいは食料安全保障とも無関係ではない。とくに近年は食の安全性にかかわるさまざまな議論の高まりのなかで，単なる量的な確保という意味での食料自給だけではなく，安全性を担保するための自給という側面の議論も展開されるようになっている。しかしながら，過熱する自給の議論は本来の目的を失い，自給率を上げることが目的化されているようにもみえる。本来のあるべき議論はいかにして安定した食料供給体制[1]を構築するのかということであり，自給率はそのひとつの目安にすぎない。それにもかかわらず自給率の高低のみが一人歩きし，本来議論されるべき食料の安定的な供給の議論がみえなくなってはいないか[2]。安定供給のために自給率を向上させるという議論があってもよいし，安定供給のために海外に依存する(自給率が低くてもよい)という議論が

1)　安定的な供給とは量的な側面，質的な側面，危機対応の側面を満たした食料供給である(荒木編 2013)。

2)　自給率の向上が目的化されてしまっていることについては荒木(2008)を参照。自給率に限らず，食の質や環境問題との関わり，あるいは文化的・生物学的多様性など，食に関わる議論は百出している。しかし，それらが時として方向性を失い，本末転倒の些細な事象のみが誇張されたり，議論のすり替えがおこなわれているという印象を感じるのは筆者だけであろうか。例えば，ローレンス(2005)やシュローサー・ウィルソン(2007)等で，スーパーマーケットに並ぶ食材の危険性や問題点が指摘され，反響も少なくなかった。これらは啓発の書であるかもしれないが，同時にスーパーマーケット無しに今の私たちの食生活は成り立つのか。同様に，品質に対する過度の要求が時として量的な側面を否定しかねないような議論も認められる(荒木編 2013)。そうした理想論で腹を満たすことができるのだろうか。これに対する答えは用意されていない。あたかも原子力発電による電力に依存しながら原子力発電を否定するように，問題があるのはわかっている。それを叩くことが目的ではない。現状を踏まえてどうするのかの議論が必要である。私たちは立ったまま自らの足を取り替えなければならないのだ。

あってもよい。実際，今日の食料供給が後者に大きく依存していることは論を俟たない。近代以降，国内需要を満たすための穀物供給を海外に依存せざるを得なかった日本が，今日の食生活を謳歌しているのは食料の海外依存によるものでしかない。こうした，混乱したようにもみえる食に対する議論に対して，どのような貢献ができるのであろうか。これが第1部に通底する問題意識である。

その際，こうした問題についての地理学の取り組みは，農業を主題とした研究が中心であったと指摘されている[3)]。それらは食料生産を研究対象とはしても，食料を主題とした研究ではなかったといえる。ここでいう食料を主題とした研究とは，「農業生産がどうあるのか」という農業地理学の関心ではなく，それを含めて「食料供給はどうあるのか」という関心を持つ研究を指す。具体的には，食料生産から食料消費までをひとつの体系・フードチェーンとして把握し，このチェーンにつながる地域間の関係を把握しようとするフードシステム論や食料の地理学が含まれる[4)]。農業地理学の生産部門を重視した観点では十分に把握しきれない，今日の広範な地理的広がりを持つ食料供給体系すべてをそのまま対象にできるのも，これらの食料に主題を置く研究の有効性である。実際，食料の海外依存についても現在の地理学研究において，あるいは数十年をさかのぼっても，それを主題とした研究成果がほとんど得られていない。少数の研究は認められるが，後述するようにそうした成果が地理学において広く注目されることはなかった。また，食料輸入や国際化を取り上げた研究自体が存在しないわけではないが，多くはそれらが国内農業にもたらす影響をどう把握するかに力点が置かれた。

高度経済成長期以降の研究においては，農業，農村を対象にした地理学研究が圧倒的に多く，それが一定の成果を上げたことは事実である。しかし，はたして地理学は一貫して食料研究よりも農業研究に中心をおいてきたのであろうか。農業地理学が隆盛をみた高度経済成長以降よりも古い時代において，すな

---

3)　例えば，荒木(1995，2002)や高柳(2014)などによる近年の研究動向の展望を参照。

4)　フードシステム論に関しては荒木(1995，2002，2012 a)，食料の地理学に関しては荒木(1999)，荒木ほか(2007)，荒木編(2013)などを参照。なお，こうした考え方が登場するのは欧米では1980年代で，Atkins(1988)やBowler and Ilbery(1987)らを端緒とすることができる。ただし，ここでは食料の地理学そのものについて詳述することはしない。欧米の動向についてはAtkins and Bowler(2001)に簡潔にまとめられている。

わち戦後の食料難の時代，戦中，戦前，あるいは明治以降の近代化を推し進めた時代(それは日本における近代地理学の黎明期でもある)において地理学は食料を論じていなかったのだろうか。「日本の地理学には農業生産という観点はあっても食料供給という観点はなかった」といいきれるのだろうか。第1部では，学史をさかのぼって検討し，食料の地理学の系譜をたどりたい。それを通じて，現代の食料の海外依存をめぐる議論に貢献できると考える。

この点に関しての若干の補足を加えるならば，筆者の問題意識の端緒は，今日の食に対する議論の高まりと同様，明治以降の近代日本においても，それぞれの時代で食料は重要な議論の対象であったことにかわりはないはずである，という認識にある。事実，第1章第1節に詳しく示すように，かなり古い段階から内地という枠内では米の自給体制を構築できていない。自給が完結していた時代は，江戸期から明治の初めにまでさかのぼらねばならない。明治中期以降の米供給は常に海外[5)]に依存することによって維持されてきたのである。この意味で，近代日本の植民地経営とその展開はいかにして安定した食料供給体制を築けるかという文脈から把握することもできる。また，戦後の食料難の時期には食料輸入や資金援助がおこなわれ，その後の経済成長とともに世界最大ともいわれる食料輸入国になったのは多くの知るところである。このように日本の食料供給は100年にわたって常に海外に依存し続けてきた。そこには単純な自給率の向上というだけではなく，食料の安定した供給体制をいかにして構築してきたのかという議論が存在したはずである。国内では自給できないという前提のなかで，いかにして安定的な食料供給体制を構築しうるのかという議論である。過去にさかのぼって，こうした議論を紐解き，それに対して地理学はどのように貢献しようとしてきたのか，また貢献し得たのかを検討することは今日の食料問題に対するアプローチとして充分な意義を有していると考える。

---

5)　外国という意味ではなく，内地に対する概念として使用し，植民地などの海外領土を含む。

第1章　食料の安定供給と地理学
——その海外依存の学史的検討——

ここでは明治以降の日本の食料供給を，穀物の海外依存に着目して検討するとともに，それに対する地理学研究を振り返る。食料の海外依存は最近始まったことではなく，明治中期以来，第二次大戦にかけても相当量を海外に依存していた。それに応じ1940年代まで，食料は地理学研究のひとつの主要な対象であり，農業生産だけではなく多くの食料需給についての論考が展開されていた。戦時期の議論には，問題のある展開も認められるが，食料供給に関する高い関心が存在していたことは事実である。しかし，その後の地理学においてこれらの成果が顧みられることはなく，今日に至るまで食料への関心は希薄で，研究の重心は国内の農業に収束していった。明治以降もっとも海外への依存を高めている今日の食料需給構造を鑑みるに，当時の状況と地理学研究を振り返ることは，有効な含意を持つと考える。

以下，Iでは近代以降の日本の食料供給の実態を把握するために明治以降の食料供給と海外依存をデータに基づいて描き出す。次にIIではそうした近代以降の日本の食料供給体制をそれぞれの時代の地理学はどのようにとらえようとしてきたのかを把握する。最後にIIIでは，食料の多くを海外に依存する今日の食料供給を再検討する観点を提起したい。

I　明治以降今日に至る日本の食料供給

1. 各種統計による概観

まず，各種の統計資料に基づいて明治以降今日に至る日本の食料需給状況を示したい。図1-1は食料供給の基本となる主要穀物の生産，および食料需要の基本となる人口の推移を，1870年代から2000年代に至るまでの期間で示したものである。人口(図中A)は明治初めの3千万人余りから20世紀初頭には5

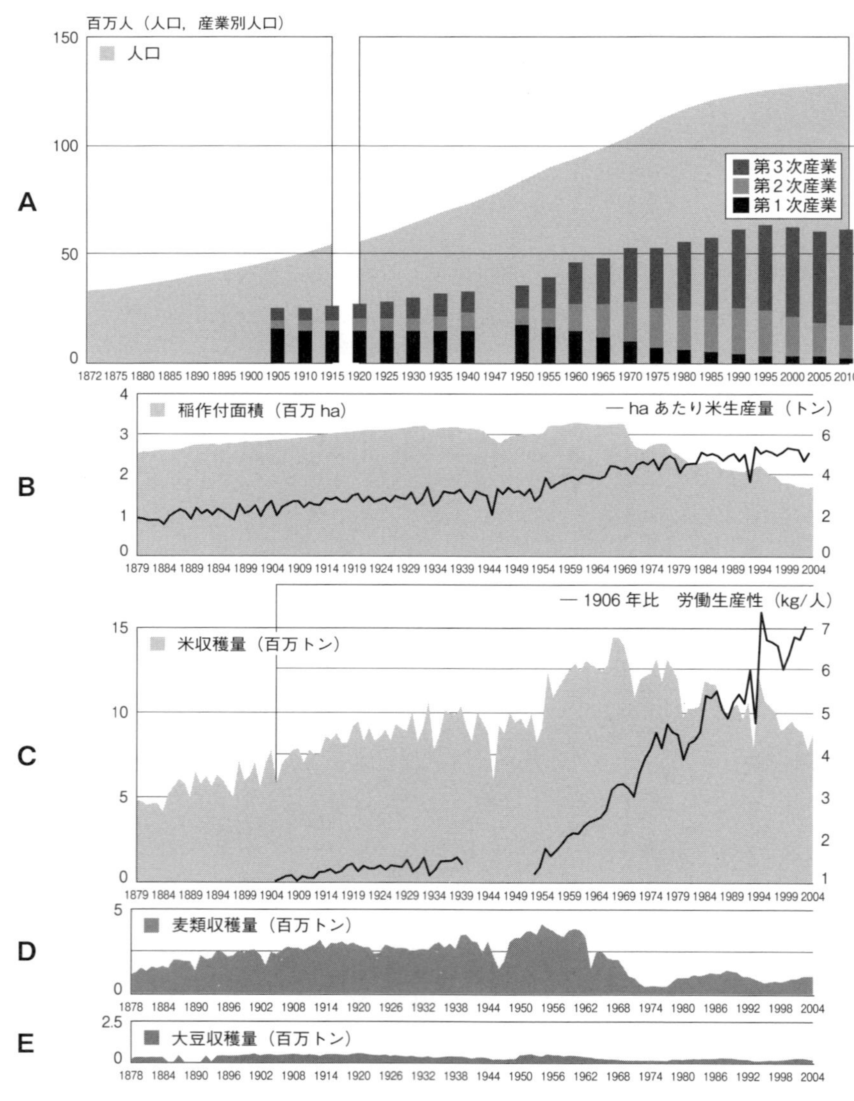

図 1-1　明治以来の日本の食料需給状況

資料：人口については「本籍人口」(左欄)，「国勢調査」(右欄)，産業別人口については「産業別内地人有業者数」(戦前)，「産業別就業者数」(戦後)，作付面積，収穫量については『作物統計』『食糧統計年報』

注：各グラフの戦前部分は内地を対象としたもので植民地を含まない。

千万人を超え，1970年には1億人を超える。これに対する食料供給であるが，米の収穫量(図中C)は明治初めの5百万トンから順調な伸びを示し，第二次大戦前にはほぼ1千万トンに達している。その後，終戦後の停滞を挟んで1960年前後から増加し，60年代後半にピークを迎える。この間の作付面積(図中B)は，第二次大戦期の落ち込みを除いて漸増傾向を保つが，1970年の減反政策を境に急速に減少に転じる。しかしながら，それ以降も単位面積当たりの生産性は向上を続けたため，収穫量の落ち込みは作付面積の落ち込みほどには顕著ではない。図の下段には米以外の穀物として，麦類，大豆を示しているが(図中D，E)，戦前に比べると麦類の落ち込みは大きい。

一方，食料としての穀物生産を支えるのが農業就業者である。産業別人口(図中A)をみると20世紀初頭には少なからぬ人口が第一次産業に就業していたことがうかがえるが，高度経済成長期以降その比率は極めて小さなものとなっている。第一次産業従業者の減少，作付面積の減少のなかで一定の収穫量を上げているため，労働生産性(ここでは便宜的に第一次産業就業者数1人当たりの生産量(図中C))は高度成長期以降一貫して向上している。以上が主要穀物の生産量とその需要量としての人口の長期的な推移である。

しかし，ここに示した生産状況によって，需要が満たされてきたわけではない。それぞれの時代において少なからぬ量を海外に依存してきた。表1-1，図1-2，図1-3は明治以降の主要穀物の生産量と輸入量を示したもので，いくつかの食料需給上の転換点を確認することができる。まず，表1-1は明治のはじめ1880年前後から第二次大戦期までの米の生産量と輸移出入を示したもので，期首の明治初年から1890年代はじめまで日本が米の輸出国であったことを読み取れる[1)]。その一方，1900年代以降は徐々に輸移入が増加し，それ以降は海外依存を強めてきたことがうかがえる。

図1-2は1926年以降2000年代初めまでの米，小麦，大豆，トウモロコシの生産量と輸入量を示したもので，表1-1と連続させることで，明治から今日までの穀物需給を俯瞰することができる。図の左側，すなわち戦前・戦中において，この4品目の中では米が中心的な位置を占めるが，1～2割は海外に依存し，大豆も大部分を海外に依存していたことがうかがえる。また，小麦に関しては

1)　持田(1969)や角山(1985)に示されるように，米は明治期の主要輸出品のひとつでもあった。

表1-1　戦中期までの米の需給

単位：千石

年　度	生産高	輸移入高	輸移出高	輸移出入差
1878～1882	28,993	31	250	−219
1883～1887	31,924	31	339	−309
1888～1892	38,574	565	855	−290
1893～1897	39,351	1,027	694	333
1898～1902	41,701	1,947	575	1,372
1903～1907	43,862	4,781	307	4,474
1908～1912	50,354	2,656	393	2,263
1913～1917	54,373	3,386	690	2,695
1918～1922	57,695	6,305	429	5,876
1923～1927	57,721	10,008	1,053	8,955
1928～1932	60,811	10,379	960	9,419
1933～1937	61,571	13,221	713	12,507
1938～1942	63,423	13,406	800	12,606
1943～1947	57,751	2,745	262	2,483

資料：『日本農業基礎統計』農林水産業生産性向上会議

1930年代初めまで相当量の輸入があったものの，30年代後半以降国内生産がそれをカバーする状況がみて取れる。一方，図の右側の戦後の状況は一変する。戦前には一定量の輸入が認められた米は戦後長期間にわたって概ね自給できる状況が続き，輸入が目立ち始めるのは1990年代半ば以降である。これに対して小麦，大豆，トウモロコシは戦後一貫して大量の輸入品によって需要が満たされる状況が続いている。小麦は戦後間もない段階から輸入量が増加[2)]，大豆はやや遅れて1960年代から70年代にかけて増加している。特にトウモロコシは1960年代から80年代にかけて一貫した増加傾向を示し，1990年代以降は米の生産量を遙かに上回る膨大な量が輸入されている。このようにみると期間を通じて，日本の穀物需給は大きく変化していることがうかがえる。

さらに，図1-3はそれぞれの輸移入先を示したもので，前述の穀物の海外依存先を把握することができる。ここにみられる供給地のパターンもまた一様ではない。まず，1920～30年代にかけての米の供給地としては朝鮮半島と台湾が大きなシェアを保っている。朝鮮半島からの供給は大正年間に急増したもので（石田 1928），台湾からの移入増は昭和の初めで，1923年からの10年余で台

2)　戦前から戦中，戦後にかけての麦の需給政策に関わっては横山（1992，1994，2002，2005）に詳しい。

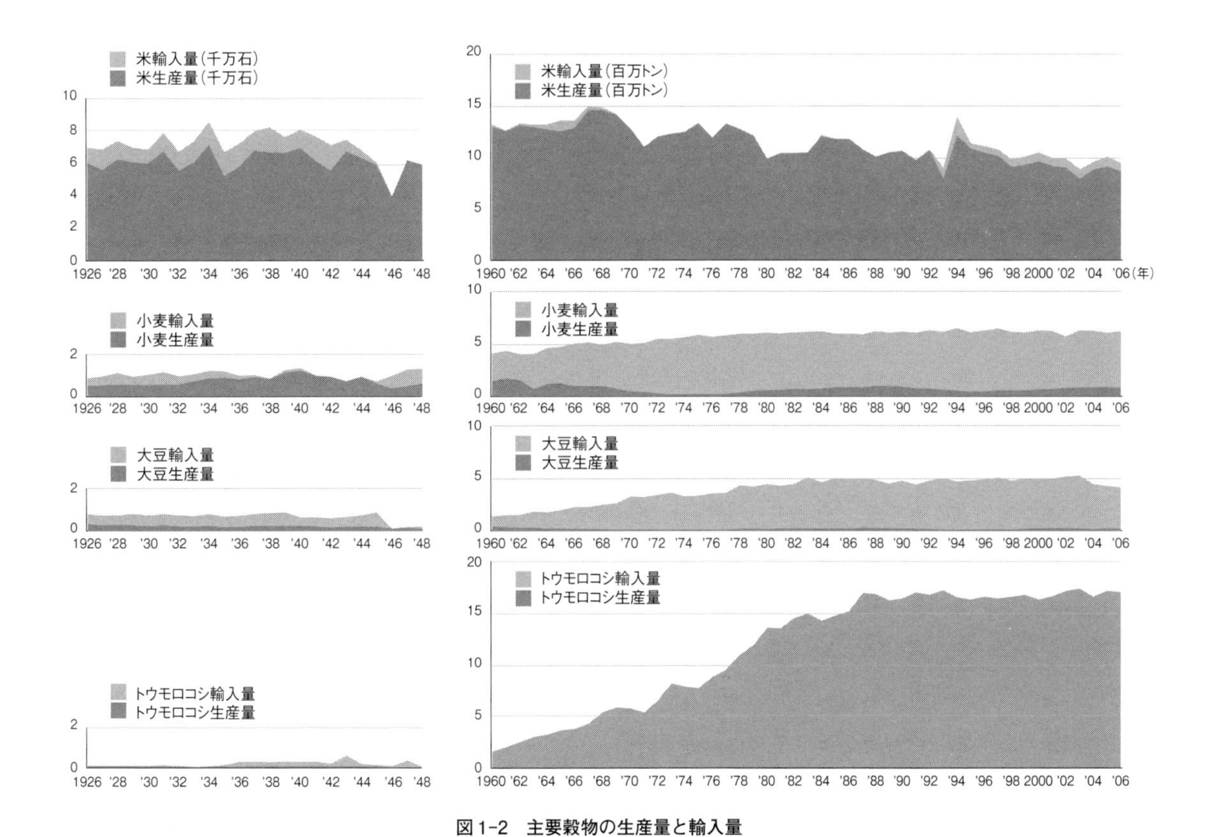

図1-2　主要穀物の生産量と輸入量

資料：1926年以降については『昭和産業史』(原資料は『食糧管理統計年報』および『食糧要覧』)1960年以降については『食料需給表』

注：図の左右で単位が異なるが1石を0.135トン(総務省統計局の換算値)として，比較可能なようにY軸の高さをそろえている。

湾からの移入量は3倍に増加する。一方，この時期に輸入量の減少がみられるのは仏領インドシナ（仏印）やタイなど東南アジア諸国である。しかし，朝鮮や台湾の増加以前の米需要を支えたのはこれら東南アジア諸国であった。いわゆる「南京米」と呼ばれた廉価な米が，炭鉱労働者や貧しい農民の食料需要を支えたことが示されている（持田 1969; 牛山 1980）。低賃金で自ら食料生産に携わらない炭鉱労働者の食料として外米が充てられたわけである。また，農村においても産米を出荷して現金収入を得，それによってより安価な外米を購入して食用に供したことが示されている。しかし，第一次大戦と米騒動の混乱を境に日本の食料政策は東南アジア依存から，植民地域内での米の自給体制の構築へと舵を切る。国際情勢による米供給，米価の変動の影響を受けない安定した米供給体系の構築を目指したわけである[3)]。

その後，台湾と朝鮮からの米が都市住民の食卓を支えたことは樋口（1988）に描かれるとおりで，朝鮮と台湾からの米供給は1920年代から30年代にかけて安定的に推移する（大豆生田 1984）。しかし，こうした供給パターンは1939年を境に大きくかわり，再び東南アジアへの依存を高める。これは一般的に1939年に朝鮮半島をおそった干ばつとそれにともなう凶作が原因とされている。しかし，20年間継続した植民地域内の米供給が一度の干ばつによって破綻したととらえてよいだろうか。従来から干ばつは程度の差こそあれ数年おきに繰り返されてきた現象である。干ばつはひとつのきっかけであるとしても，米の供給体制が破綻する構造的な背景が存在したことが考えられる。第1に，1931年の満洲事変を機に北米からの小麦輸出に制限がかかり始めたことを指摘できる。図1-3でも1930年代を通じて小麦の輸入量が減少していることが読み取れる。一方で，これに対応するように国産の小麦の生産が増加（図1-2）している[4)]。東アジアにおける小麦需給の逼迫は当該地域における米を含め

3） これについては大豆生田（1982）に詳しい。他にも明治から大正にかけての日本の米穀市場と食料政策を論じた持田（1954，1956，1970），当時の世界の農産物貿易との関係から把握しようとした持田（1980），また，第一次大戦期の欧米の食料政策に関わっては山田（1994）や牧野（1986）などがある。

4） 大豆生田（1993a）の指摘する戦時食糧問題である。

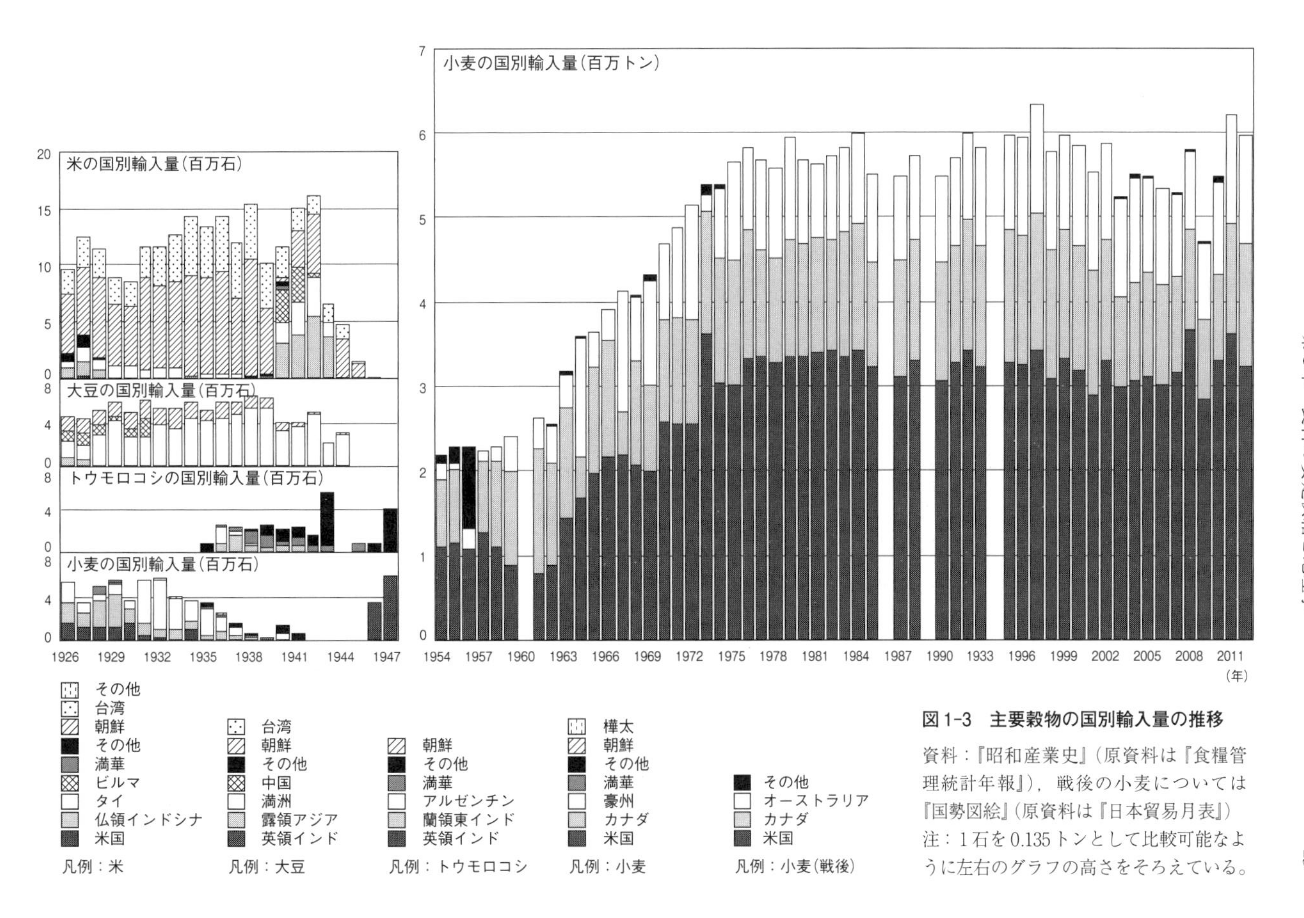

図1-3　主要穀物の国別輸入量の推移

資料：『昭和産業史』(原資料は『食糧管理統計年報』)，戦後の小麦については『国勢図絵』(原資料は『日本貿易月表』)

注：1石を0.135トンとして比較可能なように左右のグラフの高さをそろえている。

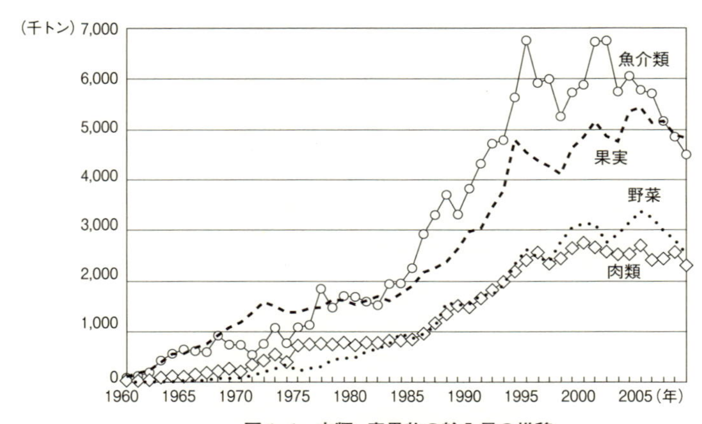

図1-4　肉類・青果物の輸入量の推移
資料：『食料需給表』

た穀物需給全体に影響し[5)]，朝鮮半島からの米の供給が大きく減少する[6)]。これに対応しようとしたのが東南アジアからの米輸入であった。図1-3からも明確に仏印，タイ，ビルマからの輸入が急増するが，戦線の後退とともに食料供給は滞り，終戦を迎える。戦争末期に米需給が破綻したことはこの図からも明らかで，戦中・戦後の食料難をおしはかることができる。また，米をはじめとする食料資源の供給地であった植民地を失った戦後の日本は，米の国内自給を前提とし，国内での食料増産を図る。

図1-3の右側に目を移すと，戦前の食料のアジア依存とは対照的に，戦後はララ物資やガリオア資金による食料輸入・資金援助をはじめとした米国への依存を深めていく。その結果，1967年に米の自給率が100％を超え，それ以降は米の自給が高水準を保っていることとは裏腹に，小麦や大豆，トウモロコシの海外依存は高い状況にある。特に1970～80年代にかけてのトウモロコシ輸入の増加は顕著で，米の生産量を大きく上回る量のトウモロコシが輸入されている(図1-2)。輸入先については，小麦では米国がほぼ半量を占め，残る半量は

5)　そもそも穀物は価格弾力性の小さい品目であり，供給量のわずかな変動が大きな影響を及ぼす。しかしながら，本来米が不足してもそれを補う麦や粟などの代替作物の供給が十分であれば，その影響を減衰することができる。ところが，1939年の干ばつ時に米不足を補いうる代替作物の供給さえも小麦輸出制限の下で困難な状況にあったとみることができる。

6)　1930年代の安い米価については大豆生田(1993b)を参照。

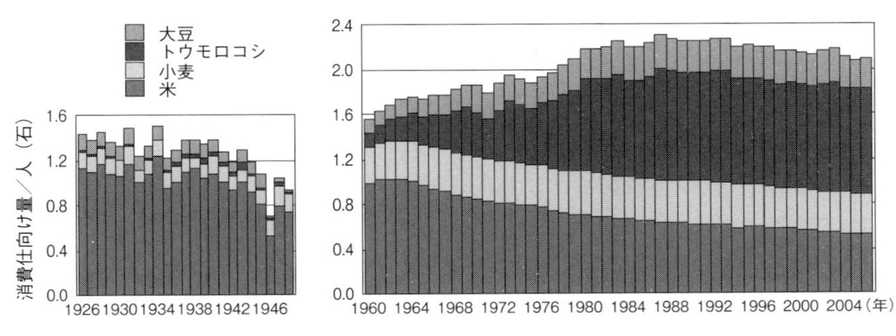

図1-5　主要穀物の一人当たり消費仕向け量の推移

資料：1926～1948年は『食糧管理統計年報』，1960年以降は『食料需給表』

注：『食糧管理統計年報』は石，『食料需給表』はトンで集計されている。比較を容易にするために，一石を0.135トンとして換算した。石を表示単位としたのは，従来，1石が成人1人が1年間に消費する量とされてきたため，具体的なイメージを持ちやすいと考えたためである。

カナダとオーストラリアが占める状況が続いている。大豆とトウモロコシの場合もほぼ同様で，2012年の日本のトウモロコシ輸入量の76％を米国，12％をブラジル，大豆輸入量の62％を米国，20％をブラジル，16％をカナダが占めている（財務省「貿易統計」）。さらに図1-4は，肉類と青果物の輸入量の推移を示したものであり，1980年代以降は穀物だけではなく，多様な食料の輸入が急速に拡大していることがうかがえる。

最後に図1-5は食料需給表（戦前は食糧管理統計年報）に基づいた1人当たり消費仕向け量を示したものである。図1-2に示すように米は高い自給率を維持しているとはいえ，高度経済成長期以来の人口の増加，一方で作付面積，生産量の落ち込み（図1-1）の結果として，2000年代初頭の一人あたり仕向け量は0.5石余りとなっている。これは終戦直後の食料難といわれた時期とほぼ同水準である。異なっているのは小麦やトウモロコシ，大豆といった穀物の仕向け量で，米を遙かに上回る量が消費されているのが今日の状況である。日本人が消費する穀物の量的な構成は米中心の戦前と米以外の穀物の消費が伸びる戦後では大きく異なっているのである[7)]。1960年代後半以降，米あまりという議論が先行してきたが，今日これだけの穀物を海外依存する中で，はたして米あまり・過

7)　無論今日の私たちが米よりも多くのトウモロコシや大豆を直接口にしているわけではない。これらは家畜の飼料などとして使用され，間接的に消費されている。

剰ということができるのだろうか。例えば，生産量の減少や価格の高騰など何らかの事情でこれら輸入穀物類の供給が変化すれば，米の不足が一気に顕在化し，その価格も高騰することが考えられる[8)]。以上が今日の主要な穀物の動向からみた食料需給の現状である。

2. 大豆生田による戦前の区分および戦後について

一方でこのような状況，特に戦前期の食料供給については近年の議論で取り上げられることはほとんどなかった。そこで1900年代～1930年代の日本の食料政策を論じた大豆生田(1993b)に従って，その背景に若干の解説を加えておきたい。大豆生田は第一次大戦末の1918年の米騒動を機に，輸入を前提とする食料政策が植民地米の移入による自給政策へと展開したことを描き出しているが，その際に用いられた4つの時期区分が，当時の状況の理解の上で効果的と思われるからである。4区分とは以下のとおりである。①1870年代の米輸出の解禁から1880年代にかけては重要な輸出作物であったが，資本主義の発達・米需要の拡大により1890年代には国内需要を満たせなくなる。これに伴い米輸入が拡大し，日露戦争後には米輸入が国際収支の悪化をもたらすようになった。同時にこの時期にはじめて食料政策が姿を現したとされる。すなわち，可能な限り国内供給に努め，不足分を植民地米，次いで外米に依存するという供給体制の構築である。②外米依存構造を覆すのが第一次大戦末の外米の途絶である。それまで安定的であった外米供給が崩れ，米騒動に代表される食料問題を引き起こしたのである。外米依存の不確実さを目の当たりにし，1920年代は国内と植民地での増産に注力する。結果として，外米依存から脱却し植民地米による自給体制を確立するが，国内米価が低位に安定するという状況も生み出した。③1930年の豊作による供給過剰と米価下落は，恐慌対策とあわせて米価問題の深刻化をもたらし，米穀統制法(1933)の実施に代表される米価維持政策が本格化する。しかし，米価維持政策は移入規制と増産抑制によるものであり，それによって植民地米に依存する食料自給体制は維持できるものではなかった。ここに食料政策と実際の食料供給状況(植民地米による自給体制)との間に乖離が生じた。④1930年代半ばまでの北米，豪州からの東アジア向け小

8)　今日の米の1人当たり供給量は戦後の食料難の時代の水準でしかなく，一方で人口は2倍である。

麦輸出の急減，それにともなう穀物価格の上昇，米穀需要の高まり（米価上昇）が満洲や中国で進行するが，日本国内の小麦増産や米穀統制法による価格統制機能により国内米価は低下する。1930年代後半にはそれまで東アジアで機能した食料価格体系が崩れ，貿易も変貌を遂げる。すなわち植民地からの対日米供給の収縮である。これが顕在化するのが1939年末から1940年で，米穀統制法下の最高価格での売却が限界に達し，政府管理下の米穀取引所での取引は停止状態になり，市場外取引が拡大，米穀流通は大きな混乱をきたした。そこでとられた政策は強力な管理による米穀流通の混乱の収拾（1939年の米穀配給統制法），食料増産の本格化，また，戦時下の米価抑制と食料増産を両立させるために，二重米価制が始まる（1941年産米から生産奨励金交付）。そして1942年には食糧管理法の成立をみる。なお，東南アジアへの進出にともない，世界最大の米作地帯からの外米輸入により1939年末からの国内食料不足を補うとともに，東アジアの食料需要にも対応したが，一時的な対策にすぎず，戦況が悪化するとともに輸入が途絶え，食料問題は深刻さを増す。戦争末期から戦後にかけての食料不足はそれまでの対外依存が，戦争による供給地の喪失という形でもたらされた帰結ということができる。

以上の4区分によって，前段の図表で示した状況をよく理解することができる。明治以降の穀物需給は決して安定していたわけではなく，期間を通じて大きな変化を繰り返してきた。確かに穀物の海外依存先は終戦を挟んでアジアから北米へと短期間に大きく変貌し，ひとつの大きな変化ではあった。しかし，それは初めての変化ではなく，日本は明治期の中国や東南アジアからのインディカ米を主体とした輸入，米騒動以降の植民地米への切り替え，さらに1939年の凶作を契機とする東南アジア依存と数度の変化を経験してきているのである。

加えて，戦後の状況においても同様の時期区分を設定することができる。すなわち，①それまでの食料供給地を担った海外の植民地をはじめとした勢力圏を失い，狭くなった国土の中で食料増産に取り組んだ戦後期，②経済成長と海外からの穀物輸入が加速する1950～60年代，および③減反政策の導入と食料の海外依存が拡大する1970年以降の3区分である。1つ目の時期は，図1-1にみるように終戦を境に米や麦の生産は上を向く。しかし，産業構造は戦前の

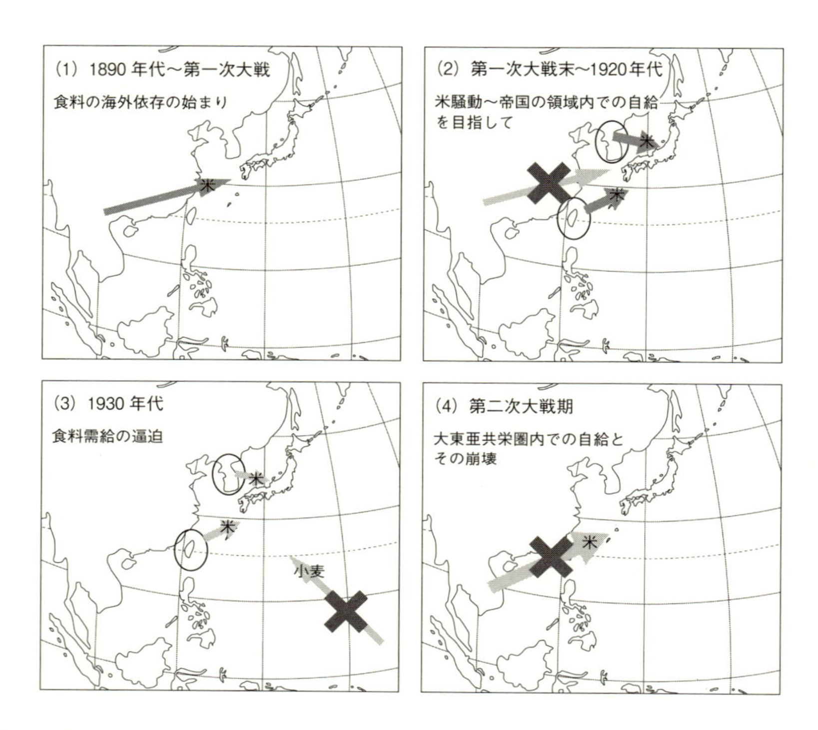

状況と大きくは変わらない。また，図1-2にみるように，海外依存も拡大するがその後の時期のような大きな量ではなく，主要穀物に占める米の比重も大きい(図1-5)。こうした状況が変化するのが2つ目の時期で，米や麦の生産は拡大を続けるものの第三次産業は比重を増す(図1-1)。また，穀物の海外依存は拡大し(図1-3)，主要穀物における米の比重も低下し始める(図1-5)。その後，1967年に米の自給率が100％を突破することで戦後の食料難と食料増産という動きがひとつの節目を迎える。この時期は一般的に1954年から73年といわれる高度経済成長期と概ね重なっている。それ以降が3つ目の時期で，1970年の減反政策をはじめとした生産調整を迎える。米の生産は下を向き(図1-1)，小麦の海外依存は高い水準で安定するとともに，トウモロコシや肉類，青果物の海外依存も上昇し(図1-2，4)，主要穀物に占める米の位置も低位で安定する(図1-5)。

以上から，大豆生田による区分も参考に7つの時期区分を設定した。すな

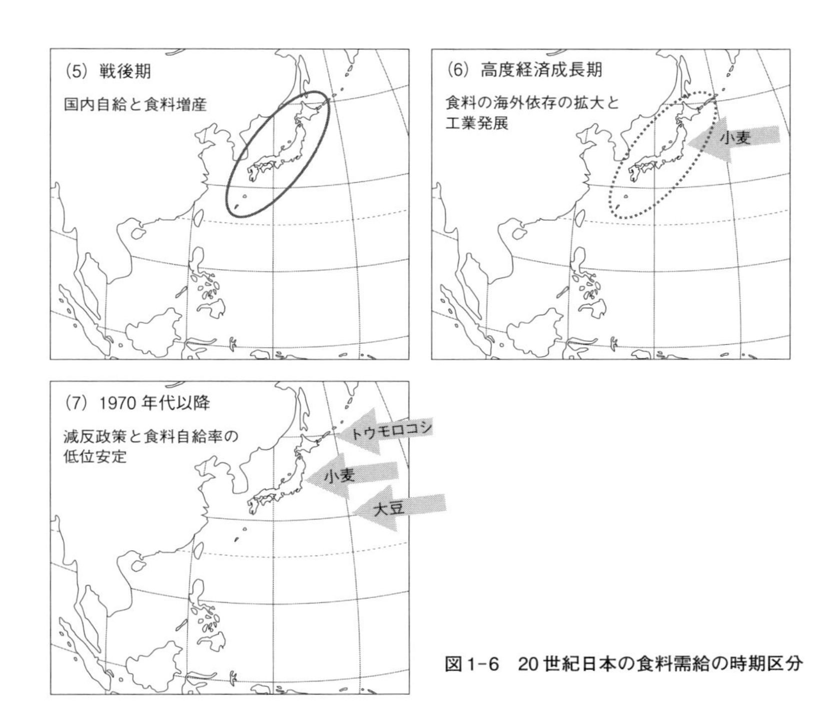

図1-6　20世紀日本の食料需給の時期区分

わち(1)1890年代から第一次大戦までの外米依存の始まりの時期，(2)第一次大戦末の米騒動による外米の途絶と帝国の領域内での自給を目指した1920年代，(3)食料需給が徐々に逼迫してくる1930年代から第二次大戦の開戦まで，(4)大東亜共栄圏内自給とその崩壊を経験する第二次大戦期，(5)国内自給と食料増産を目指す戦後期，(6)食料の海外依存を拡大させつつ工業発展を実現していく高度経済成長期，(7)減反政策が開始され，国内食料自給率が低位に安定する1970年代以降である[9)]。

3. 小　括

以上の食料需給に関するデータと先行研究を踏まえた時期区分を踏まえて，穀物を中心とする食料の海外依存について整理したい。図1-6は上記の(1)〜(7)の7区分を地図上に概略したものである。近代以降の日本の穀物供給は自国内で完結することはなく，常に少なからぬ量を植民地を含めた海外に依存し

9)　7つの時期区分に関しては荒木(2017)を参照。

た不安定な状況にあり，今日の食料供給もその延長線上にあるともいえる。以下，図1-6に沿って時代を追って言及する。

(1)は外米依存の始まりから第一次大戦に至る時期である。植民地米や外米が内地生産の不足を支えた。また，これら明治後半に輸入された外米は農村部での消費や炭坑地域での消費，すなわちこの時期の外米の需要は相対的に貧しい層の消費に充てられていたとされる(持田 1969)。その後の(2)では，第一次大戦と米騒動を経て，一層の近代工業化が推し進められるとともに，日本の米供給体制はそれまでの外米依存から植民地内での自給体制の確立に向かう。1920年代から30年代にかけては植民地からの安定した米の供給体系が構築されたようにみえる。一方，内地では米価の長期的な低位安定によって農家・農村の疲弊という問題が生じる(大豆生田 1982，1984)。無論，安い米価が国内の決して豊かではなかった工業労働者や都市住民にも安定的な食料供給を可能にしたということもできる。しかしながら，(3)の1930年代に入ると満洲事変から日中戦争へと情勢が進み，北米や豪州からの東アジア向けの小麦の輸出が縮小される(図1-3)。これを受けて東アジアでの食料(穀物需給)事情が逼迫し，米価は上昇し，それまで相対的に米価が高かった内地に仕向けられていた植民地の米が内地に向かわなくなった。これにかわって米の供給を担ったのが(4)の東南アジアであり，仏印，タイ，ビルマなどからの輸入がそれを担った。しかし戦況の悪化とともに東南アジアからの輸入は途絶え，食料難へと事態が進行する。

敗戦によってそれまでの食料供給を担った植民地を失う(5)では，米不足・食料不足は深刻で，いかにして狭くなった国土で食料供給を実現するか，すなわち食料増産が最重要の課題となった。また，この時期，米国などからの大量の支援物資等による食料供給が実施される。その後(6)では図1-2や図1-3に示すように穀物の海外依存が拡大するとともに，産業構造の変化(図1-1)をともなう高度経済成長を迎える。さらに(7)に至ると減反政策が開始され，食料増産も過去のものとされる。これ以降，米は戦前以上の高い自給率を維持するが，図1-4，図1-5にみるように穀物需給に占める米の割合は低下を続け，その一方で大量の輸入食品が日本の食料需給を支え続けてきた。

以下，それぞれの時期に対応する地理学研究を紐解きたい。

Ⅱ　地理学はどのようにとらえてきたのか

前段に示したような明治以降の食料需給，特にその海外依存に関して地理学はどのように把握してきたのか。ここでは1920年代以降の地理学研究の渉猟を通じて検討したい。京都帝国大学と東京帝国大学に地理学講座が設置されたのが1910年前後，日本地理学会の機関誌である『地理学評論』の創刊が1925年であり，この時期は日本における近代地理学が形を整えてきた時期である。概ねこの時期以降を把握することで，通史的な把握ができると考えた。以下，図1-6の区分に従って検討する。

1．戦前～戦中期の地理学研究

戦前あるいは戦中の食料，特に主食となる米をめぐる状況を当時の地理学者が関心の対象にしていなかったわけではない。当時の地理学関係の文献からは，食料問題やそれを前提とした農業生産，食料貿易や流通に関する議論が展開されていたことがうかがえる。

1）1920年代（図1-6(2)）

1920年代はⅠに示すように植民地からの米の移入が本格化してくる時期であり，円ブロック内での食料供給体系の構築が目指された時期である。この時期においてもすでに食料供給にかかわる関心は高く，石田(1928)や山口(1929)らの研究を挙げることができる。石田は明治末から大正期にかけての台湾の米生産と貿易を取り上げ，植民地米(朝鮮，台湾)が国内(内地)米価の高さに牽引されて，移入増加をみるのは起こるべくして起こったのだと喝破している。また，植民地においては消費量以上を移出に回し，不足分を朝鮮半島では廉価な外米や満洲産の粟で，台湾では外米によって補っていることを指摘している[10)]。また，石田も言及しているが，台湾米移入に先んじて朝鮮米移入の議論が存在していた(河田 1924; 矢内原 1926)。河田や矢内原の議論は経済学の分野におけるものであるが，地理学においても同様にどのような食料供給体系を築くのかという問題意識の存在していたことがうかがえる。また，山口(1929)は小論ながら当

10）石田(1928)と矢内原(1926)はこれを商品作物化の進行と把握しているが，大豆生田(1993b)が指摘する1920年代の状況と問題点を端的に示している。すなわち，自給体制の脆弱性がすでに認識されていたといえる。

時の日本の人口過剰について，食料問題，農村問題，都市問題の観点から言及している。

なお，直接的な食料問題の論考ではないが，こうした時代背景を反映して植民地経営，特に植民地における農業経営に対する関心も広く認められる（辻村1927; 佐佐木 1928; 石田 1929; 武見 1928a, b, 1929）[11]。

2）1930年代（図1-6(3)）

1930年代に入ってもこうした傾向はみられ，食料問題，特に食料の植民地への依存や植民地経営，あるいはアジアの農業等に関する論考が少なくない。例えば台湾の農業を論じた関（1930）や三浦（1930），山田（1930），村木（1933a，b），朝鮮の農業を論じた村上（1934），酉水（1936），満洲の農業を論じた矢澤（1939），中国の農業を論じた寺尾（1938），フィリピンを取り上げた横山（1935，1936）などがある。同様の文脈で，國松（1937，1938）などこれらの地域の地誌書も相次いで刊行されている。また，満洲を含めた対外関係と人口問題を取り上げた一連の横山（1932, 1934a, b, 1937a, b）の成果やドイツの植民地経営に言及した川田（1939），植民地理を論じた寺田（1930）などもある。ほかに記名論文ではないが，『地學雜誌』の各号には以下のようなテーマの記事が掲載されている。すなわち1930年の「本邦国内に於ける米の移動」「満洲の小麦」，1931年の「激減せる昨年の本邦農産物」「支那の外国貿易」「満洲貿易」，1932年の「満洲の資源」「激減した昨年の本邦対支貿易」「満蒙貿易事情」「満洲に於ける米」「満洲に入る支那のナンミン」「本邦内地に於ける米の需要」，1936年の「朝鮮に於ける棉作」，1937年の「四川省の飢饉」，1938年の「ハワイの米作」「台湾の水産業」「満洲の米作」「昨年に於ける満洲国の貿易」「支那の農産物収穫高と栽培面積」，1940年の「蘭領東印度の農業」，1942年の「仏印の米作」などであり，前段に示したようにこの時期の食料需給が徐々に逼迫してくる中で，当時の旺盛な関心がうかがえる[12]。

11）こうした関心の端緒はさらに時代をさかのぼってみることができる（田口 1903a，b，c）。また，当然ながら森本（1921a，b，1922）など，地理学以外においても第一次大戦後の食料問題についての強い関心を認めることができる。

12）こうした食料と植民地を含めたその海外依存についての関心は地理学特有のものではなく，先に示した矢内原らの経済学分野のほか多くの学問分野が共有していた。例えば日本醸造協会雑誌においても緒方（1938a，b，c）は第一次大戦を踏まえて，満洲事変以降の戦時食糧問題と農林政策を論じ，黒野・鷲田（1935a，b，c，d）では満洲の小麦，醤油，豆乳・豆腐，

また，この時期に刊行された地理学関連書籍からもそうした問題意識を読み取ることができる。例えば『農業地理學』(西龜 1931)，『農業地理學』(伊藤 1933)，『植民地理』(武見 1934)，『滿蒙資源論』(佐藤・竹内 1934)，『植民地理』(冨田 1937)，『支那經濟地理概論』(堀江 1938)，『經濟地理學総論』(野口 1939)，『植民地農業――經濟地理的研究――』(伊藤 1937, 1940)[13]，『東亞の農業資源』(佐々木 1942)などである。そこにある主題はあくまでも食料資源をどう獲得するのかであり，その生産を担うアジア諸国という文脈である[14]。例えば伊藤(1933)では第1編が汎論として農業地理学の概念や課題，地域設定が述べられ，第2編　食糧作地帯では世界の小麦地帯，稲作地帯，玉蜀黍(トウモロコシ)地帯について記述されている。特に小麦地帯に関する記述は分厚く，世界的なスケールでの農業地理学の議論が展開されている。同様に大陸別の検討が展開される伊藤(1937, 1940)においても都市労働者への食料供給基地としての植民地の意義が指摘されている。同様に武見(1934)では「日本帝国の植民地理研究」として台湾と朝鮮における米をはじめとした食料生産について多くのページが割かれている。佐藤・竹内(1934)では，明確に食料資源の供給地としての満洲の意義が主張されており，野口(1939)では「第2章　農業地域論」とは別に「第3章　食糧品嗜好品農業地域」がたてられている。また，西龜(1931)でも国内農業よりも世界各地の農業に対する記述が圧倒的に多い[15]。

穀類などについての研究成果の紹介をおこなっている。

13) 同書は1937年12月刊であるが，全く同じ内容の本が1940年9月初版として同様に叢文閣から刊行され，1943年3月の第3版まで版が重ねられたことを確認している。ここでは2つの書誌情報をあげた。

14) 『支那の經濟と資源』(小林 1939)は工業資源一般も含めた資源，『時局と地理学』(佐藤 1939a)，『經濟ブロックと大陸』(佐藤 1939b)は主として工業資源について論じ，食料資源に関しての言及はわずかであるが，いずれも資源を海外のどこから確保するのかという議論が明確に存在している。無論その背景には「持たざる国」という考え方，資源獲得のための植民地支配の正当化を垣間みることができる。

15) 一方で同時期の『農業經濟地理』(青鹿 1935)は東京近郊農業を取り上げた著作で，国外の食料資源に対する言及はほとんどなく，戦後の農業地理を冠した書籍と似通った構成になっている。同書の解題をおこなった錦織(1980)は，昭和初期という当時の状況から，昭和恐慌が起こり，米国では機械化など飛躍的な農業技術の革新が進むとともに，朝鮮半島や台湾からの食料移入が本格化する中で，国内農業はどうあるのかという問題意識を指摘している。こうした文脈で同書の国内事例に特化した構成を理解することができる。しかし，同書のような構成が決して当時の一般的な関心を示しているとはいえない。戦後の文脈で同書の構成を読み解くときには注意が必要である。例えば文中に示したほかにも，青鹿(1935)と同じ叢文閣　経済地理学講座の一冊である『水産經濟地理』(今田 1936)では世界

以上のような地理学における食料問題およびそれに対処するための植民地との関係や東アジアの動向に対する関心は，前章に示した当時の食料事情，すなわち1920年代に推し進められる朝鮮と台湾に対する米の依存，1930年代に入って縮小する小麦の輸入，逼迫する食料事情などに対して，どのようにして東アジアの枠組みの中でそれに対処するのかという課題への取り組みとしてよく把握できる。時あたかも『Japan's Feet of Clay（日本の粘土の足）』（Utley 1936）が世に出ている。

ここでそうした政治的な動向の中での成果として『ブロック經濟地理』（森 1935）をやや詳しく取り上げたい。当時の状況の中で地理学がどのような議論を展開したのかという一端と，その中に食料供給がどのように位置づけられたかを紹介するためである。同書は叢文閣から刊行された「経済地理学講座」の第1回配本にあたるもので，序には本書はブロック経済によっていかにして国民生活の水準を維持，向上できるかについて記述したものとある。第1章でブロック経済の概念が論じられた後，「第2章　日満ブロックの経済地理」「第3章　英帝国ブロックの経済地理」「第4章　仏蘭西ブロックの経済地理」「第5章　独逸と自給自足経済」「第6章　アメリカ合衆国の国防資源」の各章で構成される。植民地の領有，あるいは満洲における日本の権益を前提とした議論であり，それは当時の国家政策とは無関係ではない地理学の限界とみることもできる。

しかし，当時の食料供給の地理学研究に焦点を当てようとする本論では，その議論の中での食料供給の位置づけに着目した。同書ではブロック経済成立の条件として，できるだけ独立的な自給自足をおこなうために，①食料および緊要なる原料の資源，②生産物販売のための市場と資本の投下地域，③人および物資の運輸配給のために便利な交通状態を管理下に置くとしている。食料供給，

の水域に言及するとともに「シベリヤ漁区漁業」「北方公海漁業」「南浦漁業」等の章が立てられ，広く水産資源を把握し，同『ブロック經濟地理』（森 1935）では「日満ブロック」「英帝国ブロック」「仏蘭西ブロック」「独逸と自給自足経済」「アメリカ合衆国の国防資源」等の章が立てられ，食料資源も含めて国外からの資源供給が極めて明確に意識されている。また，同『工業經濟地理』（川西 1935）においても世界各国の状況が記述されており，むしろ青鹿（1935）の構成が例外的な印象を受ける。なお，同シリーズの『畜産經濟地理』（宮坂 1936）も国内事例のみで構成されているが，同書の解題をおこなった桜井（1980）によれば，地理学においては全く評価されなかったとある。

食料資源の確保はブロック経済成立の第一として位置づけられるように，第2章では「日本の不足資源と滿洲」「滿洲國の食糧資源」などの項目が立てられている。同様に第3章では「英帝国ブロックの農業構造」，第4章では「仏蘭西ブロックの農業構造」，第5章では「独逸の環境と自給経済」「独逸の食糧自給の可能性」など，いずれも各章の冒頭に各ブロックが食料資源をどのように確保しているのかが詳述されるほか，随所で食糧資源の開発や輸送などに触れられている。当時の国家政策の枠組みの中の研究ではあるが(もっともそこから完全に自由な研究も難しい)，いかにして安定的な食料供給を実現するかは，当時の類似の研究の根幹に位置づけられていたといえる。

3) 1940年代(図1-6(4))

この時期は占領地の拡大とともに大東亜共栄圏内での食料自給が目指され，戦線の後退とともにその体制が崩壊する時期である。この時期においても食料問題に対する関心は低くない。『資源經濟地理　食糧部門』(石田編著 1941)をはじめ，各国の農業と食料問題への言及がみられる(小川 1941; 村本 1941; 矢嶋 1942; 尾留川 1942a, b; 宇賀 1943)ほか，食料をはじめとした東アジアの資源や植民地の動向に関する言及が多数認められる(木内 1940; 佐藤 1940; 米田 1940; 川村 1941; 西山 1941; 池田善長 1942; 西水 1943; 田邊 1944; 松本 1944; 溝口 1944)。特に1940年代以降海外研究の掲載数が減少した『地理學評論』[16)]に対して，1942年に創刊された『地理學研究』誌上では少なからぬ海外研究の成果が掲載された。例えば創刊号の南方地域研究特集(多田 1942; 川田 1942; 池田正友 1942; 矢島 1942; 中野 1942; 伊藤 1942)，あるいは内田(1942a，b)，渡辺(1942)，田邊(1943, 1944)などの占領地や植民地などに関する論考に加え，藤井(1942)，小川(1942)，野口(1942)，西水(1943)らが，戦時下での農産資源・食料資源について論じている[17)]。総じて食料供給に関する関心は高く，それにともない海外からの食料供給という観点，例えば植民地の農業事情や植民地貿易，あるいは植民地経営に関する論考も広く認められる[18)]。

16) 同誌上でも村本(1942)など臨戦態勢下での食料問題を解決するために内地の土地利用に着目した研究が得られている。
17) 戦時食糧問題は大きなテーマであり，1939年には糧友会から『戰時食糧問題研究』誌が刊行されているほか，福田ほか(1941)など地理学以外でも大きな関心が払われている。
18) 後述する高度経済成長期以降の動向と比較してもそれは明確である。

ただし，それらの論考の内容は決して十分なものであるとはいえない。例えば，1930年代の資料に基づく検討を行った小川(1941，1942)では，従来アジア圏内で米は自給されていたとし，欧米向けの輸出が停止されることで余剰が生じると米供給においては楽観的な観点が示されている。しかし，論文刊行直後の1943年から米の輸入は減少し，食料供給が逼迫する。この時期の論文にはほかにもこの種の楽観的ともいえる記述や現実と乖離した分析が認められる。例えば，イギリスの農業と食料を論じた尾留川(1942a)は海外に食料を依存するイギリスが，大型船舶と制海権なしには食料供給を支えきれず，いずれ没落するとし，米国の農業と交戦力を論じた宇賀(1943)では米国の過剰農産物生産は戦争遂行の障害となるとしていることなどである。ここに戦時期をめぐる地理学研究の限界を指摘することもできる。しかし，その一方で広く食料供給をめぐる関心が共有されていたことは事実である。

ここで，当時の優れた成果として前記の石田編著(1941)の紹介に紙数を割きたい。同書が当時の一般的な潮流を代表する書籍かどうかの判断はできないが，戦後に『食糧の東西』(石田 1947)として再度刊行されるように，時代を超えた食料供給の地理学的議論を展開したものとして今日にも通じる視点があると考えたからである。同書は『資源經濟地理　原料部門』(石田編著 1942)，『資源經濟地理　地圖と統計』(石田・藤井編著 1943)からなるシリーズの一冊で，序章に引き続く冒頭の章では「我らが日々の糧」として植民地を含む日本の米生産について述べられ，次章では「世界の食料地図」として小麦やトウモロコシも含めた世界各地の食料が紹介される。続いて「農業の過去と将来」として，凶作や飢饉，人口問題が取り上げられる。その後は「海の幸」「人類の伴侶，家畜」「甘味・辛味の源」「嗜好飲料」の各章でそれぞれの品目に言及している(第2章IIで詳述)。

1941年11月20日とまさに対米開戦前夜に発行された同書であるが，序説は「ロビンソン・クルーソーは何を語るか」と題された節から始まり，米国の農業に関しても宇賀(1943)らとは異なり，飼料や工業原料として利用されるトウモロコシ生産が米国の富をもたらしているという議論が展開されている。今日の状況(図1-2)にもつながる米国農業の一端を喝破していたともいえる。無論，「吾々日本人が大東亜の盟主として」などの記述がみえるが，総じて戦時色は薄く，経済地理，特に「食糧資源」についての生きた知識の獲得を目指すというはしがきに従い，各食料に対する記述とその解説が平易な文章でテンポよく，かつ古今東西の例をふんだんに引きながら書き進められる。また，消費者と扶養者という枠組みから食料供給を論じている点にも着目できる。単に産地を論じるのではなく，市場との関係や政治経済的な背景を踏まえて，なぜそうなったのかが簡明に解説される。それを資源論といってしまうこともできるが，こうした生産と消費を見据えたアプローチが存在していたことを指摘しておきたい。

以上，当時の食料供給，およびそれに応じた海外の農業に対する高い関心を確認することができる。戦中の研究においては十分な科学的検討が展開できたとはいえないものも存在するが，食料供給をどうするのかという観点は明確に存在していた。いずれにしても，米は国内では自給できず，海外からの輸移入によって安定供給ができるという前提に立ったもので，国内で不足する食料資源をどのように確保するのかという問題意識である[19]。

4）関連分野における当時の日本の貿易の位置づけ

以上，戦前・戦中の地理学研究を渉猟してきたが，この時代の日本の貿易体制全般について若干の解説を加えておきたい。当時の日本の貿易をどのようにとらえるのかということに関して，豊富な研究蓄積のある経済史の分野の代表的な研究として名和統一の「三環節論」と杉原薫の「アジア間貿易」を紹介したい。これによって，当時の貿易全体の枠組みにおける食料貿易の位置をある程度明確にできると考えたからである。

「三環節論」とは戦前に名和が『日本紡績業と原棉問題研究』（名和 1937），戦後に『日本紡績の史的分析』（名和 1948）として論じたもので，その素地にはアトリー（アトレー）の『Japan's Feet of Clay』（Utley 1936）があるとされている。その後も，清水（1968），杉野（1976），山本（1987a，b，c），杉原（1995），西川（1999）など同論に対する多くの検討が展開されている。三環節とは以下の3つの地域別の貿易パターンを指す。第1環節とは対米生糸輸出と棉花の輸入，第2環節とは対英帝国貿易でアジアの英植民地への綿製品輸出と工業原料の輸入，

19）こうした背景には野田編（2013a，b）の指摘する日本が東アジアで展開した農林資源開発という枠組みをみて取ることもできる。

第3環節とは中国，満洲，台湾，朝鮮など東アジアとの貿易で，繊維製品を含む工業製品の輸出と食料輸入によって構成されている。しかし，同論の議論の重心は原棉の輸入と紡績業，その市場にあり，第3環節における食料輸入，労働者への食料供給という観点は前面には出てこない。

なお，アトリーの『Japan's Feet of Clay』も第1章の問題提起に続き，第2章では工業原料の海外依存，第3章では工業部門の脆弱性が述べられたあと，第4章で農業部門の脆弱性（生産性の低さなど），第5章で農村の困窮が語られる。次いで第6章で労働力，第7章で国民経済全般の議論，第8章で市民権や自由などの社会的側面の議論が展開されたあと，第9章でこれらの問題が発火点に近づきつつあることが示される。最後の「日本は戦争の試練に耐えられるか――食料，軍備，士気，財政――」と題する第10章で，戦争になった場合を想定して日本がどのような状況になるかが論じられる[20]。特に「Although it has always been a truism that armies march upon their bellies」という書き出しで始まる同章でアトリーが最初に論じているのが当時の日本の食料事情であり，その海外依存を丹念に描き出している。ただし，アトリーの原著そのものの記述はさておき，上述の「三環節論」をめぐる議論において工業原料とその加工品の貿易が議論の中心に据えられており，食料貿易は決して前面に出ているわけではない。しかしながら，原典を振り返るならば，むしろアトリーの描く日本の食料事情とその海外依存に対する論考こそ注目すべきではなかろうか。

これに対して，アジア間貿易における食料の重要性に着目したのが杉原（1985，1996）である。杉原は「アジア間貿易を支えた農民，労働者の追加的購買力の大宗は，実は綿布や雑貨に向かったのではない。エンゲル係数の極めて高いこの段階では購買力は主として主食用穀物や若干の香辛料，海産物などに向かった。中でも米が彼らの支出に占める位置は決定的に重要であった」（杉原 1985：p. 34），「日本の米市場でも朝鮮米以外の外米は全国的に需要され，都市の雑業層や代替穀物のない米産地の劣等食糧として重要であった」（同 p. 37）「安価な基本食糧の確保は一方で日本の工業化の基礎となり，アジア内国際分

20）アトリーの同書（第2版）は11章から構成されており，翻訳本でも11章からなっているが，本文中では第10章を最終章として紹介した。これは第11章が1936年の初版本にはなく，1937年の第2版で加筆されたものだからである。なお，第11章は「1937年の日中戦争」と題された短い章で，盧溝橋事件を踏まえたものである。

業体制の成立を促進するとともに，他方では日本の対欧米輸出競争力の強化にも貢献したにちがいない」(同 p. 38)とし，「三環節論」が着目する原棉とその加工品，すなわち工業原料とその加工品ではなく食料にその重点を置いている。杉原の指摘するアジア間の食料貿易の重要性を評価したい。

2. 戦後～1960年代の地理学研究

1) 1940年代(図1-6(5))

戦後間もない時期の地理学における成果として淺香(1946)を挙げることができる。その他にも，戦後まもなく刊行された『國民地理』[21]において辻村(1946)，酉水(1946)らの食料についての記事が認められる。また，社会科の地理担当教員や学生を読者と想定し，1947年に創刊された『社會地理』においても1号の表紙を飾るのは「県別にみた米の産額とその一人当額」と題された地図であり，1948年の8号の表紙は「日本の資源と米国の政策」，49年の11号の表紙は「米の県外移出状況」と題された地図である。加えて，『資源經濟地理　食糧部門』(石田編著 1941)も『食糧の東西』(石田 1947)として，書き改められ出版されている。

このように戦後間もない時期に，地理学分野においても食料に対して高い関心が払われていたことがうかがえる。ただし，食料供給機能を果たしていた植民地が失われたことにより，自ずと研究対象は国内農業の開拓や生産性の向上という方向に向かう(岡崎 1947)。同様に，1947年に帝国書院より発刊された『新地理』誌上でも食料問題に対する関心が認められるが，その解決法として注目されているのは開拓である(山口 1947; 渡邊 1947; 田中 1948; 渡邊・延井 1948; 上野 1949; 菊島 1949; 小船 1949[22])。例外的に川喜多(1949)が樺太や台湾を含めた農業生産力の考察を展開しているものの，戦前期にみられたような食料の海外依存を前提とした議論はこれ以降ほとんど認められなくなり，国内の農業地域や産地の動向の研究が主体となっていく[23]。

---

21) 目黒書店から刊行された『國民地理』は戦中の1944年11月に創刊号である第1巻第1号が出ているが，戦後の1946年に再度目黒書店より『國民地理』として第1巻昭和21年1月号が創刊されている。ここでいうのは後者のものである。

22) 同時期の入江(1949)や生野(1949)らの研究もこのような国内でいかに食料生産能力を増強するかという関心のもとの著作といえる。

23) 例えば山口(1950)の「米食・稲作・農村社會」という論考には食料供給という観点は認められない。

なお，戦後間もないこの時期の食料問題に関する問題意識は地理学に限ったものではない。例えば栄養・食料学会が立ち上げられ，『榮養・食糧學会誌』[24]の刊行が始まるのが1947年で，第1巻には「國民榮養の現状」「わが國民榮養の将来について」などの論考が掲載されている。そこでも言及されているが，植民地を失い国内で食料の自給を目指さなければならない状況でいかにして十分な栄養を得るのかが大きな主題となっている。同様に，GHQによる1949年の報告書『A Report on Japanese Natural Resources: A Comprehensive Survey』[25]においても半分以上の紙数が食料供給に充てられている。

さらに，こうした関心が端的に発現している地理学関連事項として学習指導要領を挙げることができる。1947(昭和22)年度の文部省の学習指導要領　人文地理編(1)（試案)は4つの単元で構成されている。すなわち「単元I 世界の各地はいかに異なっているか」「単元II　環境と人間との間にはどんな交渉があるか」「単元III　人間の住居や集落は，どんな所に，どういうふうにできるか」「単元IV　われわれは食糧をいかにして得ているか」である。このうち最も紙数を割いて説明しているのが単元IVで，単元I〜IIIの合計よりも多く，人文地理編全体の半分以上が単元IVの「食糧」の項目にかかわっていることになる。当時の学校教育における関心の高さがうかがえる。

しかし，1951(昭和26)年度の文部省中学校　高等学校学習指導要領　社会科編　III(C)人文地理(試案)においては「単元1　地表は人類に，どんな生活の舞台をあたえているか」「単元2　生産技術が近代化されていない地域では，どのような生産活動が営まれているか」「単元3　近代産業はどこでどのように営まれているか」「単元4　人々はどのように地表に居住し，都市や村を作っているか」「単元5　世界の人々はどのように結びついているか」となり，「食糧」は姿を消している。その後の1956(昭和31)年度の改訂版　高等学校学習指導要領　社会科編　第6章　社会科人文地理においては構成が「(1)人間と環境」「(2)人間生活に大きくはたらく自然条件」「(3)農牧業」「(4)林業・水産業」「(5)鉱工業」「(6)総合開発」「(7)人口」「(8)集落「(9)交通」「(10)貿易」「(11)国家と国際関

24) その後同誌は『栄養と食糧』『日本栄養・食糧学会誌』と名称変更しながら今日まで巻号を重ねている。
25) 経済安定本部資源調査会が翻訳し，『日本の天然資源』(連合軍総司令部 1951)として刊行されている。

係」「(12)地図」「(13)野外調査」の各テーマによっている。1947年度の試案では，「われわれは食糧をいかにして得ているか」が「農牧業」「林業・水産業」のみならず，「人間と環境」「人口」「貿易」「国家と国際関係」等も包括した単元として設定されていたわけであるが，1950年代以降の学校における地理教育の枠組みは上記のようなテーマごとのものとなる[26)]。

2) 1950年代以降(図1-6(6))

戦後間もない時期の食料に対する関心の高さは確認できるものの，その後1950年代60年代を通じてキーワードとして食料が地理学論文のタイトルを飾ることはほとんどなくなり，農業，特に特定地域の農業に焦点を当てた研究が多くを占めるようになってくる。これは1970年代以降の状況に連続する傾向である。生産性の向上と農業従事者の所得の向上を目指した1961年の農業基本法が成立した当時の状況を反映してか，以降の地理学研究は地域の農業生産の動向と農民の動きに焦点が当てられていく。

この時期の状況を考察した展望論文として樋口(1967)がある。それによると1940年代末から1950年代の学会発表の論題から，食料不足，土地不足といった問題意識が濃いこと，そのため土地の農作物，土地と農業経営へと関心が向かったとしている。具体的には開拓，稲の品種と土地の改良，稲作労働，稲作経営等が挙げられている。樋口はこうした学会動向を示す一方，「国内需要をまかないきれなかったのは，戦中・戦後の一時期のみではない。明治の末期までさかのぼらねばならない。その不足分は朝鮮・台湾・仏印・タイなどからの輸入にたよったものである」とし，食料貿易の重要性を指摘している。また，第2章の章題が「生産論から消費・流通論へ」であるように，食料生産というよりも食料供給に対する強い問題意識を読み取ることができる。ただしこの優れた展望論文の問題意識がその後の地理学研究に反映されたとはいえない。なお，同時期の農業地理学の展望論文(藤本1962; 上野1971; 白浜1971; 尾留川1973)においては，農業の地域的パターンなどへの関心が前面に出るものの，

26)　この大枠がその後今日に至るまで用いられ続けていることは，『人文地理』誌上に毎年掲載される学界展望の項目が，ほぼこれと重なることからも明らかである。はたしてこの枠組みが妥当なものか，それ以前に存在した4～5の大きな単元で構成される枠組みがこの枠組みよりも劣るとも断言できない。本書の主題からはそれるが議論を待ちたい。また，補論を参照していただきたい。

食料供給という問題意識は希薄である。戦前の関心の高さに比べて大きな落差を感じざるを得ない。その背景には食料供給＝米供給＝国内自給というような枠組みを見出すこともできるかもしれない。しかし，この時期においても図1-2にみたように，小麦をはじめとした多くの食料の海外依存が拡大している。ただし，日本の地理学においてこうした点はほとんど論じられなくなり，次項に示すように国内農業の議論に関心が向けられていく。

同様の潮流は農業地理学を称する書籍においても確認できる。例えば『日本の農業　經濟地理学的研究』(西水 1949)，あるいはその改訂版の『日本農業経済地理』(西水 1958)は日本農業の基礎的条件，耕地，水田農業，畑農業，都市と農業，山地農業という構成になっており，海外の食料生産，食料資源には触れられない。「東亞の農產資源」(西水 1943)や「我が國の食料需給問題」(西水 1946)を著した西水であるが，本書においては食料供給という観点は前面にはない。また，このような水田や畑作(あるいは野菜や果樹)といった作付け毎，都市近郊や山地(あるいは丘陵や低地)といった地域毎の観点による構成がその後の類書のひな形になっていったことがうかがえる。例えば，岡本(1963)，吉田(1969)等のこの時期の農業地理学書はいずれも国内産地の事例で構成されている。また，世界の食料供給を取り上げた『食糧の生産と消費』(尾留川 1950)においても欧米と日本の記述で完結し，戦前に広くみられたアジアや旧植民地に関する記述はほとんどみられなくなり，『人文地理ゼミナール 経済地理Ⅰ農業・牧畜・林業』(伊藤ほか 1957)，およびその新訂版である伊藤ほか(1977)でも理論部分を除き，すべてが国内農業の議論である[27)]。同様に経済地理学一般を扱った『新経済地理学』(除野 1952)においても，農業や国際貿易についての記述はあるものの，食料供給あるいはその海外依存という観点は戦前と比較して希薄である[28)]。

3) 小　括

近年の議論において，1940年代後半，いわゆる戦後の混乱期の地理学の研

27) 奇しくも戦前の青鹿(1935)と似た構成に収束していく。
28) 同様に，この時期の『経済地理』(佐藤 1951)は佐藤の戦前の著作と同様に工業に重点が置かれているが，国内の工場の分布などは示されるものの，どこから工業資源を獲得するのかという議論はほとんどみられない。佐藤(1939a，b)などの著作では，どこから工業資源を獲得するのかということが多くの紙数を割いて取り上げられていたこととは大きく異なる。

究成果に光が当てられることはあまりなかったが，上述のようにこの時期にも一定の研究成果が蓄積されている。特に戦中・戦後の食料不足という状況が現実問題として存在し，地理学においても食料研究がひとつの大きなテーマとして存在していたことがうかがえる。しかし，その関心の方向性は戦前・戦中の海外への依存を前提とした方向性とは大きく異なり，国内農業へと収束していく。植民地を失った占領下の日本にとって，国内農業による食料増産という方向性は当然であり，研究もそれに沿ったことに疑問の余地はない。しかし，当時の食料供給は国内の増産ばかりではなく，海外からの輸入，特に米国からの穀物輸入によるところも少なからず認められ，その後の高度成長期に向けて大きく拡大していく(図1-2)。こうした状況に対して，当時の地理学からの発信がほとんど認められないことには少なからず疑問が残る。特に1940年代の議論はそれまでの食料の海外依存とそれをめぐる議論のひとつの画期といえる。これに関しては第2章で詳細に検討したい。

少なくとも他分野においてはこの時期，海外依存を含めてどのような食料供給体系を構築しようとするのかという議論が存在した。内村(1950)や中山(1953, 1960)は戦後間もない時期に海外依存を含めた日本の食料需給を論じ，一大食料供給国となった米国を念頭においた研究も多い(窪谷 1956; 瀧川 1956; 細野 1956; 清水 1962)。さらに，1950年代後半には中山(1958)や瀧川(1959)など第一次大戦前後にまでさかのぼって長期の食料需給の変動をとらえようとする試みも登場している[29]。

3. 1970年代以降の地理学研究

1) 展望論文による1970年代以降の傾向(図1-6(7))

最後に1970年代以降の地理学がこの問題をどのように取り上げてきたのかをふり返ってみたい。この時期には継続的で制度的な学界展望の仕組みが形作られてくる。すなわち，経済地理学会が定期的に刊行している『経済地理学の成果と課題』，および『人文地理』誌上で毎年紙数が割かれる「学界展望」で，個別の成果に言及しつつ詳細で網羅的に学会の趨勢が伝えられるようになる。

---

29) かといって関心が薄くなっていったのは地理学のみではない。例えば大河内一男著者代表(1966)のように「食糧」と銘打ちながら，国内の生産・加工・流通を取り上げ，増加する輸入は全く触れられていないような傾向も認められる。

ここではそれらの展望論文よって動向を把握したい。

まず，1967 年に刊行された事実上の第Ⅰ集である『経済地理学の成果と課題』[30]では，農林業を取り上げた江波戸（1967: p.60）が当該分野の中心的課題を「経済現象の一部としての農業生産の発展・変貌に関する地域的特質の究明」とした上で，農業地域区分と各部門別の課題を取り上げた研究に大別している[31]。1977 年の第Ⅱ集においても「農業の地域的特質の解明」という第Ⅰ集の観点は踏襲されている（石原・大崎 1977）。その上でこの時期の特徴としては，都市化や工業化による農村地域・農業地域の地域性の解明に焦点が当てられていることがある。また，続く 1984 年の第Ⅲ集においても工業化・都市化の農業へのインパクト，およびそれによる地域変容が中心的な観点になっている（松村・田嶋 1984）。多くの研究は生産地域の性格分析，類型区分を想定したものである。また，構造改善事業に注目した研究が多いのもこの時期の特徴である。しかし，同時期の高度経済成長下の国土開発や地域構造という議論（野原・森滝編 1975）の中においても，関心は国内であり，自国の食料供給をどのように設計するのか，海外からの食料輸入をどうするのかという議論は認められない。また，長岡ほか（1978）も農業生産のみならず，流通や消費市場を念頭に置いた優れた成果であるが，国外との関連性は全く意識されておらず国内に完結する生産配置と市場が描かれている。

こうした中で新たに国際化というキーワードが登場するのが 1992 年の第Ⅳ集（藤田ほか 1992）である。しかし，そこで展開されたのは国際化が農村や農業に与えた影響を把握しようとする取り組み，例えば松村（1982），進藤（1985），北村（1989）などであり，従前の工業化・都市化が農村や農業に与えた影響を把握しようとする取り組みと大きくかわる枠組みとはならなかった。すなわち従前の「農業の地域的特質の解明」という枠組みはそのままで，都市化や工業による農業への影響から国際化による農業への影響へと，インパクトを与えた

30）1967 年に刊行された『経済地理学の成果と課題』は『第Ⅰ集』が付されているわけではないが，本書では便宜的に第Ⅰ集とした。（補論についても同様）

31）なおこの第Ⅰ集では「資源論」と題された章が設定され，簡単な紹介がある（石井 1967）ものの，これ以降の「成果と課題」では資源論が章として取り上げられることはなく，第Ⅵ集の第2章2節に資源論が謳われるのみである。ただし，Ⅵ集も水資源と環境の議論が中心で食料資源には言及されていない。実質的に第Ⅳ集の元木（1992）の言及を除いて，「成果と課題」において食料問題という観点で認識されることはなかった。

ものが入れ替わっただけであった。そうした中で注目されるのは元木(1992)が「過剰基調の稲作と食糧問題」と題して「米の需給調整ではなく，日本の食糧自給政策のあり方にかかわる問題」という観点を提起していることである。

これに続く，1997年の第Ⅴ集(小倉ほか1997)においてもウルグアイラウンドや国際化というキーワードが登場するものの，それらを通して農業や農村に与えるインパクトを解明し，「農業の地域的特質の解明」を目指そうとする研究の枠組み自体は従前のものと変わらない。なお，キーワードとしてのフードシステムは第Ⅴ集において登場するが，同論そのものに対する理解は乏しい[32)]。2003年の第Ⅵ集(石井ほか2003)では新食糧法がキーワードとして登場するが，取り上げられる研究は依然としてそのキーワードが農村・農業へ与えるインパクトを解明し，「農業の地域的特質の解明」を目指すというものであり，国内農業を主題とする傾向は従前から継続して認められる。例えば，新法下での自立型あるいは脱農型などの類型や新法下での稲作振興や地域振興といった事例研究などが紹介されている。また，並行して，リゾートや国土保全機能，景観などのキーワードの元に農業や農村の多面的機能にも注目が集まっているが，食料生産機能には言及されることはなく，食料というキーワードが章題として登場するのは第Ⅶ集を待つことになる(高柳ほか2010)。

このように1960年代以降は「農業，農村がいかにあるか」を解明するのが主要な関心事であったことがうかがえる。これに対して，食料供給や食料資源，あるいは自給という側面から農業や第一次産業をとらえようとする観点は相対的に希薄であった。無論，そうした観点が全く存在しなかったわけではなく，以下に紹介する中藤(1983)や井関・北村(1983)，樋口(1988)など，興味深い観点が提起されてきた。これらの研究は，冒頭に示した「食料」を主題とした研究といえる。しかし，学界内でこうした観点が広がることはなく，国内の農業の状況やその地域区分(坂本1987; 山本ほか編1987)，あるいは農民の動向やそれに基づく地域区分(北村1980，1982，1987a，b)などに関心が払われてきた[33)]。その後，食料という主題が明確に意識されるのは1990年代のフードシス

32) 例えば同書の文中ではフードシステムについては山本ほか(1990)で言及されているとあるが，実際にそれとおぼしき記載はなく，この時点ではフードシステム論がどのようなものであるのかは執筆担当者においても誤解されているようである。

33) 近年においても，農業地理学分野において食料問題に対する関心は決して高くはない。例

テム論の登場ではないかということは冒頭に述べた。輸入農産物が国内農業に与える影響という観点は1980年代から存在したが，輸入農産物そのものや海外からの食料調達を直接の主題とした研究は荒木(1997)までみられない。その後は，後藤(2002，2004，2011)や大呂(2012)，則藤(2012)らによる成果が得られているが，2000年代以降に一定の成果の蓄積を得るまで地理学における食料研究は50年以上にわたるブランクがあったといえる。

2）注目されなかった当時の食料研究

以上が，1970年代以降の傾向であるが，当時の文脈で大きく取り上げられることのなかったいくつかの成果について着目したい。中藤(1983)の『現代日本の食糧問題』は『講座　日本の国土・資源問題』として企画された一冊である。この企画は海外資源を濫費する一方で，国内資源を放棄，あるいは一部の限られた国内資源を乱開発・濫費することによってなしえた高度成長とその問題点を，国土・資源問題という側面から解明しようとするもので，土地，水，エネルギー，食糧，森林木材，金属鉱物の各論からなる。食糧を担当したのが中藤で，戦後30数年を経た当時，食生活の「近代化」「高度化」を経て豊かになったといわれる国民の食生活が，海外依存を高め「食生活の現代的貧困」とも呼べる状況にあるのではないかと指摘する。また，人口爆発や異常気象により食料需給が不安定になる可能性があること，経済大国としての安価な食料の輸入が途上国からの非難の対象になること，食料が「第三の武器」として使用されないとも限らないことなどにも言及している。また，産業構造の変化と農業の近代化，地域開発政策の展開，経済成長と貿易などを俯瞰した上で，食料をめぐる内外の情勢と食料危機をめぐる認識，さらに自給率の向上を目指した将来の食料政策が展開される。同書は戦後の食料難がすでに過去のものとなった1980年代において，内在する食料問題を指摘しており，小杉による書評(1984)など，他分野では評価されたものの，地理学において高い関心が払われることはなかった。しかし，海外に依存する食料を視野に入れつつ国内の食料生産(農業)と食料供給をどのようにするのかという問題点を指摘したことは，高く評価できる。

えば，荒木(1999)，増井(2008)などの食料問題を正面から論じる試みは，いずれも『人文地理学』誌の学界展望には収録されていない。

また，井関・北村(1983)の業績も，震災と食料供給を関連付けて論じた注目すべき論考であり，「防災対策強化地域は狭くないか」，1923年の関東大震災と当時の米輸入を踏まえた「東海地震後の貿易」，「東海地震にともなう国内農業問題」が指摘されている。阪神淡路大震災，東日本大震災を経験し，南海トラフ地震が懸念される今日において，こうした指摘が30年以上も前に出されていたことを再認識すべきである。樋口(1988)も戦前の朝鮮産の米を取り上げて，その生産から流通，消費を追いかけるとともに市場論や都市論を展開したユニークな成果である[34)]。これらのいずれもが当時は十分な光を当てられていないものの，さらに時代をさかのぼればこうした観点が決して少数派ではなかったことを確認することができる。戦前，戦中，あるいは戦後を含めた1940年代までは広く食料問題，食料をどのようにして供給するのか，あるいはどのようにして自給体制を構築するのかが極めて重要なテーマであったことはすでに示したとおりである。同時にそれらは，多くの食料を海外に依存する今の日本においても極めて現代的な意義を有していると考えられる。

Ⅲ　まとめと展望

1. 食料の海外依存について

ここまで明治以降の穀物需給・海外依存のパターンとそれに対する研究史を時代を追って検討してきた。そこから今日と将来の日本の食料供給について示唆しうることも少なくないと考える。Ⅰから明らかなことは，明治中期以降の日本の穀物需給における一貫した海外依存であり，Ⅱからは戦前から1940年代にかけての食料研究の蓄積がうかがえる。

すでに図1-6で各種の統計資料と先行研究を踏まえた食料需給の状況を描き出したが，Ⅱにおける検討を踏まえれば，幾つかの論点が浮かび上がる。図1-6の(2)の時期は第一次大戦末の米騒動を受けて，帝国の領域内での食料自給が目指された時期である。しかしながら，植民地の食料は決して自給できていたわけではなかった。朝鮮半島では矢内原(1926)，台湾では石田(1928)が

---

34)　この他にも西山(1974)の『経済地理学』が増補改訂版として食料問題を取り上げたことも付記しておきたい。

論じたように，植民地で生産された米は商品作物として米価の高い内地に輸出され，植民地の農民はそれによって現金収入を得，より安価な外米や麦・粟などを購入し，それを食用に充てていたのである。第一次大戦・米騒動以降は植民地域内での米の自給を目指したわけであるが，植民地農村の食料供給は外米や小麦などに依存しており，実質的に帝国の領域内での穀物自給はできていなかったのである。こうしたいわば「見かけ上の」あるいは米のみに焦点を当てた域内自給体制はその後，図1-6の(3)の時期に問題が顕在化するように，わずかな期間で構造的な変貌を余儀なくされる。内地の米供給を支える植民地の食料供給は，植民地の外にあるアジア諸国の穀物生産や遠く北米や豪州大陸からの小麦に依存していたのである。

図1-6の(1)の時期，近代化を進める日本は米需給が逼迫し始める。これを支えるために，第一に内地生産，それを補う植民地米，さらにそれを補う外米という3段階の米供給体制を構築する。しかし，第一次大戦による外米の途絶により，この仕組みの脆弱性が露呈する。より安定した供給を実現するために目指されたのが(2)の帝国の領域内での米自給である。すなわち外米依存を断つことで安定性の向上を目指したわけであり，植民地での米の増産の取り組みが前進する。一見それは成功したかにみえるが，米は自給できていたものの，米以外の穀物はそうではなかった。植民地を含めたアジアの食料需給は米だけで成立していたわけではなかった。小麦や粟も当時の主要な貿易品目であり，植民地の食料がこれら輸入穀物に少なからず依存していた。自給を確立したかにみえる帝国内の米供給体制は域外からの米以外の穀物供給に支えられていたのである。それが1930年代以降，食料供給問題として顕在化することは上述のとおりである。

第一次大戦以前は外米が農村や炭鉱地帯での食料供給を支え，第一次大戦後は外米やその他の穀物輸入が内地向けの米生産を担う植民地農村の食料供給を支えていたのである。いずれにしても日本の食料供給は輸入穀物に依存していたといえる。一方，戦後も一貫して穀物の海外依存という状況は変わりがない。終戦直後の混乱を踏まえて食料増産に取り組み，当時の資源調査会が描いたように新しい食料供給体系の構築が目指された。はたして，その後の日本の食料供給を支えたのは大量の輸入穀物であった。1960年代の終わりには米の自給率が100％を超える。それは戦後の悲願であったのかもしれないが，同時期までに北米を中心にした大量の小麦の輸入体制が確立される。それ以降，米の自給率は高い水準を維持するものの，小麦や大豆，トウモロコシなど主要穀物の大部分を海外に依存し，それ以外の青果物や肉類の海外依存も高い水準にあるのが現状である。

それもまた，別の形での「見かけ上の」自給かもしれない。すなわち，米のみに焦点を当てれば概ね自給できているのかもしれないが，それ以外の穀物の供給は海外に依存している。そこに植民地の食料を域外に依存した戦前の状況との共通点を指摘することができる。1920～30年代に完成していたかにみえる米の植民地内自給はその後短期間で破綻する。今日の米の自給率も一見高いようにみえるが，穀物需給における米の位置は年々低下し，大量の穀物輸入に依存している。こうした今日の食料供給状況と戦前のそれはある意味で似通っている。米については概ね自給しているようにみえる点，しかし，食料供給を支えるそれ以外の穀物は海外に依存しているという点，最後にそうした点に関する問題意識が希薄であるという点においてである。特に最後の点は戦前以上に認識が薄い。今日の食料供給を米以外の大量の穀物の海外依存を抜きにして議論することは極めて不完全であるにもかかわらずである。そこに国内の米需給を重視する余り，北米からの小麦の貿易制限の影響を正確に予測できなかった戦前との共通点を認めざるを得ない。

このようにしてみると明治以降日本の食料・穀物供給は一貫して海外に依存している。特に戦前の米，戦後の小麦やトウモロコシが顕著であるが，穀物需給としてみたとき，戦後の方が海外依存の大きいことは明白である(図1-2)。それによって日本の食料供給が支えられてきたのである。私たちはまずこうした認識を明確に持たなければならない。それは，戦前，戦中と同じ轍を踏まないための認識でもある[35)]。しかしながら，その際には戦前の植民地経営を前提と

---

35) その際，本章では十分に言及できなかったが，戦前においても安定的な米の需給を支えるための米以外の穀物類の貿易も興味深い展開を示していたことを指摘しておきたい。すなわち，日本の小麦生産の拡大と植民地への輸出，満洲からの大量の大豆輸入とさらなる大豆糟の輸入が国内と植民地の農業を支えたことも無視できない。これら満洲大豆については駒井(1912)，南滿洲鐵道株式會社地方部勸業課編(1920)，三木(1932)等早くからの研究蓄積がある。また，満洲から朝鮮半島への粟の輸出も相当量に上っている。こうした穀物・食料総体を見渡した視点が必要である。その一端は第2部において言及する。

した海外領土からの食料供給と，戦後の国際社会，特に西側諸国を中心とした政治経済的結びつきを前提とした貿易によるそれとを単純に比較できないことに留意せねばならない。戦前と戦後の食料の海外依存に関する政治経済的状況やその中身の質的差異は大きく異なるからである。そこには個々の地理学者の力量に帰すことのできない，それぞれの時代の価値観や世界観，イデオロギーなどの側面が強く存在していることも事実である。

2. 地理学史の検討より

次にそうした状況の中でそれぞれの時代の地理学は食料をどのように論じてきたのだろうか。IIからうかがえるのは，1940年代までの高い食料への関心とそれ以後の関心の低さという対比である。戦前・戦中にかけては少なからぬ地理学者が食料問題に取り組み，その供給地としての植民地やアジアについての関心を持っていた。しかし，戦後そうした関心は継続されず，高度経済成長の時期をひとつの転換期として，それ以降は農業主題の研究が主流を占め，食料主題の研究は姿を消す。その背景として，敗戦によりそれまでの米の供給地であった朝鮮半島と台湾という植民地を失い，国内における食料増産に注力しなければならなくなったという状況を想定することは可能である。しかし，図1-2にみるような戦後の大量の穀物輸入のみならず，1980年代以降の大量の肉類や青果物の輸入増に対しても，国内産地への影響という視点で論じられることはあっても，食料供給という観点から論じられることはなかった。食料の海外依存は戦前とかわることなく，むしろかつてない高いレベルにある。しかし，往時の地理学における食料への関心の高さに対して，戦後の地理学は十分な食料研究を展開することができなかった。食料の海外依存という視点は全く欠落していたといえる。その結果，十分な議論のないままに，日本は世界最大の食料輸入大国と称されるに至った。

その背景には大東亜共栄圏の建設や植民地支配の正当化に協力したことに対する批判や反省が存在したことは事実であろうし，その一方で植民地を失い国内での食料増産に注力せざるを得なかったという状況も存在したであろう。前者について，科学的な論拠を欠くものについてはいうまでもないが，当時の地理学に対する批判（例えば杉野 1970）や現代的な見直し（例えば三木 2010），あるいは当時の「持たざる国」というイデオロギーの再検討（例えば佐藤 2011）等も展開されている。しかし，ここでの主題は今日の食の問題に対処するために食料研究を振り返ることであり，その文脈において当時の地理学における食料供給に対する関心の高さを描き出すことに主眼をおいた。例えば，その背景にある植民地支配の正当化や国粋主義的な方向性についての批判は免れないとしても，『ブロック經濟地理』(森 1935)では食料や資源がテーマとして第一に掲げられており，食料をどのようにして確保するのかという明確な問題意識をみることができる。同様に『民族經濟地理』(山本 1943)でも，ブロック内での食料や原料資源とその自給については丁寧に記述されている。さらに『東亞地政學序説』(米倉 1941)においても，Iに示したような食料資源の海外依存を明確に認識した上で，食料や資源をどこに依存するのかを丹念に検討している。そこで展開される植民地支配正当化の論調に対する批判を妨げるものではないが，同時に食料資源をいかにして獲得するのかという明確な問題意識の存在を指摘することができる。

この部分において，戦後～今日に至る地理学の限界をみることもできる。植民地支配とは別に食料の安定的な確保はいつの時代においても重要事項であるにかかわらず，それに対する十分な論考を保持できなかったことである。それは戦前・戦中の姿勢に対する反動，あるいは忌避なのかもしれない[36]。また，その後の時期に地理学で農業産地の議論が大勢を占めるようになったことにもその遠因を求めることができるかもしれない。それと表裏で戦後における資源論という観点の欠如を指摘することもできる。その際，戦前においては冨田芳郎をはじめ少なからぬ自然地理学者が海外事情，食料事情，あるいは経済地理に関する論考を展開していたことは興味深い。例えば，『經濟地理學原論』(冨田 1929)では，ページ数の約半分が，生産論として土壌や気候，陸水，植生，地

36) 戦前の地理学が当時の国策と結びつき，植民地支配の一端を担ったという過去と，その一方で戦後の地理学における食料研究，特に海外依存に関する研究が後退したこととの関係はなお議論の余地がある。確かに，単にそれまでの食料供給を担った植民地を失い研究対象がなくなったこと，そのために国内での食料増産に注力せざるを得ない状況があり，その延長上に主産地形成や産地間競争の議論が展開されたことも理解できる。しかし，小麦など当時から海外依存の大きかった穀物に対する言及がほとんどみられない。そこに，穀物の海外依存を正面から取り上げると過去の植民地支配に触れざるを得ないという状況と，それを避けようとする心理があったと考えるのは穿った見方かもしれない。しかし，今日の食料輸入の大きさを考えるとき，過去を含めて食料の海外依存は避けては通れない問題である。その意味で戦前の地理学における食料研究を無視・否定するのではなく，限界は認めつつも紐解いてみる今日的意味はあると考える。

下資源など自然地理的内容で占められている。また，1930年代中頃に叢文閣より刊行された『經濟地理學講座』[37]においても自然地理的記述は一般的で，自然地理学と経済地理学の強い結びつきが存在している。その背景として，食料資源あるいは工業資源も含めて，資源の存在する自然条件や自然環境を理解するために自然地理学が当時の経済地理学の重要な基礎を提供していたことを付記しておきたい。

3. 私たちの食料供給はどのようにあるべきなのか

仮に食料研究が失われた背景にそれら戦前・戦中へ反省があったとしても，戦後の産地論そのものが持つ限界もまた指摘することができる。戦後の産地論は「いかにして産地を発展させるか」という議論であり，「いかにして安定して食料を供給するのか」という議論ではなかったという点においてである[38]。それを踏まえ，ここで再度「私たちの食料供給はどのようにあるべきなのか」という問いとそれに対する答としての安定的な食料供給という第1部の冒頭に示した前提に戻りたい。

ここで今日的な観点として提起したいのが「豊かな生産者・貧しい生産者と豊かな消費者・貧しい消費者」という枠組みである[39]。食料の安定供給を第一義とするとき，誰もが食べられるということを前提にしなければならない（荒木編 2013）。消費者／国民が潤沢な食料供給を享受できるということ，たとえ貧しいものであっても，健康的な食料を手にすることのできる供給体系をどのように構築するのか，その供給量をどのように確保するのかということである。戦後から今日に至る産地論には産地の発展，すなわちいかにして豊かな生産者になるのかという議論は存在するが，いかにして貧しい消費者に食料を供給するのかという議論は存在しない。例えば高付加価値化やブランド化など，豊かな消費者に供給することで豊かな生産者になるという戦略はあっても，いかにして貧しい消費者に廉価な食品を提供するのか，いかにして消費者／国民全体に十分な供給量を確保するのかという戦略は生まれにくい。

37）詳細は補論を参照。

38）戦前・戦中の取り組みに対する反省と同時に，戦後の取り組みに対しても反省するべき所は反省するべき時期に来ているのではないだろうか。

39）何が豊かで何が貧しいのかという議論の袋小路に陥るつもりはないし，格差社会を声高に（理念的に）批判するつもりもない。現実に経済的な格差が存在する世界において，貧しくとも十分な食料を手に入れられる仕組みをいかにして構築し得るのかという検討をしたいのである。

しかし，いかにして不足する食料を確保するのかという観点，いかにして貧しい農民や労働者が食料を確保するのか，いかにして国民全体に食料を供給するのかという観点は，少なくとも戦前には明確に存在していたのである[40)]。明治期に安価な外米が労働者の食生活を支え，第一次大戦後は樋口(1988)が活写するように植民地米が都市住民の食生活を支えた。そして，今日の廉価な食品価格とその大量供給を支えているのは間違いなく輸入された食料である。海外依存なしには今日の食生活が存在し得ない状況がある。しかしながら，そうした観点や議論は戦後の地理学研究からは全くといっていいほどに欠如していた。食料供給の議論は国内の食料生産(農業)の議論に置き換えられ，丹念なフィールド調査が蓄積されていった。フィールド重視の視点は評価されるべきであるが，フィールドがすべてではない。食料供給の大局もみた上で，食料生産の現場・フィールドもみるべきである。偏狭な現場第一主義のせいだけにすることはできないが，戦後海外に多くを依存する穀物，1980年代以降は肉や青果物を含めた食料一般の輸入の急増，についての議論が避けられてきたのはなぜだろうか。そこに戦中の研究にみられた自己に都合のよい解釈，すなわち食料の供給には問題がないという当時の科学的根拠を欠く解釈と同じ構図をみて取ることも可能である。

さて，それではどのようにしたら食料の安定供給，誰もが潤沢な食料供給を享受できる仕組みを構築できるのか。簡単な解があるわけではないが，品目毎に国内自給の水準を把握し，不足するものはどのようにして供給するのか，増産するのか，輸入により補うのか，輸入の際の供給先はどうするのか，これらの一連の手続きを実行する上でどのような対策が必要か，についての十分な議論が必要である。ここではその前提として以下の2点を提示したい。①誰がそれを担うのか，②コストとリスクの2点である。

①を単純に，国内で担うのか，国外に依存するのかと言い換えることもできるが，今日それをめぐる枠組みはそれほど単純ではない。かつて食料貿易において国家は大きな役割を果たしていた。植民地経営とそこからの食料供給を動かしたのは国家であるし，戦後の食料難の時代の輸入を支えたのも国家であっ

40) 同時に，食料あるいは資源確保のために植民地化を正当化するという議論に対しては，注意深くあらねばならない。

た。また，米価政策をはじめ，農政も強い国家の影響下にあった。しかし今日では，国内の文脈と国際的な文脈，さらにグローバルな文脈においても国家の枠を超えた多国籍企業が介在し，食料供給は国家ではなく，企業・民間部門によってコントロールされている（フリードマン 2006）。

このような状況下で，私たちの食料は国内から供給されるのか，海外から供給されるのかという単純な問いだけでは不十分で，それは国家や公的部門によって供給されるのか，企業や民間部門によって供給されるのかという点にも留意せねばならない。かつて，それを担ってきたのが国家[41]であり，官あるいは公という部門であったのかもしれない。翻って今日，食料供給が企業・民間部門によってコントロールされているという現状のもとで，貧しい生産者や貧しい消費者の議論は十分なのだろうか。「はたしてそれでいいのか」「食料供給を企業の手に委ねても良いのか」という疑問が頭をもたげる。それは「軍事を企業の手に委ねても良いのか」の問いかけと同じでもある。公共部門であった鉄道や郵便などの民間サービスへの移行が進んでいる。食料供給は当然民間サービスだということも可能であるが，その際には郵便等と同様に国内のどこであっても，安全で安定的な食料供給を実現できる仕組みが保証されていなければならない。しかし，現状ではフードデザートとして指摘されるように（岩間編 2011，2017），決してそうはなっていないのである。それらの問題は民間に任せることで解決できるのだろうか。

無論，民間に任せることで円滑に進捗するものもあるだろうが，すべてがそれで解決できるのだろうか。公的部門でしか解決できないものもあるのではないか。軍事を民間に任せることと同様に，食料供給，少なくとも最低ラインの食料供給や食料政策までも民間に任せて，貧困層を含めたすべての消費者・国

41）少なくともかつてはそれが国家の役割として明確に意識されていた。例えば，チューネンは農業立地論を作り，経済地理学に貢献するために『孤立国』（チューネン 1989）を著したのではない。当時の近代黎明期ドイツ（プロイセン）の中でいかにして合理的な農業経営様式の地理的パターンを得られるのかという理論を模索することで当時の農業政策に貢献することを目指した。そのために農学者テーアの輪栽式農業万能論よりも合理的な農業の在り方をみつけようとしたのではなかったか。遅れて近代化を推進しようとしていた当時のドイツの近代化政策への貢献，いかにしてより合理的な農業生産を展開するかが大きな歴史的背景であり，かつ問題意識として存在していたことを指摘したい。同様に『カブラの冬』（藤原 2011）に描き出されるように，国民の食料を確保するということは国家の存亡に大きく関わる事案であったことを明確に認識しておくべきである。

民が安定した食料供給を享受することが可能だろうか[42)]。私たちは食料供給が滞るとたちまち大きな混乱に直面する。特に主食である米は価格弾力性が極めて乏しい。余剰があれば価格は下がり，わずかの不足でも価格は急騰し，社会は混乱する。例えば，1993年の「平成の米騒動」の際の生産減は2割程度であったが，緊急輸入をはじめ大きな混乱をもたらした。ちなみに1920年代から30年代にかけての米の海外依存も需要量の2割程度である。2割という量は決して多くはないかもしれないが，海外からの調達に障害が起きた際の国内の混乱は容易に想像できる。なお，今日の米の生産量は平成米騒動の際の生産量を下回りつつある。

より端的にいえば，i)国家や公的部門のコントロールする国内のフードチェーンによって食料供給が担われるのか，ii)国家や公的部門による海外と連結されたチェーンによるのか，iii)企業や民間部門がコントロールする国内のチェーンによるのか，iv)企業や民間部門による海外と連結されたチェーンによるのかという理念的枠組みを提示できる。現実にはそれらの組み合わせで食料供給が担われるのであるが，本章で検討してきたように，過去にさかのぼって基本的な食料である穀物に限定してもii)やiv)無しには，供給することはできなかった。明治中期以降，現在の国内，あるいは内地というスケールで穀物が自給できたことはない。その事実を正面から受け止めるとき，穀物の海外依存は避けて通れない問題である。仮にi)やiii)による自給を目指すのであれば，これまでと全く異なる食料供給の方法によらざるをえない[43)]。

こうした議論を整理するためには，②のリスク回避に関わる負担に関わる認識を共有する必要がある。流通効率の追求だけでは脆弱化してしまうリスクの回避にどれだけのコストを支払えるのかという合意が必要である。リスク回避とは国内での十分な自給量の確保，あるいは備蓄，あるいは海外からの安定した供給源の確保などの手段が想定でき，それらには当然コストの負担が付随する。ただし，今日の地理学の議論，地理学だけともいえないが，にはこれらが

42) そのように考えるとき国家の役割を再評価することもできるかもしれないし，積極的な食料確保政策を推し進める必要が強く主張されるかもしれない。しかし，そうした私たちの足下には，戦前に同様の理由で植民地支配を進めた過去の姿をみることもできる。

43) その際，今日取りざたされる「強い農業」「(国際的な)競争力のある農業」という議論と食料自給を担う農業の議論とを混同してはならない。高付加価値農産物を輸出する農業と穀物をはじめとした基本的な食料の自給を担う農業は別のものである。

欠落している。戦前・戦中には多くが，資源論としていかにして食料を確保するか，どこから食料を確保するのかが強く意識されていた。もちろん当時の資源論とそれによる植民地支配の正当化に対しての反省は必要であるが，どこからどのようにして食料資源を調達するのかという議論が不要なわけではない。私たちの生存には欠かせない議論だからである[44)]。

高い米価に支えられた農政は，手厚いと評されたが，そのコストは不要だったのだろうか，今日の食料の安全性を保証するためのコストとしてそれは支えられないものなのだろうか。旧食管法の現代的な意味での再評価も必要であろう。ただし，それらは民間部門に任せることで解決する，あるいは公的部門に任せれば解決するというような二者択一の議論にすり替えるべきではない。問題は民間か公的部門かという議論ではなく，いかにして安定的な食料供給を実現できるのかということにある。前者が奏功することもあるし，後者の効果的な場合もある。そこで必要なのは二者択一の理念的な解ではなく，今の私たちにとってどのような形態が望ましいのかという妥当な判断を下せる能力である。その判断を下すための的確な材料と分析を示すことが期待されている。同様に，自給率の高低に終始するのではなく，現状の日本の食料供給を冷徹に見極め評価することがまず必要である。それなしには自給率に対するまっとうな対策もない。これまでの農政を批判することは簡単である。しかし，当時の状況の中でいかにして安定的な食料を確保しようとしたのかに真摯に立ち向かうとき，それは簡単な批判では終わらない。なぜその判断をし，どこでこうなったのか，それを評価することは難しい。その上で初めて食料自給と海外依存の議論にも正対できるのである。

44）戦前や戦中あるいは戦後の食料不足の時代に食料が注目されるのは当たり前で，食料不足が解消すれば食料を論じなくなるのも当たり前，すなわち戦前，戦中，戦後に食料の研究があったのは食料不足という切羽詰まった状況があったからであり，それが解消されると食料が注目されないのは当たり前である，という意見には賛成しがたい。食料供給はどのような状況においても私たちの生存の根幹を握る重要な問題である。

第2章　1940年代の地理学における食料研究
——いかにして食料資源を確保するのか——

前章では明治以降今日までの地理学における食料研究を紐解き，1940年代までの食料に関する地理学的な関心の高さと，その後の急速な食料研究の衰退を描き出した。ここでは，その転換点となった1940年代に焦点を当て，当時の地理学における食料研究を検討し，1940年代までと1950年代以降の食料研究の大きな断絶の背景を探りたい。

1940年代は上記の学史的な転換点というだけでなく，1930年代後半からの日中戦争とこれに続く太平洋戦争の開戦と敗戦，戦後の混乱から復興へという時期であり，日本の社会，政治，経済が大きく変化した時期であることはいうまでもない。同時に日本の食料供給上の大きな画期でもあったことも明白で，この間に日本の食料供給は根本的ともいえる再構築を経験したことは前章に述べた。すなわち，戦争までは朝鮮や台湾などの植民地からの移入米が国内需要を支えたのに対し，戦後はこれらの食料供給基地であった植民地を失い，主として米国などからの食料援助や輸入によって需要をまかなわざるを得なくなったのである。第2章の取り組みは，この大きな転換期を地理学はどのように把握しようとしたのかに光を当てようとするものでもある。

研究対象とする時期を1940年代と設定したのは，戦中と戦後を連続した枠組みの中で把握するためでもある。敗戦は大きな転換点であることは間違いがないが，その前後を分けるのではなく，その前後を連続させて把握することの意義に着目したい。すなわち，食料供給は戦前，戦中あるいは戦後で分断されるべきものではなく，連続してそれに備えなければならないものである。状況がどのように変化しようと食料の確保は継続されねばならないからであり，食料需給が逼迫する中で，国の食料供給に対する思想や計画はどのように変遷したのかを連続した時間の中でとらえるべきであると考える。以上が1940年代という括りを設定した理由であり，こうした大きな転換，変動の時期を対象とすることにより，食料問題に対して当時の地理学が何をなそうとしたのかをより鮮明にすることができるのではないかと考えた。

Ⅰ　1940年代の地理学研究と時代背景

1. 研究対象と分析方法

ここでの研究対象は1940年代に刊行された食料を研究対象とした地理学関係の文献，すなわち研究書と学術雑誌である。その際に，どの範囲までを地理学関係の文献とするのかという問題があるが，ひとつの目安として戦時期の地理学者の著作目録を取りまとめた岡田(2006)に着目した。同書のリストを参考に，関連書籍を取り上げた。すなわち，戦中の研究として『植民地農業――經濟地理的研究――』(伊藤 1937，1940)[1]，『資源經濟地理――食糧部門――』(石田編著 1941)，『東亞の農業資源』(佐々木監修 1942)[2]，『世界農業地理』(栗原 1944)を，戦後のものとして『食物の地理』(淺香 1946)，『日本の農業』(西水 1949)および『食糧の生產と消費』(尾留川 1950)を取り上げた。特に石田，淺香，尾留川の業績は1940年代を三等分する時期に刊行され，いずれもがその時代における食料問題を正面から論じた地理学書ともいえる。これらの研究書から当時の食料研究の特徴を俯瞰した。

次に，研究書に加えて学術雑誌がある。その際，図2-1に示される1940年代に刊行された地理学関連の学術雑誌を取り上げた。書籍同様にどの範囲までを対象とするのかという問題があるが，ここでも岡田(2006)が主要な対象とした雑誌を取り上げた。同書では日本地理學會の『地理學評論』，京都帝國大學文學部地理學教室の『地理論叢』，大塚地理學會の『地理』，日本地誌學會の『日本地誌學』，日本地政學協會の『地政學』，古今書院の『地理學』，地理教育研究會の『地理教育』，地理研究會の『地理研究』，中興館の『地理學研究』，古今書院の『デルタ』，古今書院の『地理春秋』，目黒書店の『國民地理』を主要な

1) 第1章注13に示したように，同書は1937年12月刊であるが，全く同じ内容の本が1940年9月初版として同様に叢文閣から刊行され，1943年3月の第3版まで版が重ねられている。書誌情報としては1937年であるが，本章の対象とする1940年代にも版が重ねられており，言及することとした。なお，岡田(2006)に採録されているのは1940年のものである。

2) 『教育農藝』誌の特集記事を単行本化したもので，ここでは書籍として扱った。

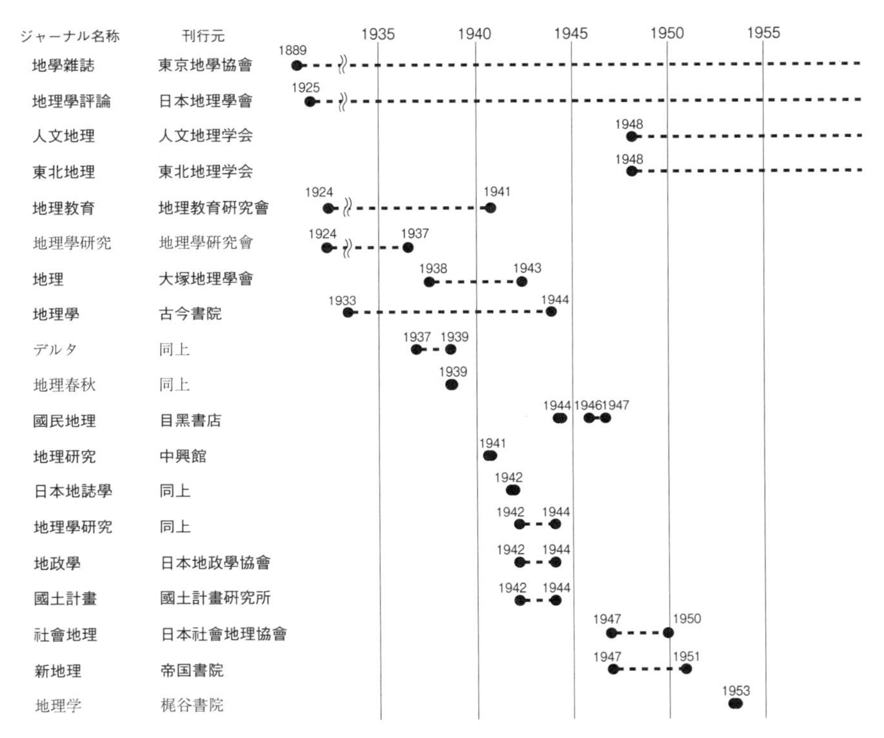

図2-1　1940年代前後の地理学関係ジャーナル
注：本研究で取り上げたものはゴシック体で示した。

対象としてあげている。このうち1940年代に刊行されたジャーナルに着目し，『地理學評論』『地理』『日本地誌學』『地政學』『地理學』『地理研究』『地理學研究』を取り上げるとともに，國土計畫研究所の『國土計畫』および東京地学協会の『地學雜誌』も対象に加えた。

戦後については，戦前からの刊行が継続された『地理学(學)評論』『地学雑誌(地學雜誌)』に加え，1940年代後半に創刊されものとして，1947年刊行開始の日本社會地理協會編『社會地理』，帝国書院の『新地理』，および1948年刊行開始の人文地理学会の『人文地理』，東北地理学会の『東北地理』[3]を取り上げた。なお『國民地理』は岡田(2006)では戦中の第1号のみが採録されているが，戦

3)　1992年より『季刊地理学』として継続。

後まもなく同じ誌名で目黒書店から刊行がはじめられている。ここではこの戦中および戦後の『國民地理』も対象とした。一方，梶谷書院の『地理学』[4]は1953年刊行であるため対象外とした。

以上，① 1940 年以前，以後を通じて継続して刊行されたものとして『地理學評論』『地學雑誌』，② 1940 年以前から刊行されており 40 年代前半に刊行を終えたものとして『地理教育』『地理』『地理學』，③ 1940 年代前半に刊行が始まり同じく終了したものとして『地理研究』『日本地誌學』『地理學研究』『地政學』『國土計畫』，④ 1940 年代後半に刊行の始まったものとして『社会地理』『新地理』『人文地理』『東北地理』，および⑤終戦前後に刊行された『國民地理』の5区分15誌を対象とした。

次に，これらの地理学関連学術雑誌から食料研究と位置づけられる論文を採集した。ここでいう食料研究とは，第1部冒頭に「食料を主題とした研究」として位置づけた地理学研究であり，農業に関わる地理学研究はもとより食品加工や農産物・食料貿易などの研究も広く含むものである。無論，何が食料研究で何が食料研究ではないという明確な線引きが可能なわけではないが，分析に当たっては目次で対象と思われるものを選び，次に論文本体に目を通し，内容を確認したうえでふるい分けをおこなった。例えば「X国の農村」と題したような論文の場合は，内容を確認し，それが農業や農業経営に重きをおいた研究であれば採録し，農村の伝統行事や通婚圏，社会組織などに重心がある場合は対象外とした。同様に「Y地区における土地利用」と題された論文でも，農業的土地利用が主体のものは採録し，都市的土地利用を論じたものは除外した。以下，本章で示される論文の本数は筆者がこのようにして集計したものである。なお，取り上げた文献についてはすべて原本あるいはコピーに目を通したうえで，以上のような手続きをとったが，採録の基準は絶対的なものではないことを付記しておく。

これら文献の分析にあたっては，以下の各点に着目した。第1は対象で，産地の農業など食料生産に焦点を当てるのか，消費や市場あるいは貿易を含めた食料需給に焦点を当てているのかという点である。前者にはさらに生産の社会

4)　奥付などでは「地理學」であるが，表紙は「地理学」のため，ここでは「地理学」と表記した。

経済的な基盤や自然環境的な基盤を論じるものが含まれ，後者にはどこから食料資源を調達するのかという観点を含むものとした。第2は対象としたフィールドで，国内(内地)か海外(外国および外地・海外領土を含む)という点，第3には対象がミクロなスケールの議論かマクロなスケールの議論かという点である。特定の産地や加工地，消費地の議論をミクロスケール，国家やそれに類似のスケールでの議論をマクロなものとした。これらの観点を通して，1940年代以前の戦争前夜，戦争の遂行と敗戦，戦後の混乱から復興というそれぞれの時期の食料問題に地理学はどのように取り組もうとしたのかを把握したい。

2. 時代背景としての1940年代に至る食料需給状況

この時期に至る状況は第1章に示した。簡単に要約しておきたい。明治中期以降，日本の米供給の一端は中国や東南アジア，南アジアを含めた海外への依存により支えられていたが，第一次大戦末の米騒動を契機に，それまで外米に依存していた食料供給体制の転換が図られる。植民地である朝鮮と台湾からの移入に依存した勢力圏内での自給体制の確立である。1920年代を通じてこの自給体制が構築され，米価が低位に安定するという問題，すなわち農村の疲弊という問題を内包しつつも，1930年代の終わりまで米の自給体制は継続する(図1-6)。しかし，1939年の干ばつ(旱魃)による凶作の影響で，朝鮮半島や西日本での生産量が減少し，供給不足となる。同時に朝鮮からの移入も急減する。また，それまで北米やオーストラリアから東アジアに仕向けられていた小麦貿易が，1937年の日中戦争の勃発を契機に縮小する。これによって，食料需給が逼迫した満洲や中国では米価が急上昇し，従来は内地向けに供給された植民地米が満洲や中国に仕向けられるようになる。そこで，内地での小麦の増産と輸出，東南アジアからの外米の輸入によって，国内の食料需給を保つというのが1940年の状況で，図1-3からも米貿易の構造が大きく変貌していることが明白である[5)]。1940年代初頭は東南アジアからの供給が維持されるものの，戦況の悪化にともない輸入量が減少，米の供給が逼迫し終戦を迎える。その後は，ララ物資やガリオア資金など米国を中心にした援助のもとで，穀物の供給・輸入が開始される。

---

5)　いわゆる節米運動や米の代用食が推奨されたのもこうした背景によるものである(西東，1983; 江原・東四柳，2011)。

このように，1940年代には大きな2つの食料供給上の転換があったといえる。第1はそれまで安定的に推移していた帝国の領域内での米自給体系が，1939年の干ばつを機に破綻をきたし，東南アジアからの輸入への依存を高めること，第2は終戦によりそれまでの食料供給を担った植民地を失うことである。いずれにしても1940年代は期間を通じて食料不足の時代であったといえる。

ここではこうした状況下で地理学研究はどのような関心を持ってどのような研究を展開してきたのかを検討したい。その際，1940年代初頭の研究成果は第1の転換点およびそれ以前の状況を踏まえたもの，1940年代中葉の成果は第1の転換点以後の状況，1940年代後半の成果は第2の転換点以後の状況を踏まえたものといえる。

Ⅱ　1940年代の主要な研究書

1. 戦中の研究書

ここでは『資源經濟地理――食糧部門――』(石田編著 1941)(口絵写真12上)を1940年代初頭のこの分野のひとつの到達点と位置づけた。以下に内容を紹介する。まず，はしがきで「経済地理学を環境論，地域論，資源論の3つより組み立てては」という著者の考えが示されるが，この3つの枠組みは1940年代の食料研究を把握する上でも有効な枠組みであると考えられる。

引き続き，1章[6]「経済地理学序説」では経済地理学の見地やその有効性が魅力的に語られる。2章「我等が日々の糧」においては，米食について稲の育成条件や歴史的な経緯，日本での水田農業の特徴，さらに内地における明治以降の稲作の発展，当時の2大供給地であった台湾と朝鮮における米生産が紹介される。後半では世界各地でのパン食について示されるが，網羅的に示されるのではなく，投下労働や水利などの環境条件から解説が加えられる。なぜそうなっているのかというメカニズムを意識した記述で，食料供給を経済地理学的に把握しようとする試みをみてとることができる。

以下，3章「世界の食糧地圖」では世界各地の米と麦を例示しつつ，その産地と消費地，およびその間の移動が大きな枠組みとして示される。そこには食

6)　同書に章番号はふられていないが，ここでは便宜的に前から順に1章2章……とした。

料をめぐる生産と消費，あるいは扶養者と消費者という視点が明確に示されている。また，米国のトウモロコシ生産が極めて重要な作物として栽培されていることを的確に分析していることも注目される[7)]（口絵写真12下）。4章「農業の過去と将来」前半では「人類の大多数はいつも飢餓線上をうろついていたのである」という認識から始まって，中国，日本，ヨーロッパ，インドを取り上げながら，いかにして安定した食料供給の実現に取り組んできたのかという視点から人類史が語られ，後半では，近代の農業の技術進歩が描かれる。具体的には「人口論」のマルサス，農芸化学の父・リービッヒ，品種改良に大きな貢献をもたらした遺伝学の祖・メンデルが登場する。

それ以降の5～8章は「海の幸」「人類の伴侶，家畜」「甘味・辛味の源」「嗜好飲料」など品目ごとに構成される。5章では幕末以降の日本の海洋進出と水産資源の確保，鯡（にしん）や鱈（たら）を引きつつヨーロッパの漁業史が語られ，6章では畜産史が語られるが，多くの記述は欧米における食料生産と供給およびその背景の解説に費やされる。7章前半では甘蔗糖と甜菜糖が取り上げられ，同様に世界的なスケールと歴史的な展開が語られる。前者については台湾，後者についてはドイツの甜菜糖生産への注目が示される。また，中盤では海塩と岩塩，後半では香料が取り上げられる。同様に8章では酒，茶，コーヒー，タバコそして麻薬（阿片）が取り上げられる。

同書を読む限り，この時期の食料を対象にした研究は今日からみても決して古くささを感じることのない水準を持っていたということができる。特に生産部門のみならず消費部門との関係，自然環境のみならず人口圧や歴史的な背景，文化的な背景を踏まえた解釈はいずれも今日でも共有できる関点を有している。しかし，第1章でも記したように本書は『資源經濟地理――原料部門――』（石田編著 1942），『資源經濟地理――地圖と統計――』（石田・藤井編著 1943）のシリーズとして刊行されたもので，当時の文脈における資源論を大きな前提としており，食料資源をどこからどのようにして調達するのかという明確な問題意識を読み取ることができる。

7)　決して当時の地理学者が米国の工業力を正確に把握できていなかったわけではない。第1章に示したようにいくつかの学術雑誌に掲載された論考の記述には恣意的な解釈がみいだされたことは事実であるが，より広い読者を意識したこの石田編著（1941）でこうした記述が認められることを指摘しておきたい。

ここで，いわゆる資源論について若干の説明を加えておきたい。戦前・戦中の資源論と戦後の資源論は同じではないからである。石田・藤井編著（1943）において資源とは，国土と人口，気候，政治力からなる国土資源，米や小麦，家畜，水産物などからなる食糧資源，棉花や羊毛，生糸などの衣料資源，鉄鉱や銅，ボーキサイト，金などの金属資源，石炭や石油などの動力資源（水力発電もここに含まれる），ゴムやセメント，硫安などの生産資材資源，および工業力を上げている。戦前・戦中の資源論においてはこれらの資源を植民地を含めた日本の勢力圏の域内で自給することを目指すものであった。一方，後述するように戦後の資源をめぐる議論は国内・内地の議論を前提とし，海外からの資源の調達に関する議論は本題とはならない。その意味で，戦前・戦中の資源論と戦後のそれでは，いわゆる「原料」ではなく「資源」として把握するという点では共通するとしても，少なからぬ断絶がある。ここでは戦前・戦中の文脈における資源論の特徴として，植民地を含む海外からの資源の調達を前提としていたことを指摘したい[8)]。それは一方で，植民地支配の正当化やいわゆる「大東亜共栄圏」の構築を目指したものであったということもできるが，同時に内地での資源の確保には限界があるという前提で，いかにして海外からの安定的な資源の供給体系を構築するのかという明確な問題意識が存在したことを示すものでもある。ここでいう戦中の資源論とはこのような内地の資源だけではなく，海外の資源の動向とそれへのアクセスを前提にした議論であった。

食料を冠した書籍ではないが，以上のような資源論的文脈はこの時期の多くの関連する研究の中にみてとることができる。例えば，『植民地農業——經濟地理的研究——』（伊藤 1937）では，第1章から第3章にかけて植民地および植民地農業の意義が示され，第4章で世界の気候帯が示された後，第5章と第6章で気候帯別・大陸別に生産能力と輸出能力が多くの紙数を割いて検討される。第7章は熱帯植民地の意義について論じられ結論に至る。ここで対象とされるのは世界各地の植民地で，日本の植民地を論じているわけではないが，当時の植民地が本国の食料資源をはじめとしたさまざまな経済活動上の資源の確保の上で大きな位置を占めていること，かつそれが明確に意識されていたことがうかがえる。

---

8) 戦後の資源をめぐる議論については佐藤（2011）に詳しい。

同様の文脈で日本の植民地や占領地，勢力圏の動向に焦点を当てたものとして『蒙疆經濟地理』（川村 1941）や『支那經濟地理』（西山 1941），『東亞地政學序説』（米倉 1941），『民族經濟地理』（山本 1943）などがあげられる。同様に『東亞の農業資源』（佐々木 1942）は地理学分野ではないものの，朝鮮，満洲国，北支，中南支，南方，台湾および南洋，仏印，タイ，ビルマ，インド，マレー，蘭印，フィリピン，濠州，シンガポールの各項目で各々の農業の概要，自然環境，社会条件などが示されている。当時の食料資源の海外農業への依存とそれに対する関心の高さが読み取れる。

さらに『世界農業地理』（栗原 1944）は1944年7月という困難な状況の中で刊行された書籍であるが，「現代戦（第二次大戦）は資源戦」という位置づけのもと世界農業に対する知識が必要と論じられる[9]。その上で第1編（総論）では農業地理学の定義及び任務，農業地理学と他の科学との関係，第2編（農業地立地の基本理論）では農業立地の基本理論，農業立地に影響する諸条件が示され，理論部分を構成する。第3編（農業地域論），第4編（各国農業の経済的構造）では世界各地の状況，第5編（農産資源論）では食料作物や油脂作物など品目毎の状況が示される。食料資源の供給を国内はもとより海外のどこに依存するのか[10]という観点が明確に存在していることを指摘できる。以上のように，この時期の研究書からは，資源論的なアプローチから食料資源の動向とその確保への関心の高さがうかがえる。

2. 戦後の研究書

戦後のものとして『食物の地理』（淺香 1946）と『食糧の生産と消費』（尾留川 1950）（口絵写真13上）をあげる。淺香（1946）は終戦直後の時期のもので，食料不足・食料難にどのように対処するのかという問題意識が強くみてとれる。「はしがき」において，日本がそれまで食料輸出をしたことがなく，自給自足もできていなかったこと，それに戦禍と天候不順が加わったことをその原因ととらえている。その上で食料問題に対する応急的な対応のみならず，原則を理解するために，(1)世界の食物にはどんな種類があり，どこで何を食べているか，(2)どんな食べ方をしているか，改善の工夫はないか，(3)どんな栄養分を含み，

---

9)　例えば独ソ戦はヨーロッパの穀倉であるウクライナの位置を抜きにして理解できないとしている。

10)　それは同時に「東亜共栄圏」あるいは「大東亜広域経済圏」の建設と表裏の関係にもある。

それを常食にしている人の健康とはどのような関係があるか，(4)どうして生産されるか，増産の方法はないか，(5)需要供給や輸出入関係はどうなっているか，の各項目に留意して書きすすめたことが示されている。同書の構成は米と麦をはじめとして，いも類，豆類などの品目毎に20章からなる。多少の差異はあるものの，どの項目も作物の簡単な紹介のあと，どこで生産されているかが示され，その後に栄養価や栽培方法，調理法(利用法)，伝統的側面などが記載される。総じて，一般的，網羅的な知識の列挙といった印象を受けるが，それは著者自身も読者にとって将来的により広く深く研究するための基礎的教養としたかったからだとしている。世界各地あるいは日本各地のどこでどのような食物が栽培され消費されているかが記述されているものの，戦前に色濃くみられた内地への供給を支える海外の食料資源という文脈はみられない。

尾留川の(1950)は人文地理双書全6巻の内の1冊[11)]として刊行されたもので，冒頭で「高等学校の人文地理学習の伴侶」として執筆されたものであるとともに広い読者層を想定していることが述べられている。第1章で食生活と風土が密接にかかわっていることを述べた上で，日本各地，次いで世界各地の食生活が述べられる。第2章からが各論で，まず米についてである。米作の立地条件や世界の米作地域の類型，日本の米作農村の特徴などほとんどの部分が米の生産にかかわる記述で占められる。第3章は小麦で，同様に分布や生産地域の類型に多くの紙数が割かれ，製粉業や貿易についてはごくわずかに触れられているにすぎない。第4章は水産物が取り上げられ，海域毎の特徴が述べられるほか，機械化の進展や，養殖や貯蔵技術等にも触れられる。第5章は畜産物で，新大陸の大牧場，都市近郊の酪農の2つの枠組みが示される。第6章は野菜や果実で，日本の近郊農業，遠郊農業，世界のスケールでの園芸農業地域が取り上げられる。第7章は嗜好飲料で茶(東南アジアモンスーン)，コーヒーとココア(ブラジル)，酒類(独英仏)がそれぞれ取り上げられる。第8章は調味料として砂糖(甘蔗等と甜菜糖)，塩(海塩と岩塩)，味噌，醤油，その原料としての大豆などが取り上げられる。

---

11) 同双書は第1巻 世界に於ける人間生活と環境，第2巻 村落と都市，第3巻 同書，第4巻 衣料資源と紡織工業，第5章 動力資源と近代工業，第6章 世界の交通と貿易から構成されている。

タイトルには生産と消費が謳われているものの，総じて農業や漁業などの生産に関する記述が大半を占め，自然と食料生産の関わり，それによる地域の特色に関心がおかれている。また，それらの事例として引かれる地域も欧米が多く，アジアやアフリカについての記述は少ない。例えば，台湾の砂糖についてはわずか3行の記述のみである。戦前のアジアに対する関心の高さと対比して大きな断絶が認められる。また，海外の食料生産に関わる記述はあっても，食料資源の海外依存という文脈は影を潜め，たんたんと食料生産の状況が解説される。食料をどこで調達するという資源論的な記述というよりもどこでどのような農業をおこなっている，あるいはどのような食物を食べているという地域論的な記述となる。そこには敗戦によってアジアに有していた勢力圏，すなわち食料資源の供給地を失ったという当時の時代背景もあったことが想像できる。

これ以外に食料を謳ったものではないが，『日本の農業』(西水 1949)[12)]がある。同書の構成は緒言，日本農業の基本条件という冒頭の2章のあと，耕地，水田農業，畑農業，都市と農業，山地農業などとなっており，地域と農業がキーワードになっている。尾留川(1950)同様に地域論的な性格が色濃く認められる。

石田編著(1941)も，淺香(1946)，尾留川(1950)も理論的部分を冒頭に置きその後に品目毎の章を並べるという構成は類似している。しかし，それらの立脚点には少なからぬ違いが存在している。後者2冊はいずれも食料(食物)を冠する書籍であるが，どこでどのような作物が栽培されているかは描かれていても，石田編著(1941)の各所にちりばめられた貿易に関する記述は極めて薄く，食料資源をどこから調達するのかという観点は希薄である。また，戦中のものが海外からの食料供給を前提とした議論を展開するのに対し，戦後のものは国内での食料生産が前提となる。石田編著(1941)の環境論，地域論，資源論という枠組みによるなら，淺香(1946)や尾留川(1950)では戦中までにみられた資源論の観点が影を潜め，地域論や環境論，特に尾留川では地域論としての研究の色彩が強くなったことを指摘できる。そこには石田編著(1941)において語られた世界的なスケールでの産地・扶養者と消費地・消費者をめぐる食料資源論はみることができない。

12) その後，改訂版が西水(1958)として出版されている。

これら戦後の研究の背景には国内での増産に注力しようとする当時の政策の方向性を指摘することができる。少し時代が下るが当時の総理府資源調査会[13)]の活動の成果である『日本の資源問題』(安藝 1952)，『日本の食糧及び土地資源問題』(太田 1952)，『明日の日本と資源』(総理府資源調査会事務局 1953)に着目したい。いずれもが資源を冠しているものの，戦中までの海外資源の確保という文脈とは全く異なる内容を持っている。すなわち，安藝(1952)では冒頭に「私たちがこの4つの島で今後よりよい生活を続けてゆこうとするためには何を為し(中略)どうしたら資源を食いつぶすことなく，長く私たちの生活に役立たせることができるであろうか」と国内資源に目を向けることが説かれている。また，食糧資源に焦点を当てた太田(1952)では輸入総額の3分の1を食糧が占め，その7割が北米依存という状況を示しつつ，国内自給態勢の確立が論じられる。同様に総理府資源調査会事務局(1953)では，食糧，繊維，工業原料，エネルギー，木材の核資源の需給状況が示され，それを踏まえて国土保全，開発の方法と将来像が描かれる[14)]。いずれにしても，国内で食料をどのように確保するのかという前提で構成されている。

Ⅲ　1940年代の地理学関係主要学術雑誌

1. 戦中・戦後を通じて刊行が継続された雑誌

このカテゴリーには『地理學評論』と『地學雜誌』が該当する。前者は1940年の第16巻から1943年の19巻まで各巻12号が刊行されるが，戦争の進行にともない1944年の第20巻は6号にとどまる。戦後は1947～49年にかけて第21巻1～12号を，1949～50年にかけて第22巻1～12号を刊行した。ここでは以上の第16巻～第22巻までを対象とし，J-STAGEの目次を利用し431の項目

13) この組織は1947年12月の設立時は経済安定本部資源委員会，49年6月からは経済安定本部資源調査会，52年8月からは総理府資源調査会，56年5月からは科学技術庁資源調査会となる。

14) 例えば，国内での食料増産に加え，海外からの安価な小麦への転換が指摘されている。そこに今日の粉食ブームの起源を指摘することもできる。また，荒木(2017)に示したように「貧乏人は麦を食え」という国会答弁が問題になった1950年当時と今日を比べると，人口は1.5倍に増加したものの，米の収穫量は当時とほぼ同水準にある(図1-1)。米の増産に努めていた当時と今日のそれを取り巻く環境が大きく異なるのは，図1-5にみるように，米以外の穀物供給に多くを依存しているからでもある。

を採取し，そのうち記名論文(記事)は311本であった。

この311本(戦中236本，戦後75本)を母数として食料関係の論文は59本(戦中49本，戦後10本)であった。海外研究は少なく「セレベス，ミナハサ州に於ける土地利用の狀態(第16巻第1号，以下16-1のように表記)」「臺灣に於ける土地利用(19-6)」など3本のみでいずれも戦中の論文であった。逆説的に国内研究が中心であったといえる[15)]。国内研究では「埼玉縣の農業地理(16-6)」「日本牧畜の地理學的研究概報(17-9，10)」「中部日本に於ける高冷地域の農業――飛驒山脈のものについて――(18-1)」「日本の漁業者の分布(18-11)」など農林水産業そのものを対象とした研究が中心で，食品流通や消費を扱った論文は認められなかった。

わけても「日本内地に於ける耕地度の分布狀態，其の敍述(16-1)」「農業地理より見たる土地利用問題(18-2)」などの土地利用研究，「動力に依る灌漑用揚水機の地理學的研究(17-1，2，3)」「香川縣に於ける灌漑狀況の地理學的研究(17-11，12)」などの灌漑に関する研究，あるいは「陸中北部海岸，種市，中野，侍濱3村の農業經營の概觀(17-12，18-1)」「農業經營組織による郡の分類――昭和13年農家調査の分布解析(19-1，6，7，8)」などの農業経営組織など農業生産やその基盤に関わる論文が多い。この傾向は戦後も同様で「東四國山地における耕地の高度分布(22-6/7(合併号))」「明細帳等より見た横濱川崎附近の農山村(22-2)」「主要現金收入より見たる内地農家の地理的分布(22-10)」などが得られた。

同様に『地學雜誌』は1940年の第52年[16)]から1943年の第55年までは毎月の12号が刊行されるが，1944年の第56年は9月刊まで(第659号から第667号)となる。戦後は1948年に668号が再開され，1949年までに673/674号(合併号)を刊行した。以降は1950年の第675号より第59巻となり，今日に至っている。ここでは1940年の第611号から49年の上記合併号までを取り上げ，J-STAGEの目次から421の項目を採取し，うち記名論文は312本(戦中198本，戦後114本)であった。このうち食料関係の論文はわずかに14本(戦中9本，戦後5本)

---

15)　同様に1930年代の同誌(第6巻～第15巻)から815本の記名論文を抽出し，うち食料関係は47本，その中で海外研究は5本で，国内農業が中心という性格は以前からみられる。ただし，自然地理学分野をはじめとして海外研究が少ないわけではない。

16)　同誌は戦前には巻号表示ではなく，第何年第何号として年度と通し番号で表示している。すなわち第52年は第611号から第622号となる。ここでは便宜的にJ-STAGEの巻号表示を採用した。

にとどまり，1940年代を通じて同誌の食料や農業への関心が高くなかったことがうかがえる。14本の内訳では戦中期には「北支・蒙疆の造林(52-12)」「支那の製鹽高(55-8)」など中国大陸を扱ったものが4本，「比律賓に於ける製糖業(54-11)」「濠洲開拓初期の土地利用の發展(56-9)」としてフィリピンとオーストラリアが各1本，国内その他が3本で海外研究に重心があるのに対して，戦後は海外研究は姿を消す。また，上記のように戦中は海外の農林資源が取り上げられるのに対して，戦後は「日本の土地開拓(57-1)」「開拓計畫の革新(57-1)」など開拓をテーマにしたものが3本，残りが水産業と灌漑水利をテーマとしたもので，いずれも国内が主要なテーマとなっている。しかしながら，1930年代(第42年～第51年)には同様に755本の記名論文中食料関係は96本を数え，決して食料研究が少なかったわけではない。実際に「朝鮮の果樹栽培(46-3)」「ロスアンゼルス盆地の柑橘業(46-7)」「紀伊半島に於ける農業の地域的研究(47-2，3)」「東北地方の焼畑(51-12)」など内外の農業に関する論考も少なからず掲載されており，1930年代の動向は1940年代のそれと異なることを指摘しておく。

一方，同誌の特徴は自然地理分野の論文の充実であり，上記記名論文312本中191本が自然地理学分野の研究であった。その中でも目を引いたのが地下資源や鉱物に関する研究の多さで65本に及んだ。特に1940年に9本，1941年に20本，1942年に10本，1943年に16本，1944年に3本と戦中に集中し，戦後は合計で7本にすぎない。また戦後のものがいずれも国内の石炭，天然ガス，アンチモニーなどの地下資源をテーマにしているのに対して，戦前の研究では1940年の「比島の產金(52-2)」「米國の硫黄鑛業に就て(52-3)」，1941年の「南洋の油田事情(53-1)」「蒙疆に於ける鑛產資源(53-3)」，1942年の「海南島の地質鑛產(54-2)」「蘭印のボーキサイト鑛業及び鑛床の成因(54-5)」，1943年の「スマトラの鑛產資源(55-2)」「小スンダ列島及モルッカ諸島の鑛產資源 (55-7)」，1944年の「太平洋諸島の鑛產資源(56-4)」「マダガスカル島の地理的概觀と基盤地塊と鑛產(同)」など，世界各地を対象としている。また，列記したものの他にも蛍石，ニッケル，チタンなど，対象とする地下資源も多岐に及んでいる。食料ではないものの資源の確保に多大の関心が注がれていたことがうかがえ，当時の資源論的文脈を読み取ることができる[17]。

17) なお，1930年代の自然地理学関係論文は755本中277本(うち地下資源鉱物関係は79本)で

以上から1940年代の特徴として『地理學評論』は戦中・戦後を通じて国内農業研究が主流であったこと，『地學雜誌』では総じて農業への関心が低かったことを指摘できる。ただし，後者においては海外をはじめとした地下資源に対する関心の高さを指摘できるとともに，食料資源に関しても1930年には一定の研究蓄積を有していたことを指摘できる。前者は地域論的な観点から分布などを扱った研究，後者は環境論的，資源論的な研究が特徴といえる。

2. 1940年代前半に刊行を終えた雑誌

このカテゴリーには『地理教育』『地理』『地理學』があてはまる。そのうち地理教育研究會による『地理教育』は1924年10月の創刊から1941年3月の第33巻第6号までが発行されている。各巻6号態勢で4月と10月を始まりとして各年度2巻を刊行した。各号120頁程度で20本近い記名論文が寄せられ，第22巻以降毎年8月に組まれた特集号では400～500頁近いボリュームを擁した。ここでは1940年1月の第31巻4号以降を対象とした。記名論文は255本で食料関係は22本が得られ，うち16本が海外研究である。「滿洲の農村(31-4)」「支那農村經濟概論(32-1)」「支那の農業區と施肥法(32-1)」「安徽省の人口密度と農業區域(32-3)」「朝鮮產黄色煙草の地理學的研究(32-4，6)」「印度支那米について(33-4)」「仏印農業の特異性(33-4)」など植民地を含むアジア各地の研究から，「アルゼンチンの農牧業とパンパ(31-4)」「欧州の產業の重點と農業地帶(33-2)」「世界の大豆(33-2)」「世界の羊毛生產とわが国の羊毛需要(33-5)」など研究対象は全世界に及んでいる。人口を支える米生産や産業・経済基盤となる商品作物の動向まで広く取り上げられている一方，特定の農村集落などのミクロスケールの研究は少ない。内地の研究では「内地の製茶業(32-6)」「我が國農業の発達(33-3)」「我が水產業の発達(33-4)」などでミクロスケールというよりもマクロスケールの視点の成果が多い。

一方，大塚地理學会の『地理』は1938年4月の創刊から1943年9月の第5巻4号までが基本的に1，4，7，10月の季刊で刊行され，各号130～160頁の誌面に，記名論文として毎号6本余の「論説」と10本程度の「資料」が掲載された。ここでは1940年1月の第3巻第1号以降を取り上げた。対象期間に掲載された記名論文は67本で食料関係は26本に上った。しかし海外研究は「興安

あり，1940年代よりも比率では下がる。それが食料関係論文に代替するとはいえないが，当該誌における関心の変化をみてとることができる。

省の牧畜(3-1)」のみであり，基本的には内地研究が中心となる。その内地研究は「丹那盆地の耕地と戸數の關係(3-1)」「除蟲菊の主要生產地の成立過程(3-2)」「北海道の農業地域區分(3-3)」「愛媛縣梨栽培の趨勢(3-4)」「大阪平野の經濟地誌的研究――大阪市東郊に於ける蓮根栽培景――(4-2)」「關東西北山麓地帶に於ける桑園增減の地域的變化(4-2)」「養鮎地域の形式的構成(4-3)」「性格を異にする南薩の三鰹釣漁業地(4-4)」「本邦に於ける柑橘栽培限界の農業地誌的研究(5-1)」「札幌村に於ける葱頭生產に就いて(5-4)」など昨今の産地研究のタイトルと比べても全く違和感のないものが並び，農業や水産業の産地研究が中心を占めていたといえる。しかしながら，少数ではあるが「本邦に於ける鰹節產地(3-3)」「小倉山に於ける天然凍豆腐生產從業員の地理的研究(3-4)」「内地西部に於ける苹果配給に就いて(4-3)」「東京市の市乳圈(5-4)」など食料の加工や流通に関わる成果も認められる。このように同誌は内地の産地研究が中心で『地理教育』とは対照的である。『地理教育』が資源論的な色彩の強いのに対して『地理』は地域論的な色彩が濃いということもできる。

古今書院の『地理學』は1933年10月に創刊され，44年3月の第12巻第3号までが刊行された。月刊の刊行態勢をとり，創刊年度は3号であるが以降は毎年12号を送り出し，各号150頁程度のボリュームを持っていた。戦中の第11巻以降は総頁数が100頁を下回る状況になるが，概ね10数本の記名論文と各種の連載や企画記事で構成されていた。ここでは1940年1月の第8巻第1号以降の都合5巻51号を取り上げる。853本の記名論文・記事中，食料に関しては63本を数え，海外研究は「支那に於ける落花生の生產及び貿易(8-1，3)」「臺灣に於ける甘蔗栽培の近況(9-4)」「滿洲農業の特質(9-10)」「東亞共榮圈の綿布需要量と棉花產額(10-9)」「朝鮮に於ける水田改良擴張事業(10-10)」「ソ聯黑竜江流域の農村に就て(10-12)」など22本である。少なからぬ海外研究が認められるとともに単に農業生産のみでなく，貿易や需要量などについての関心が認められる。これは内地の研究でも同様で「果實市場としての下関(8-12)」「琉球列島に於ける米の自給可能度に就て(9-8，9)」「茶の生產と供給(10-3)」などがあるほか，「讃岐甘蔗糖業の崩壞(8-5，6)」「尾張平野に於ける農村の工業化(10-9)」「流山町の味醂(11-10)」など食品加工業の側面にも光が当てられている。また，戦中の食料不足という状況を反映してか「宇摩郡平野の食糧增產策

(11-7)」「内原訓練所の食糧増産計画(12-2)」などの論文も収められている。

以上，『地理教育』や『地理』では農業や食料への関心が高く，前者では海外の動向を含めたマクロスケールの研究，後者では内地農業に対してのミクロスケールでの関心が強く認められた。『地理學』では海外内地を問わず農業だけでなく，食品加工や食品需要に関する研究も少なくない。雑誌による関心の違いはあるものの食料あるいは農業への関心が認められ，海外研究も一定の成果が蓄積されている。

3. 1940年代前半に短期間刊行された雑誌

このカテゴリーが当てはまるのは『地理研究』『日本地誌學』『地理學研究』『地政學』『國土計畫』である。まず，地理研究會編で中興館から刊行された『地理研究』は1941年4月の第1巻第1号から同7月の第3号までの3号が出ている。各号120頁余で記名論文は合計31本を数えた。うち食料関係が「簸川平野の農業地理(2)」「善光寺盆地北西部神郷地域の農業地理(2)」「渡波鹽田稼業誌と鹽業經濟の現況(3)」「簸川平野の農業地理補遺(3)」の4本である。他に記名論文ではないが，抄報として「滿洲の製粉業(1)」「耕地と牧畜(1)」「昭和十五年度本邦米實収高(2)」「本邦内外地に於ける牛乳(2)」なども掲載されている。掲載本数が少ないため，明示的に傾向ということはできないが，国内中心で農業についての論文が多い。また，生産のみならず食品加工や食料消費にも目が向けられている。

同様に日本地誌學会編で中興館から刊行された『日本地誌學』は1942年11月の第1輯のみが得られている。352頁にわたる大冊を雑誌としてよいかということもあるが，研究動向の一端を示す資料として取り上げたい。紹介記事や文献案内を除いて収録されている論文は19本で，食料関係は「農村人口減少の實態並に農村生活點描」「静岡縣庵原郡の土地利用」「石狩平野の地誌概報」「上田盆地」「東京市の西北郊清瀬村に就いて」「小國盆地に於ける農業生産の基礎的諸問題」「利府梨の地理學的観察」「岩手縣江刺郡の米作」「水産地理上から見た波崎の小研究」などが得られた。日本地誌を謳うだけに国内研究が中心で，地誌学論文という性格上，農村地域の研究では必然的に農業に言及されているということもあるが，19本のうちほぼ半数が農業(水産業)への言及をおこなっている。なお，上記以外では地形を中心にした論文や商業に重心を置いた成果がみられた。

同じく中興館による『地理學研究』は1942年の第1巻第1号から44年の第3巻第8号までが刊行された[18]。月刊で刊行され，当初は各号120頁前後のボリュームを誇ったが，第2巻以降は頁数が少なくなり60頁前後かあるいはそれを下回る号も認められる。各号目次から417本の論文・記事を採取し，うち記名論文319本を対象とした。このうち食料に関する論文は47本を数え，半数以上の27本が海外研究であった。中国大陸や植民地を対象とした「水田の分布から見た北支と中南支の境界線(1-1)」「東亞に於ける米の需給(1-5)」「大東亞共榮圏内の棉花問題について(1-7)」「パルプ——製紙工業と近代樺太產業(2-1)」「朝鮮の氣候と農業(2-5)[19]」などだけでなく，「ニュージーランドの牧畜と農業(1-5)」「ジャヴァ人の食生活について(1-6)」「タイ國の農業資源と土地利用(1-6)」「パラオ島民の芋田耕作(1-8)」「濠州の土地利用と開拓と人口(2-3)」「印度の農業地理(2-3, 4)」「オーストラリアに於ける牧場の分布(3-5)」など広くアジア太平洋地域，さらに「英本國の農業と食糧問題(1-6)」「伊太利の農業と食糧問題(1-9)」「米國の農業と抗戰力(2-2)」「アメリカ合衆國の漁業(3-6)」など欧米にも研究対象地域が広がっている。また，単に農(林水産)業そのものの研究だけでなく，需給を含めた食料問題や食生活などのキーワードが認められ，農(林水産)業生産のみならず食料や資源の供給という側面が研究対象とされていたことがうかがえる。また，直接自国の食料とは関係のない欧米の食料問題が検討されていること，棉花問題が指摘されていることなどは，単に食料供給にとどまらず，当時の国際関係や政治状況と関係した議論が展開されていることがうかがえる。例えば，藤井(1942)では小麦を取り上げ，内地生産と貿易，用途や需給上の過不足がデータとともに示されている。また，当時の問題意識をよく伝える西水(1943)では，「大東亜広域経済圏」の中でいかにして自給体制を構築するかが論考の基礎におかれている。このように同誌では海外研究を含めた食料研究への高い関心が認められ，先記の資源論的な枠組みも明確である。

次に日本地政學協會の『地政學』は1942年の第1巻第1号から年12号態勢

18) 第9号まで刊行されたという情報もあるが，第9号は未見のため，第3巻第8号までを対象とした。

19) 同巻同号の表紙には「第二巻第六号」と印刷されているが，6月刊行の「第五号」である。

で1944年の第3巻第8/9号まで刊行された。当初は各号100頁を超える構成であったが，徐々に頁数を減じ，第3巻では各号40～50頁立てとなった。同様にして第1巻から第3巻までで262本の論文・記事を採取し，記名論文は197本であった。このうち食料関係は13本である。すなわち「本邦に於ける柑橘栽培限界の農業地誌學的研究(一)(二)(1-2, 3)」「アジア大陸南方デルタ農業地帯の類型――珠江デルタとトンキン・デルタの對立――(1-6)」「地政學上より見たる棉花問題(一)(二)――南方圏を中心として――(1-11, 12)」「支那畜産業の東亞に於ける資源經濟地理學的地位(1-12)」「寒地北方に於ける農業地政學的研究の基礎的概念(2-2)」「農産物加工業の地域的配置に就いて(2-4)」「北方開拓に於ける水產の問題――特に北方陸水漁業の科學的見解――(2-5)」「支那茶葉の立地考察(3-6/7, 8/9)」「大東亞戰域海流と水產(3-6/7)」「カムチャツカ漁場法人勞働者の生活(3-8/9)」であり，アジア各地が取り上げられるとともに，果樹，棉花，茶から農産物加工，水産業など多様な品目を対象としている。特に対象地域のほとんどは国内よりもアジア各地であり，当時のこれら地域に対する関心の高さがうかがえる。同誌でも植民地支配を前提とした戦前・戦中期の資源論の特徴を確認できる。

國土計畫研究所による『國土計畫』は1942年7月の創刊号から44年6月の第3巻第2号まで1巻3号体制で都合7号を得た。各号200～250頁程度のボリュームを持ち，記名論文は創刊号の16本を除いて，各号6～8本が掲載されている。このうち食料関係としては「大東亞の農業立地計畫(1-1)」「大東亞圈農業の基本問題(1-1)」「日本の農地開發計畫(1-1)」「農業立地と國土計畫(1-3)」「都市人口構成上よりみたる蔬菜所要量(2-2)」「日滿を通ずる食糧自給圈の確立(3-1)」「米穀自給圈試論(3-2)」がある。このほか「標準農村の形成(3-1)」「國土計畫的農工調和方策――愛知縣を対象とした農業地域，農工地域の設定とその再編成に関する机上計画を中心として――(3-1)」「農工調整の方式(3-2)」など農工間の関係に関するものも認められた。

以上，『地理研究』『日本地誌學』では内地農業研究が中心，他方『地理學研究』では海外研究の比重が多く，食料需給や食料問題への少なからぬ関心が認められた。『地政學』『國土計畫』では当時の日本の勢力圏を対象とした研究に主眼が置かれていることがうかがえ，誌名通りに地政学や国土計画のうえでの農産資源の確保，調達という側面が色濃く認められる。

4. 戦後刊行が開始された雑誌

これには『社會地理』『新地理』『人文地理』『東北地理』があてはまる。日本社會地理協會編の『社會地理』は1947年9月の第1号から1950年10月の第30号までが刊行されている。B5版の誌面の32頁立てで，月刊の刊行が目指され，毎号見開きカラー頁を含む4頁のグラフ頁をもった斬新な作りであった。1949年12月刊行の20号までに178本の記名論文があり，食料関係は25本であった。このうち海外研究は「南洋の漁業(6)」「内蒙古の遊牧(7)」「あるドイツ農村の一夏(10)」「ジャワにおける土地利用の展開(13)」「大興安嶺東麓砂丘地帯の農牧部落の生態(16)」「イランの農業(19)」の6本を数えた[20)]。戦後ではあるが海外に目を向けた研究成果が一定量を保っていることがうかがえる。国内研究では「芋の買出(3)」など当時の状況を物語る記事がみられる一方「開拓土地利用の将来(5)」「土地資源の開發と土地分類(12)」「蔬菜栽培の適地適作主義について(16)」「北海道の資源とその開発(20)」など，食料資源の供給地であった植民地を失い，いかにして内地の枠組みの中での食料の増産を図るかという問題意識を持った研究が多い。ただし，戦前の資源論的な関心は薄く，いかにして生産力を向上させるかという観点に収斂しているといえる。

また，当時の地理学における農業研究の意義を垣間みることのできる論文が掲載されているので紹介したい。「地理學徒のための農業の基礎知識」と題された渡邊(1950)の論考である。そこで示される農業地理学の在り方や意義は「地誌学的な立場から各地域の農業の地域性なるものを明らかにしようと努力してきた」「農業の地域的組織構造という点に問題を集約せねばならない」などとして示されているが，そこには戦前の食料研究にみられた考え方，例えば重要な主題であった食料資源の確保という文脈は認められない。逆に地域性の解明など地域論的な方向性の強いことがうかがえる。

帝国書院の『新地理』は1947年5月の創刊号以降51年5月の第5巻第4/5号までが刊行され，基本的に各号48頁立てで，5～10本の記名論文が掲載された。ここでは1949年10月の第3巻第6号までを取り上げ，第1巻(1-4号)，第2巻(1-8号)，第3巻(1-6号)の中で記名論文は98本，うち食料関係は18本であった。

20) 1950年にも「オランダの農業(22)」「世界の大豆生産(30)」などがある。

海外研究は皆無で，前述の『社會地理』とは対照的である。このうち第3巻第2/3合併号が「日本農業の現在と将来について」という特集号であるが「九十九里濱に於ける農業と水產業との關係」「日本の森林資源の荒廢」「高冷地の開拓」「農業地理より見たる本邦の畜產」「中央線沿線の蔬菜地域について」など，国内農林水産業に焦点を当てたものが並ぶ。戦前に多くみられた食料資源の獲得という文脈はみられない。一方で，当時の疲弊した状況からどのようにして増産を目指すかという関心の強いことは『社會地理』と共通する。

1948年に創刊された人文地理学会の『人文地理』は1948～49年にかけて第1巻(1-4)が刊行され，第2巻は1950年であり，ここでは第1巻の各号を取り上げた。掲載された記名論文は40本でそのうち食料に関わるものは9本を数えた。そのうち海外にテーマをとったものは「河北平野の風土的様相――飢饉――(1)」「北滿農村素描(2)」「米国の自然環境と農業地域(3)」「地中海式農業(3)」の4本であり，ほぼ半数を占める。国内研究では「日本の開拓地について(2)」「大都市の蔬菜集荷――東京――(3)」などが得られた。少数の成果ではあるが食料不足という状況下でいかに食料を増産するか，いかに供給の仕組みを整えるのかという問題意識の一端を認めることができる。

東北地理学会の『東北地理』も『人文地理』同様に1948年に創刊され，翌年にかけて第1巻の第1号と第2号，1949～50年にかけて第2巻第1号，第2/3号が刊行されており，ここでは以上の第1巻と第2巻を対象とした。両巻併せて記名論文は53本あり，食料関係は12本を数えた。海外は「カカオの世界貿易(1-2)」「商業的ココヤシ產業の立地條件(2-1)」「太平洋鮭の地理的分布と環境因子(2-1)」などで，国内では「北上川流域の開拓(1-1)」「宮城縣加美郡藥萊山地區開拓予定地調査報告(1-1)」「仙臺灣の種ガキ養殖について(2-2/3)」「仙台市と野菜(2-2/3)」など東北地方の研究が多数を占める一方，「人文地理」同様に開拓や食生活の改善・都市への食料供給などの関心を認めることができる。

以上，『社會地理』では海外への関心とともに内地でどのようにして食料不足を克服するかという視点が見受けられた。一方『新地理』では海外研究は認められないものの，食料不足の克服という観点は共通している。『人文地理』『東北地理』においても海外研究は活発であるが，全体を通じて，海外からの食料調達や食料資源の確保という戦中に認められた関心が認められなくなっていることを指摘できる。戦前・戦中の資源論から戦後の資源論的性格への変化がうかがえるとともに，地域性の解明を目指すという地域論的な指向性が認められる。

5. その他の雑誌

最後に，中興館が1944年11月に第1巻第1号を刊行し，戦後の1946年1月に再度創刊された『國民地理』がある。「比島の護り固し」と題された1944年の創刊号には7本の論文・記事が掲載されている。すなわち，「敵アメリカの侵寇路と比律賓」「比島をめぐる決戦」「比島の地章」「比島の戦略的位置」「比島資源の価値」「國民地理に倚す(駐日比国大使)」「フィリッピンの文化」であり，テーマからは極めて強い戦時色がうかがえる。特に食料や農業がテーマとなっているわけではないが，資源の確保が強く意識されていることがうかがえる。

戦後の『國民地理』はB5の誌面を使い1946年1月から翌年1月まで毎月刊行されている。3/4月と8/9月は合併号で第1巻としての10号と，第2巻の1月号を合わせて合計11号を対象とした。各号約20頁で5本程度の記名論文が掲載されている。『地理學評論』や『地學雜誌』がこの時期刊行を停止していることを考えると，終戦直後に刊行を継続した唯一ともいえる地理学雑誌であり，当時の状況を理解する上で貴重な雑誌である。ここでの食料研究は「土地利用の新事例(1-2)」「食生活と地理(1-5)」「根室と昆布(1-7)」「神戸の青空市場(1-9)」「我が國の食糧需給問題(1-9)」「本邦農工業の將來と我が經濟地理的景觀(2-1)」がある。限られた本数から明示的なことはいえないが，当時の困難な状況の中で将来の新しい国づくりをどうすべきかという模索がうかがえる[21)]。同誌の特徴として，戦中は資源の確保，戦後は特に食料需給をどのようにするのか

---

21) 食料研究とは離れるが，例えば第1巻第1号で「都市の戰災並復興についての地理學的座談會」という特集が組まれているのをはじめ，「民主選挙の結果(1-5)」「地理教育特集号(1-6)」「日本地理學会の今昔(1-7)」「座談會　これからの地理と地理學(1-9)」「女性と地理(1-10)」「座談會　新しい地理教科書の取り扱ひについて(2-1)」などの特集や座談会が組まれている。また，消失した東京都心の俯瞰写真(1-1)や広島への原爆投下の写真(1-2)などが挿入されるとともに，「比島戰線瞥見記(1-2)」「中支戰線瞥見記(1-3)」など戦争や戦災が現下の問題であったことがうかがえる。他にも第1巻第2号で「アメリカの補給線」「B-29の基地」「アメリカの土地と人」などが掲載され，それまでの敵国を科学的にとらえようとする試みがうかがえる。また，地理教育関係の記事の多いことも特徴で，上記以外に「旅・自然・地理・教育(1-3)」「地理教育の要點(1-8)」「これからの世界と地理教育のつとめ(1-6)」「アメリカの地理教科書(1-8)」「地理教育再開に當って(1-9)」「新しい地理授業について(2-1)」などがある。

ということが喫緊の問題であったことがうかがえる。特に農業生産という視点よりも食料需給という視点が期間を通じて強く認められることは，農業研究が一定程度のシェアを占める他誌とは異なる特徴といえる。

Ⅳ　戦中期と戦後期の地理学における食料研究

第2章では1940年代の地理学における食料研究に焦点を当てて，当時の地理学が何をなそうとしたのかを検討した。戦中の食料関係の研究書からは，いかにして食料資源を確保するのか，そのために植民地や東アジアの勢力圏の食料生産を理解し，その活用を図るという観点が明確に認められた。関連雑誌に掲載された論文においても，雑誌毎の特徴はみられるものの，戦中期には海外の食料資源に言及した成果の蓄積が認められた。その一方，戦後の研究にはこうした観点はほとんどみられず，いかにして限られた国土の中で食料を増産し，供給させるのかに関心が寄せられた。その背景には，資源調査会の報告にみられるように敗戦によって食料資源の供給を支えた植民地や勢力圏を失い，小さくなった国土の中でどのようにして需要を満たすのかということに注力せざるを得なかったことが考えられる。実際，関連雑誌に掲載された戦後の研究でも海外研究は減少し，開拓など国内での食料増産が活発に論じられている。

こうした動向を石田編著(1941)に示された，資源論，地域論，環境論の枠組みを用いて整理してみたい。まず，資源論的なアプローチであるが，戦中期には日本の勢力圏を前提としてどこに食料を依存するのかという明確な問題意識が認められた。一方で，戦後の資源論では敗戦によって植民地，占領地を失った中でどのようにして国内資源を利用，活用，また保全していくのかという議論が生まれてきたことがうかがえる[22]。

次に地域論[23]である。この側面からの研究は戦中期からも『地理學評論』や『地理(大塚地理學會)』あるいは『日本地誌學』誌上に活発で，戦後に刊行された尾留川(1950)や西水(1949)の関心もここにおかれていたことがうかがえる。

---

22) この時期にみられたこうした国土に目を向けた資源論は，後述の環境論とも結びつくものであるが，その後の高度経済成長の中でかき消されていく(佐藤，2011)。

23) ここでの地域論とは特定の研究対象地域の地域性の解明に重心を置いたものとし，地域論それ自身の議論には立ち入らない。以下の環境論についても同様。

こうした地域性の解明やその特徴に関する研究は，第1章にみたようにその後の農業地理学をはじめとした経済地理学研究のひとつの潮流を作っていく。ただし，1990年頃まで農業地理学で盛んに取り上げられた産地研究や地域区分をはじめとした地域性の解明という観点は，1940年代においては後の時代ほどに大きな位置を占めていたわけではない。むしろ上述の資源論的な観点からの農業や食料への関心が大きかった。

最後に環境論であるが，上述の資源論と同様に戦中と戦後でやや文脈が異なっている。例えば，戦中期までは資源論との関わりで自然地理学的な側面からの関心が強く認められる。例えば，佐々木(1942)あるいは『地學雑誌』掲載の多くの地下資源に関する論文のように，食料資源や原料資源を得るための気候や土壌，地質などのさまざまの自然条件の研究が活発におこなわれていた。この時期の経済地理学書が少なからぬ紙数を自然地理学に割き，両者の強い関係性が認められる。このような文脈での環境論が戦前に存在していたことを指摘できる。一方で，戦後は国土保全を意識した環境論ということができる。それは安藝(1952)の「どうしたら資源を食いつぶすことなく，長く私たちの生活に役立たせることができるであろうか」という問題意識に端的に示される。

このように戦中と戦後では資源や環境に対するアプローチは決して同じではない。例えばその背景として，戦中の食料資源をめぐる議論においては海外依存が前提とされており，その背景には「持たざる国」[24]という考え方が存在し，それが植民地支配の正当化の文脈で用いられたことも否定できない。また，その背景にハウスホーファーの地政学やラッツェルの「生存圏」などの影響を指摘することもできる[25]。しかし，食料供給を海外のどこに依存するのかという考え方は，当時の「持たざる国」の植民地支配の正当化を前提とした資源論や地政学的なアプローチの独自の特徴ではない。例えば同時期のアトリー(Utley 1936)『Japan's Feet of Clay』は海外の産地との関係を含めて当時の日本の食料

---

24) 武見(1938)では，英米仏やソ連などの広大な領土と莫大な資源を持つ国と，独伊日などの領土が狭小で資源が欠乏している上に人口が過多な持たざる国という対比を示している。なお，同論を含む古今書院の「地理學」第6巻第5号(1938年4月)は「持てる國・持たざる國」と題した臨時増刊号である。また，この時期House(1936)のような持てる国の領土の再配分と持たざる国の不満の爆発を指摘した議論が存在していたことも付記しておきたい。

25) 当時の地政学の日本への影響についてはシュパング・石井訳(2001)を参照。実際，米倉(1941)などではハウスホーファーが引用されている。

供給状況を描き出しており[26]，食料資源の供給地と消費地という観点から国際関係を読み解くことは，当時の政策に沿うか沿わないかに関わらず，採用されていた観点であった。無論，戦前・戦中の植民地支配の正当化に対する批判は受け止めなければならないとしても，食料資源をどのようにして調達するのか，海外のどこに依存するのかということに対する議論までも封殺するべきではない。それは分けて考えることが可能なものである。

一方，戦後については，植民地を失い食料供給は国内の自給に重点が置かれるようになる。その背景には資源調査会の成果に代表されるような内地の枠組みの中での自給という前提での食料資源についての認識が存在する。すなわち，それまでの食料供給を担った植民地を失い，1940年代前半までにみられた植民地の領有と勢力圏の拡大を前提にした海外への食料資源の依存という体制が崩壊した。かつての内地のスケールで食料をまかなわざるを得なくなり，農地の開拓，生産性の向上，麦食の推奨を含めて食料供給体制を見直さざるをえなくなったのである。この状況での食に対する研究が，内地農業に焦点を合わせていくことは時代の要求であったかもしれない。それはそれで時代の趨勢の中での地理学の取り組んだ食料研究であったといえる[27]。

いずれにしても1940年代の地理学，食料研究は各々の状況の中で，国民の安定した食料供給，特に量的な側面を維持するための貢献をしようとしてきた。翻って，今日の地理学に(あるいは社会科学全般においても)そうしたアプローチは存在するだろうか。ここで，当時をレビューすることの今日的意義について若干の言及を加えたい。無論，今日の食料供給をめぐる状況は戦後のそれとも，戦中のそれとも全く異なっている。かつての海外領土は他国となって久しく，今日の私たちは1940年代からは想像のできない豊かな食生活を謳歌し，大量の食料がフードシステム上を流通している。その一方，食料供給の海外依存は1940年代前半の輸移入を遙かに上回る水準で推移している(図1-3)。しかしながら，どこからどのようにして食料を調達するのかという地理学者の関心は1940年代前半と比較して明らかに低く，研究成果も乏しい。それは植民地

26)　なお同書は当時日本では禁書扱いで，国内で広く読まれることはなかった。ちなみに彼女も同書でハウスホーファーに言及している。

27)　戦後のこうした状況に，その後資源論的な食料研究が衰退し，地域論的な研究が多くなっていくことの一端をみることもできる。

を失い食料の海外依存を絶たれた1940年代後半と比べても同様であり，関心が希薄というのが実情である。第1章にみた1920年代以降の通史的な動向を踏まえることで，この時期が1つの転換点となったということはより明確になる。すなわち，それ以前とそれ以後で研究対象と関心のあり方は明らかに異なるのである。その際に失われたもの，あるいはその後の時代に問わなくなったもの(あるいはなぜそれを問わなくなったのかも含めて)を検討することの今日的意義はある。

今日と状況が異なるからといって，当時の食料調達，特に量的確保に関わる研究や上記の食料資源論的アプローチが意味をなさないとは考えない。確かに，今日の食料資源へのアクセスは戦前の植民地支配を前提とした食料資源論ではない。また，戦後の資源論，すなわちこの国土の中でどのようにして食料資源，原料資源を確保するのかという問題に直面した際に考えられ，その後の経済成長の中で失われた資源論でもない。実際には，その後一貫して国際関係の中での貿易を前提にした資源へのアクセスによって，食料の量的確保が今日まで続いてきたからである。その意味で，今日まで続く状況と1940年代をめぐる状況，すなわち前半には植民地を含めた勢力圏内での自給，後半には植民地を失った国内(内地)の枠組みでの自給を目指した状況とは異なる[28)]。それゆえ，戦前の植民地支配を前提にした食料供給を批判することだけで今日の食料供給を論じることはできないし，戦後の資源論と同じことをすることで現下の食料資源の問題が解決するとも思わない。ただし，前半と後半では大きく状況が異なるものの，1940年代を通じた食料をどこからどのように調達するのかというテーマに対する高い関心と活発な研究活動は決して当時のものだけではない。今日の貿易に支えられた豊かな食生活に関わっても，当時同様の関心と研究活動が必要なのではないか。どのようにして現下の食生活が支えられているのかに対すると関心とその改善に取り組む研究は，域内自給と域外依存という状況が変わっても重要性は変わらないと考えるからである。その際，かつての地理学における食料研究，特に食料供給における量的側面を顧みることは十分な示唆に富む。

28) 1940年代前半の植民地を含めた勢力圏内での食料調達(域内自給)と今日の国際関係を前提とした貿易による食料調達を単純に比較することは難しい。そのためには1940年代までのブロック経済を取り巻く議論や，さらにそれ以前の米騒動を契機とした食料政策の転換などを踏まえる必要がある。ここでは問題の指摘にとどめたい。

第2部　戦前の日本をめぐるフードチェーン

第1部では学史を紐解き，近代日本の食料供給の海外依存とそこで地理学が果たした役割を検討した。第2部では具体的に戦前の日本が築いたフードチェーンに注目する。なお，ここで用いるフードチェーンとは食料研究の根幹をなす概念で，若干の紙数を割いて説明したい。

フードチェーン

フードチェーンとは農産物や林産物あるいは水産物などの食料資源の生産，獲得からそれらの加工や流通を経て，最終的に消費されるまでの連鎖[1)]であり，図II①上段に示すように模式化できる。一般的には生産された食料が加工部門や流通部門を経由して消費されるまでの体系であり，地理学においてはこのチェーンを実際の場所に投影させた議論を展開する(フードチェーンの地理的投影[2)])。すなわち食料の生産地と食料の消費地，あるいはその加工地や流通拠点などによってフードチェーンは地域と地域を連結しているとみなすことができる。フードチェーンを地理学の分析において用いる際には，このようにしてチェーンで連結された地域間の関係を論じるものとして使う。本書のテーマであるフードチェーンの海外展開，あるいは第1部で検討した食料の海外依存は図II①下段の模式図で理解することができる。食料の生産地と消費地あるいは加工・流通拠点の実際の位置が地図上に与えられる。図中では便宜的に「海外」「内地・国内」として表示したが，ここに具体的な国や地域，都市などが入るこ

1)　フードチェーンの概念，用語法についてはさまざまなものがあるが，ここではBowler(1992：p.12)および荒木(2002：p.31)，荒木編(2013：p.14)に従った。なお，類似の概念としてフードシステムがあり混用されることも少なくない。本書ではBowlerと荒木に従って使い分けている。単純化すれば，生産から消費に至る連鎖がチェーンであり，そのチェーンを動かしている仕組みがシステムである。

2)　詳細は荒木編(2013)を参照。

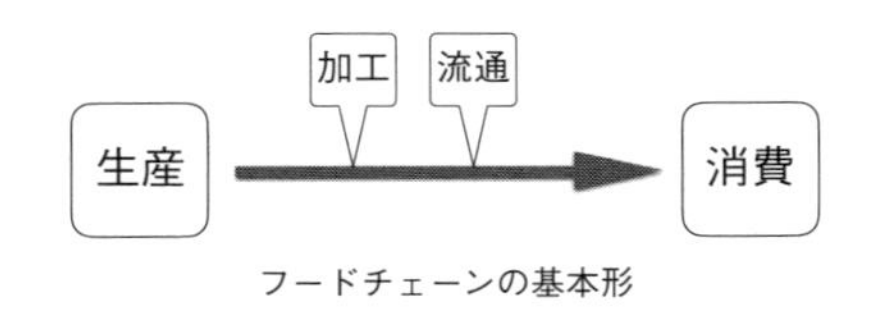

フードチェーンの基本形

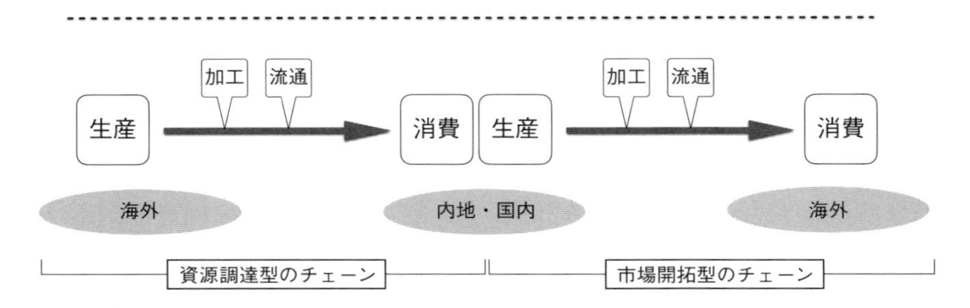

フードチェーンの地理的投影／海外展開の場合

図II①　フードチェーンの枠組み：基本形（上段）と地理的投影（下段）

とをイメージしてもらいたい。

その際，どのようなチェーンの構築を目指したかによって，大きく2つの類型を想定できる。資源調達（食品輸入）型（図中下段左）と市場開拓（食品輸出）型（図中下段右）である。前者は食料資源の調達を海外に求めるチェーンの構築を目指すもの，逆に，後者は海外に当該食品の市場を求めるチェーンを構築しようとするものである。食品の流れに注目するならば，前者は海外から内地・国内へと向かうチェーン，後者は内地・国内から海外へと向かうチェーンである。これがフードチェーンの海外展開を検討する際の最も基本的な2類型であるが，介在する加工・流通部門の位置付けなどからさらに細かなバリエーションを設定することができる。例えば，単に食料資源そのものを輸移入する場合もあるが，海外に工場を建設し，食料資源を加工した上で輸移入する形態もある。あるいは輸移入品を国内工場で加工して再度輸移出するケースなども想定できる。フードチェーンの地理的投影は多様なケースに適用できる理念形として理解していただきたい。

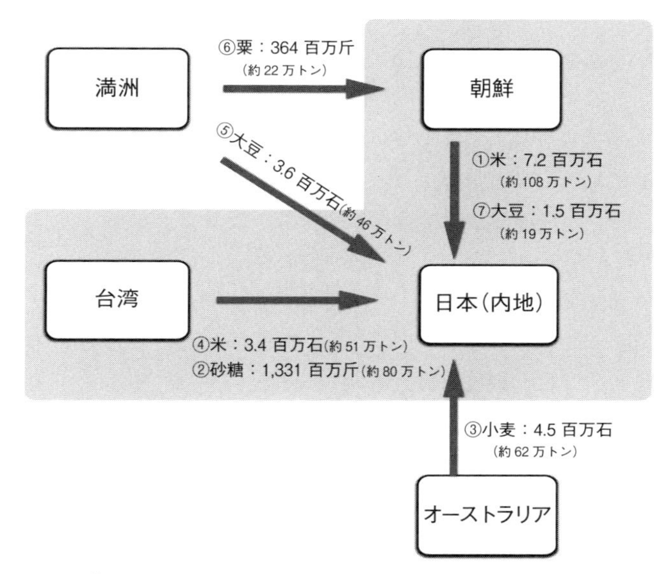

図II②　1932年の日本とその植民地を巡る主要な農産物貿易

資料：対日貿易については東洋経済新報社『昭和産業史』（1950）（原資料は『食糧管理統計年報』），満洲と朝鮮間の貿易は朝鮮貿易協会『最近の朝鮮対満洲貿易』（1933）によった。

注：『昭和産業史』の米，小麦，大豆は石の単位，砂糖は斤の単位で，『最近の朝鮮対満洲貿易』の粟は斤の単位で表示されている。
全体の貿易量を把握するために以下の換算値に従って，トンの単位での数値を併記した。砂糖，粟については百斤=60kgとした換算値。米については1トン=6.66666石，大豆は1トン=7.75194石として換算した。いずれも経済安定本部民政局編『戦前戦後の食糧事情』（1952）に基づく換算値である。
なお，粟については原典の3,643,609百斤を，朝鮮総督府農林局『朝鮮米穀要覧』（1934）に基づいて粟1石=240斤として換算した場合，約1.5百万石となる。

戦前の日本の食料輸移入

フードチェーンの理解を踏まえて，第2部の舞台となる戦前の日本の農産物・食料貿易の概要を具体的に示したい。図II②は1932年[3)]の日本をめぐる主要な農産物・食料の貿易量を示したものである。そこからは第1章にみた米以

3）戦間期の1920～30年代をめぐる貿易状況は決して一様ではないが，期間のほぼ中央で，各種の資料がそろっている年度として1932年を設定した。前後の状況は文中で補足説明を加えたが，第1章および図1-3にみるようにこの年が当時の食料貿易をめぐる情勢の中で特異な年ではない。また，1932年は満洲国の建国年でもあり，戦間期を前後に分ける1つの節目ともいえる。概ね第1部の(2)と(3)の時期区分の境となる。

外の穀物供給の一端もうかがえる。まず，量的には①朝鮮から内地向けの米，②台湾から内地向けの砂糖，③オーストラリアから内地向けの小麦，④台湾から内地向けの米，⑤満洲から内地向けの大豆，⑥満洲から朝鮮向けの粟，⑦朝鮮から内地向けの大豆などが百万石を超えている。このうち①②④⑤については関心も高く，研究成果も多い。例えば，①④については大豆生田（1993b）や河東（1990），地理学分野では樋口（1988）の成果などがある。なお，東洋経済新報社『昭和産業史』（1950）によると（原資料は『食糧管理統計年報』），昭和初期の朝鮮からの米移入はおおよそ5～8百万石前後で推移し，最大は1938年の10.1百万石，台湾からは2～5百万石で推移し，最大は1934年の5.1百万石である。また，②については戦前の矢内原（1929）をはじめとし，久保編（2009）や新福（2012）など近年まで多くの研究があり，⑤についても同様で，戦前の駒井（1912）や三木（1932）を含め，近年では岡部編（2008）や塚瀬（2005），地理学では三木（2013）などの研究蓄積がある。なお，『昭和産業史』によると台湾からの砂糖は1928年以降概ね10億斤を超える水準を安定して維持しており，満洲大豆[4)]も1920年代中頃の1.6百万石から徐々に増加し，1930年代半ばには4百万石の水準を超える。なお，最大は1939年の5.2百万石である。①②④⑤が日本の食料供給や工業化を支えたこと，その重要性についてはすでに言及されているとおりである。

これに対して③も特筆されるが，前者らほどの研究成果は得られていない。なお，同年の小麦の輸移入総量は5.6百万石でオーストラリアが大部分を占めるが，輸出国は固定的ではない。図1-3に示すように1930年代初めまで小麦輸入は4～5百万石で推移し，米国，カナダ，オーストラリアがシェアを三分していた。しかし，満洲事変を境に北米からの輸入が滞るようになり，オーストラリアの輸入が拡大する。この後同国からの輸入も減少し，太平洋戦争に至る。この小麦の海外依存も工業労働者への食料供給という点で興味深い。一方，⑥についても相当の貿易量がある。先行研究が示すように内地の食料需要を満たすために，多量の米が輸移入されていたわけであるが，それらに比肩しうる

4)　図中には示されないが，満洲からヨーロッパや中国向けにも相当量の大豆や豆粕，豆油などの大豆製品が輸出されていた。大阪府立貿易館『満洲国貿易概況』（1935）によると1934年の大豆の総輸出額に占める日本の比率は約20％にすぎず，多くがドイツや英国およびその植民地向けに輸出されている。

量の粟が朝鮮に仕向けられていたことは，朝鮮の食料供給の上で不可欠の役割を果たしていたと考えられる。

以上のように，戦前の日本をめぐる農産物・食料貿易の議論は少なくはなく，米や大豆，砂糖(あるいは綿業[5])は確かに重要な輸移入品であった。その一方で，米豪からの小麦や満洲粟に関する蓄積は多くないし，上記主要品目以外のさまざまな農産物や食料，またそれらの貿易を担った個々の食品企業の動向についてはなお検討の余地[6]が大きいと考える。第1部でみた戦前期の多様な品目に関する多様な地域の膨大な研究成果を振り返ったとき，私たちの関心が極めて限定的な対象(図II②中の①②④⑤のみ)しかとらえていないと考えるからである。図II②中の③や⑥，さらにはそこに描ききれないフードチェーンは間違いなく存在していた。第2部ではこの点に焦点を当てつつ，当時の日本の構築したフードチェーンを具体的に描き出したい。

---

5)　綿業に関しては第1章に示した「三環節論」をはじめとし，近年では籠谷(2000)などを上げることができる。

6)　無論，そうした研究が存在しないわけではない。籠谷(2000)では明治初年の寒天と昆布輸出についての興味深い論考が収められているし，谷ヶ城(2012)は台湾を舞台に，茶，マス，青果(バナナ，リンゴ)などの貿易を論じている。しかし，その全容はなお十分には明らかにされていない。また，第1章に示したように杉原(1985，1996)の「アジア間貿易論」は当時のアジアにおける食料貿易の重要性を指摘している。それは対米生糸輸出と棉花の輸入，アジアの英植民地への綿製品輸出と工業原料の輸入からなる対英帝国貿易，および工業製品の輸出と食料輸入により構成される東アジア貿易からなる三環節論(名和 1937，1948)とは異なる観点である。筆者の関心もまさにここにある。植民地米と台湾の砂糖，満洲の大豆は確かに重要ではある。ただしそれが全てではない。

第3章　戦前の日本の食品企業の海外展開

――多様なフードチェーンの構築――

第3章では戦前の日本が海外に構築したフードチェーンに具体的な焦点を当てる。その際，第2部冒頭に示したフードチェーンの枠組みを用いる[1]。すでに示したように図II②に描かれる主要なチェーン，すなわち朝鮮や台湾からの米，台湾からの砂糖，満洲からの大豆だけではなく，戦前の日本が形成した多様なフードチェーンを俎上に載せたい。そこで，第3章では戦前の日本の食品企業に注目してその多様な海外展開を追う。食品企業に着目したのは，前述の食料の産地と消費地とを連結するフードチェーンにおいて，チェーン全体あるいはその一部の構築にかかわるのが食品企業だからである。フードチェーンについては図II①に示したように基本的理解として資源調達型と市場開拓型に大別できる。これを起点としていくつかの食品企業を取り上げ，個々が戦前に構築したフードチェーンを描き出し，チェーンの特徴と多様性を議論したい。それは同時に，フードチェーンの概念を用いて戦前の日本の食品企業の海外展開を把握しようとする試みでもある。

I　戦前の日本食品企業

従来的に日本企業の海外展開に関しては，巨大財閥や国策企業による資源調達や植民地支配の文脈で論じられることが多かった。実際，第二次大戦までの日本の食料貿易に関する研究成果は少なくない。特に台湾からの砂糖，朝鮮米

1)　フードチェーンを用いた今日の日本の食品企業を対象にした研究，すなわち現在の海外からの原料調達や海外市場との関係を論じた研究は少なくない。例えば，トマト加工品の原料調達を論じた後藤(2002)や同様に鶏肉を取り上げた後藤(2004)，牛肉を取り上げた大呂(2012)，梅干しを取り上げた則藤(2012)などである。また，外食産業や小売業の海外展開を取り上げた川端(2011，2016)，アグリビジネス全般について論じた後藤(2011)などがある。こうした切り口はすでに一般的となっているといえるが，同様な手法で戦前の個別の食品企業の海外展開について論じた研究蓄積は未見である。ここではその可能性を深化させたい。

や台湾米，満洲大豆などについては関心も高く，それに関わって財閥や南満洲鉄道株式会社(以下満鉄)などの役割を論じた成果も多数に上る(坂本 2003; 岡部編 2008; 木山 2009; 春日 2010)。このような国策・資源調達と結びついた戦前の大企業の海外での活動には少なからぬ関心が寄せられてきた一方で，個別の企業の海外展開はあまり注目されてこなかった。また，海外からの食料資源の調達という側面には焦点が当てられたものの，個別の日本製品のアジア市場への浸透，あるいは文化的背景を踏まえたアジア各地での受容という側面については関心が薄く，日本製食品の輸出や現地生産などについては十分な研究成果が得られていないと考える。こうした着想は筆者が予察的に取り組んだ研究(荒木 2014, 2015, 2016)の過程から明らかになったものであり，多様な食料資源の獲得，調達に戦前の日本の食品企業が取り組んだことに着目するとともに，その海外展開は食品の調達だけではなく，市場開拓，すなわち日本製食品の輸移出をはじめ，販売網の構築，生産の現地化など，海外市場を前提とした活動でもあったことに着目したい。

ここで，戦前の日本の食品企業の海外事業についてであるが，戦前の統計などでは品目が限定されていることや，今日のような海外投資に関するまとまった統計資料が存在しているわけではなく，現在の企業調査と同様の検討を行うことは困難である。そこで着目したのが社史である。食品企業の社史を通じて戦前の海外での活動実態，すなわち拠点の立地，販売網の開拓や商品の展開やその年次的な推移を一定程度把握することは可能であると考えた。

以下，図II①に示した資源調達型と市場開拓型の2類型を基礎として，社史の記述に基づいて戦前の日本の食品企業の構築したフードチェーンを描き出したい。

II　資源調達型チェーンの展開(国内市場へ供給)

まず，図II①下段左の資源調達型チェーンに着目する。取り上げるのは以下の企業である。海外での農産資源の調達に取り組んだ企業として，明治製糖株式会社，豊年製油株式会社，日清製油株式会社，日本油脂株式会社である。明治製糖は台湾からの砂糖，後3者はいずれも満洲大豆を媒介としたフードチェーンを構築した。また，これとは別に水産資源に着目したフードチェーンの構築の例として大洋漁業株式会社と日本水産株式会社を取り上げる（以下煩雑さを避けるために株式会社の表記を省略）。

1. 台湾からの食料資源の調達

1）明治製糖

明治製糖が戦前に編纂した社史『明治製糖株式会社三十年史』（1936）によって，同社の海外展開を把握する。同社は1906年に台湾の塩水港庁（現・台南市）に設立され，1908年に蕭壠工場（現・台南市）を建設し，製糖作業が開始される。工場建設地の選定にあたってはサトウキビ産地ということが勘案されたことが記されているほか，直営農場も所有していた。これと前後して1907年には蔴荳製糖合股会社を合併し，蔴荳工場（現・台南市）としている。さらに1909年に蒜頭工場（現・嘉義県）を建設するとともに徐々に生産能力を増強した。1910年には維新製糖合股会社（現・台南市）を買収（工場は1912年總爺工場開設とともに閉鎖），1912年には總爺工場（現・台南市）を新設する。これら台湾の製糖工場は内地へ原料糖を供給したが，1912年には横浜精糖株式会社と合併し，川崎工場（川崎市）を継承する。大正期に入ると，1913年に中央精糖株式会社と合併し，南投工場とする。この時，蕭壠，蒜頭，總爺，南投の4工場の1日の粗糖製造能力は4,000トンであったとされている。また，国内の精糖能力を増強するために1916年に戸畑工場を竣工させている。さらに1920年に大和精糖株式会社と合併し渓湖工場（現・彰化県）とし，1923年には日本甜菜製糖株式会社を吸収合併し，清水工場（現・北海道十勝管内清水町）とする。また，同年の関東大震災で川崎工場が被害を受けたこともあり，神戸工場を買収し，川崎工場の復旧までの需要を補った。

一方で，この時期の中国大陸への輸出拡大を受けて，上海への工場建設を進め，1924年に明華糖廠として生産を開始する（上海事変で操業が止まる）。また，鈴木商店の破綻を受けて，東洋製糖株式会社の烏樹林（現・台南市），南靖工場（現・嘉義県）を獲得する。これら工場への原料供給を担ったのは旧台南州一帯と一部旧台中州であり（表3-1），サトウキビ栽培の盛んな地方（川田 1943）に工場建設とともに資源調達の仕組みを構築していったことがうかがえる。

以上が同社の工場展開であるが，明治製糖はその関連事業としてアジア各地

表3-1　明治製糖の工場別原料供給地域の概要

所在州名	工場名	耕地面積（甲）	甘蔗作適地面積（甲）	毎年期平均甘蔗植付け面積（甲）	甘蔗農家戸数
台南州	總爺工場	7,896	6,104	1,734	2,770
同	蕭壠工場	18,033	10,713	2,405	9,762
同	烏樹林工場	21,357	10,836	2,190	3,653
同	南靖工場	31,331	17,023	2,843	7,904
同	蒜頭工場	23,712	18,051	3,915	4,791
台中州	南投工場	25,805	11,490	1,850	7,075
同	渓湖工場	23,507	16,759	3,444	5,166
計		151,641	90,976	18,381	41,121

資料：『明治製糖株式会社三十年史』
注：甲は台湾で使用される面積単位，約1ha。

で以下を展開している。すなわち，砂糖を原料とすることから明治製菓株式会社を1916年に設立する。これは内地需要が中心であるが，1934年には奉天に製菓工場を建設している。また，株式会社明治商店は製品の販売を担い，台湾と関東州の主要都市に支店や出張店を置いた。海外に置かれたのは大連支店，台北出張店，京城販売所，奉天販売所，釜山配給所，台中配給所，新京配給所，樺太駐在所，哈爾濱駐在所，京城売店，大連売店，奉天売店，新京売店，台北売店である。台湾からの資源調達のみならず，台湾，朝鮮，満洲にも販路を築こうとしていたことがうかがえる。ほかに1918年にスマトラ興業株式会社を設立し，ゴム栽培に進出するとともに，1935年には樺太製糖株式会社を設立し，甜菜糖の製造に着手している。

2. 満洲などからの食料資源の調達

ここでは満洲の農産資源である大豆に着目し，豊年製油，日清製油，日本油脂の海外事業を検討する。

1）豊年製油

『豊年製油株式会社二十年史』(1944)，『豊年製油株式会社四十年史』(1963)，『育もう未来を　ホーネン70年の歩み』(1993)から同社の海外展開を把握したい。同社は鈴木商店製油部を前身とし，その4工場(大連，清水，横浜，鳴尾)を引き継いで1922年に設立された(口絵写真8)。当初は肥料としての利用が主体であった大豆油粕であるが，大正後半に食用大豆油の精製法が確立されると，徐々に生産を伸ばしていく。1924年に24千トン(うち豊年製油のシェア71.9%)であった大豆油の国内生産は，1929年に40千トン，1932年には50千トンを超え，1938年には67千トン(同64.3%)に達する。またその販売を支えたのが「豊年会」と呼ばれる販売組織であったとされる。1937年の会員数は全国2府20県で千人を超えたといい，国内需要が主力であったことがうかがえる。戦時体制が強化されるようになると1939年に有機質肥料の統制組織である大日本大豆油工業組合が設立され，1940年には日本肥料統制株式会社，日本大豆統制株式会社が発足する。さらに1942年に帝国油糧統制株式会社が設立され，軍の影響が強まり，同社もジャワのコプラ搾油工場の運営を委託される。また，1944年には錦州省錦西(現・遼寧省)に製油工場の建設も試みられた。この間，1923年開設の大連出張所や鈴木商店から引き継いだ大連工場は終戦によりソ連軍に接収されるまで存続したが，1930年開設の京城出張所は統制強化の下で1941年に閉鎖，1934年開設の清津出張所は1940年に閉鎖，同年1927年開設のロンドン駐在所，1939年開設の新京駐在所も閉鎖となる。なお，1930年開設のハルビン駐在所は1937年に閉鎖となっている。

2）日清製油

『日清製油六十年史』(1969)，『日清製油八十年史』(1987)，および『日清オイリオグループ100年史』(2007)から同社の海外展開を把握したい。それらによると日清戦争後満洲から大豆油粕が輸入されるようになったのが，日本の製油業が発達するきっかけであったという。満洲産豆粕事業の将来性に期待して日清豆粕製造株式会社が誕生するのが日露戦争後間もない1907年である[2)]。同年に営口に出張所を設けるとともに大連に工場用地を確保し，翌年に運転をはじめる。第一次大戦にともなう需要増で輸出も伸び，北米向け大豆油と，内地向け大豆油粕が主力となった。この時，1918年に社名を日清製油株式会社に変更している。同時に営業網の整備を進め，中国北部では開原，長春，ハルビンに，台湾では台北と高雄に出張所を開設したとある[3)]。また，ロンドン駐在所やシアトル駐在所も置かれた。元来，油粕は肥料としての需要が中心であったが，1924年に大豆油の食用化(サラダ油の市場投入)を実現したのが同社である。大

2)　ちなみに設立総会が開催されたのが東京地学協会会館である。
3)　同社の台湾での油粕販売高が台湾需要の6割になったこともあるという。

連工場も昭和初期からサラダ油の製造を開始し，満洲で販売された。なお，関連事業として1919年に大連に満洲ペイントを設立し，朝鮮には農業開発と油脂産業の振興を目指して1918年に朝鮮肥料株式会社を設立している。昭和に入ると化学肥料に押されるとともに，景気の悪化から1929～30年にかけて，長春，開原，奉天の出張所を閉鎖，欧米の駐在所や台湾の出張所も閉鎖している。その後，満洲事変，満洲国建国後は子会社を設立して，ハルビン，新京，四平街の出張所業務を担わせ，農産物の買い付け事業を拡大した。1940年以降は戦時統制のもとに植物油脂業界も組み込まれていく。具体的には1942年に占領地であるペナンで製油工場を運営している。

3）日本油脂

日本油脂は1937年に当時日本産業の傘下にあった日本食糧興業，国産工業不二塗料製造所，ベルベット石鹸，合同油脂が合併して設立された会社(第一次日本油脂)である。『日本油脂三十年史』(1967)からその海外展開を把握する。同社の海外展開は当時の日本の大陸政策や日中戦争の進展にともない，朝鮮，満洲，上海，さらに太平洋戦争の開始とともに南方へと進む。まず，朝鮮であるが，1933年に設立された朝鮮油脂株式会社(本社清津，のちに京城)は当地で盛んなイワシ漁から魚油事業を展開していた。1936，37年に日本産業が株式を取得しその傘下に入ったことから，日本油脂の設立とともにその傘下に置かれた。もとの合同油脂，日本食糧工業の経営下にあった朝鮮の水産事業は朝鮮油脂のもとに統合された。その後，朝鮮油脂は吸収合併を進め，もともとの清津工場に加え，いずれも咸鏡北道に西水羅工場(羅津)，魚大津工場，良化工場，黄津工場，城津工場，咸鏡南道に遮湖工場，新浦第一工場，同第二工場，江原道に長箭工場を獲得する。これらはいずれも魚糧工場で，同社水産部，油脂部の事業であるが，1939年に新規事業として火薬事業に進出し，1940年に仁川火薬工場の操業を開始している。

一方，大豆を油脂原料とした満洲では，1938年に奉天油脂株式会社(のちに満洲油脂株式会社)を設立し，奉天工場，大連工場などで石鹸をはじめとした多様な油脂製品を製造した。また，1938年には満鉄傘下の大連油脂工業株式会社を買収し，大連工場で大豆油製品を製造し[4]，1939年にはラッカーと溶接棒

4）1940年には油脂事業を終え，大連農薬株式会社と社名変更，農薬の製造を開始する。

の製造販売を行う満洲化工株式会社を設立し，奉天に工場を置いた。これは当時，大豆事業を基盤にして，各種化学工業への進出が社の方針として目指されていたことによる。

中国大陸では1937年の上海事変をうけて，上海の中国人経営の各種事業を日本軍が接収することになってからは，上海の油脂事業の経営を委託され，1938年から上海に進出する。そこでは油脂工場と塗料工場，搾油工場を経営した。さらに太平洋戦争が始まり，租界へ日本軍が進駐すると，米英が経営する会社も日本に接収され，石鹸やグリセリン，ローソクなどを生産する主要な化学工場が同社の経営下に入った。同様に東南アジア方面での占領地の拡大にともない，1942年にマニラにフィリピン出張所を開設，セブ島の搾油工場，マニラの搾油工場の経営を委託され，マーガリン，石鹸などを製造した。また，シンガポールにおいても1944年からドラム缶代替の木樽の製造が試みられたほか，ジャワでも1943年から軍が接収した塗料工場を経営し，軍用に塗料を製造した。海南島でも1939年に日本軍が上陸したことで，同社が油脂資源開発に取り組み，4工場を経営した。このほか，台湾でも台北工場での石鹸の製造，台南工場での搾油事業などの事業を展開した。

以上の4つの企業の海外からの食料資源調達を模式化したものが図3-1である。概ね，図II①に示した骨格を認めることができ，4企業ともに海外に工場を置く資源調達型のタイプといえる。また，海外の産地から内地の市場という枠組みを基本とはしているものの，海外市場への展開も複数の企業で認められ，決して単純な一方向のチェーンの構築のみではなかったことも指摘できる。内外地の工場や関連会社などを通じて，海外市場にも展開していたことがうかがえる。例えば，豊年製油では満洲の大豆資源→大連工場および内地工場→内地消費というチェーンの展開が明瞭に認められ，予察的類型がよく当てはまるものもあったが，内地向けと並行して北米向け輸出も活発であった日本製油や，関連会社を通じて商品をアジア市場に投入した明治製糖など単純な構図ではなく，複雑なチェーンが構築されていたことがうかがえる。なお，図中には表現していないが，日中戦争が始まって以降は軍の強い影響下での海外事業を余儀なくされたことは多くの企業で認められた。

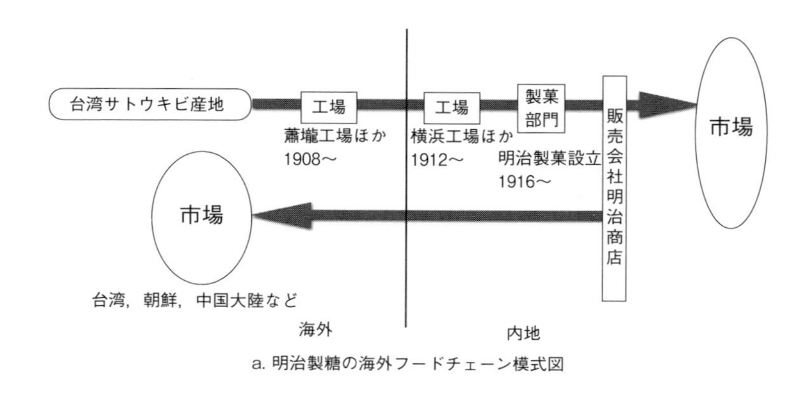

a. 明治製糖の海外フードチェーン模式図

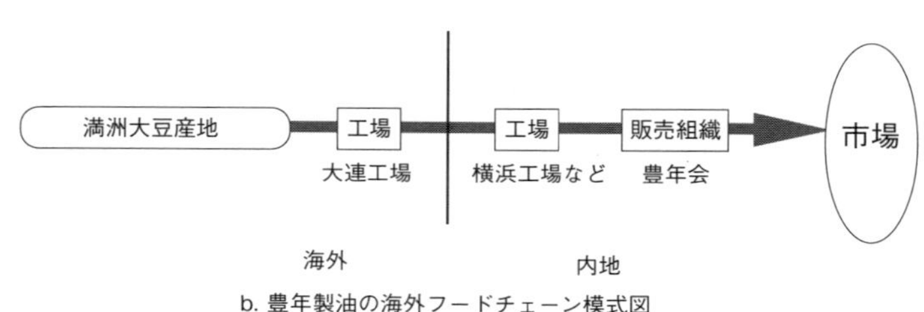

b. 豊年製油の海外フードチェーン模式図

図3-1　食料資源調達のフードチェーンの模式図

3.　水産資源の調達

次に海外からの水産資源の調達に着目し，大洋漁業と日本水産を取り上げる。

1）大洋漁業

大洋漁業についてはその社史『大洋漁業八十年史』(1960)からその海外展開を把握する。林兼(当時)が新漁場を求めて朝鮮に進出したのは1907年のこととされる。発動機船を使って鮮魚のまま内地市場に運搬することを狙ったものであった。これに端を発する日朝間鮮魚運搬はその後拡大し，1907年に6隻であった発動機運搬船は，4年後に19隻，1919年には300隻以上になっていたという。また，林兼の仕込漁船も1909年頃には200～300隻，1910年代半ばには1000隻を超える規模に達したという。朝鮮での根拠地は当初サラン島，その後羅老島に移り，半島南部の多島海，および東海岸(方魚津(現・蔚山市)，九竜浦(現・浦項市)，江口(慶尚北道))に展開した。1921年には北洋漁業に

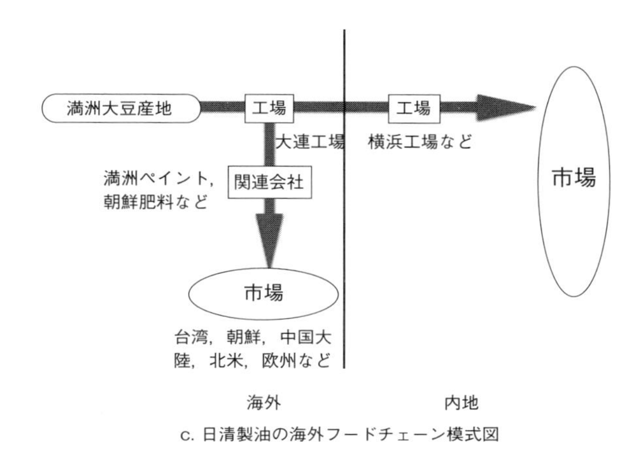

c. 日清製油の海外フードチェーン模式図

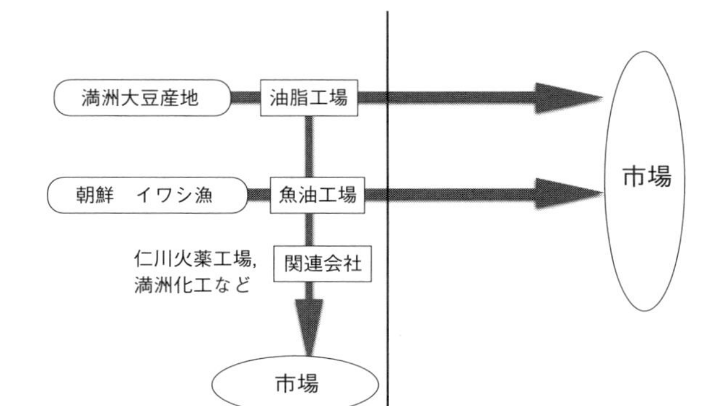

d. 日本油脂の海外フードチェーン模式図

図3-1　つづき

進出し，サケ・マスの買い付けと運搬をはじめ，1933年にはカムチャツカでも操業を開始するとともに北千島に缶詰工場を建設する。しかしながら，同社の北洋漁業は軌道にのることなく，他社に移管されていく。1935年には北洋漁業から手を引き，南氷洋捕鯨にと乗り出し，1936年秋に船団を出漁させている。この南氷洋捕鯨は1941年まで続けられるものの，戦争の激化にともない，捕鯨母船は軍に徴用，撃沈されることとなる。同様に戦時体制のもとに海外事業に組み込まれていく。

台湾進出は1925年の機船底びき漁業のために基隆，高雄への駐在員の派遣に始まり，基隆に台湾支店を設置，1932年からは造船，缶詰工場，冷蔵庫を設けるほか，台南には内地のトマトサーディン缶詰に充当するためのトマトケチャップ工場を建設した。1941，42年の最盛期には高雄を根拠とする直営機船底びきは21組，42隻を数え，関連会社として設立した西台湾水産株式会社も6隻の底びき船を経営した。しかし，1943年の水産統制令をうけ，南日本漁業統制会社に事業が統合させられる。

満洲では1934年に新京に事務所を開設したのを皮切りに，各地に出張所，営業所を置いて，冷凍・冷蔵庫の整備をはじめ，漁業，畜産，農業と食料の現地生産や集荷に従事した。畜産開発としては興安北省三河で牧場を経営し，バター工場を設けたほか，孫呉，チャムスでも牧場を経営，白城子では畜産加工と臓器製剤の製造工場を，チチハル，チャムス，ハルビン，延吉，牡丹江などに畜産処理施設，牡丹江に石鹸工場，公主嶺に人造バター工場を有していた。農事部門では海倫，白城子で澱粉製造，公主嶺，吉林省では植林事業を実施している。さらに1938年にはハルビンに漁業部を設置し，内水面漁業経営に着手する。翌39年には満洲里に興安水産株式会社，1942年にはチチハルに竜江水産株式会社を設立する。しかし，1945年には全満洲の淡水魚の統制会社である満洲水産株式会社となる。他方，海面漁業では1944年に営口を拠点として機船底びき網漁業を開始している。

先の事例と同様に，同社も戦時色が強まると軍や統制令の影響を受けるようになる。1937年に日中戦争が始まると，同社でも軍とともに進駐し，天津，青島，北京と本部を移動させながら，占領地に11の出張を設けたという。その後，1943年までに120名の社員，500名の工員が北支・中支の食料供給・陸海軍の食料納入事業に従事したとされる。具体的には天津から，北京，青島，石家荘，太原などの主要駐屯地に出張所を置き，供給網を形成した。内地からの冷凍魚は天津，青島に冷凍運搬船を用いて月に5～6回の搬入を行ったとある。また，鮮魚のみならず，サイダー，醤油，ブドウ酒，冷凍鶏卵，冷凍牛肉なども納入したという。ほかに，1939年に海軍の封鎖下にあった渤海沿岸と山東沿岸の漁業権許可を得て，山東半島の威海衛，石島を拠点とした操業を開始するとともに石島に冷蔵庫を買収して，現地での供給を行っている。1942年には青島に設立された山東漁業統制株式会社など各地で統制会社が作られ戦時体制に組み込まれる。ほかに華北の陸軍納入事業一元化のために林兼北支営業所と日本水産北支営業所を合併して北支凍魚組合を設立，さらに華北水産畜産統制協会の設立などがある。また，1939年には軍の要請で広東魚市場の組織に参画し，同年に海南島が占領下に入ると同島楡林を根拠地として南シナ海の漁業経営を行っている。

これとは別に1938年にはメキシコ政府から漁業許可を得て，冷凍母船を中心にした船団をエビ漁に出漁させている。2年間で約1,500トンの冷凍エビを得，そのうち1/3を米国市場に輸出し，残りを内地向けとしている。南方ではスラバヤ営業所がマグロはえ縄など25隻，小型大敷網などの事業を行うとともに農水産加工も手がけた。ラングーン営業所もマグロはえ縄など15隻のほか，製氷，畜肉冷凍，造船工場などの事業を行った。シンガポール営業所は9隻でマグロ・カツオ漁，ほかに製塩工場，水産加工，塩干魚製造，集荷を行った。ラバウル営業所は10隻でマグロ漁業，ブーゲンビル島方面への漁獲物の供給，製氷工場の経営を行った。他に，プノンペン，マカッサル，タバオ，サイゴン，マニラ，バンコック，バタンなどにも営業所を置き漁業，冷凍冷蔵，食品加工などを展開した。

2）日本水産

『日本水産50年史』(1961)および『日本水産百年史』(2011)により戦前の海外展開を把握する。前身である「共同漁業株式会社(その前身は田村汽船漁業部)」が日本産業株式会社の傘下に入り，1937年に日本水産株式会社に社名を変更して以降，事業が拡大していく。当時の同社は①トロール漁業，母船式カニ漁業，母船式捕鯨業，近海捕鯨業，②製氷，冷凍，冷蔵事業ならびに水産加工業，③水産物販売業，④それらに関連する投資事業の4つの部門を有していた。1940年の所有船舶数は237隻，総トン数144千トンになり，朝鮮，台湾，中国全土および樺太でも事業を展開している。さらに投資会社は1927年に10社だったものが40年には157社(漁業関係13社，製氷冷蔵関係59社，販売関係45社，加工関係9社など)に上り，海外事業も少なくない(表3-2)。1935-36年度から

表3-2 日本水産の主な投資会社(1940年)

社 名 (株式会社を省略)	資本金 万円	払込資本金 万円	本社所在地	事業概要
関東水産	150	37.5	旅 順	底びき網漁船20隻
合同漁業	550	550	小 樽	定置網
拓洋水産	200	200	高 雄	底びき網漁船7隻
日満漁業	100	100	大 連	底びき網漁船20隻
日東漁業	100	70	下 関	大型底びき網漁船28隻
日之出漁業	100	64	下 関	トロール船5隻，底びき網漁船6隻
北洋水産	645	645	函 館	北千島サケ・マス漁業
ボルネオ水産	250	140	東 京	タワオ(ボルネオ)でカツオ・マグロ漁業
共立水産工業	400	235	横 浜	水産皮革の加工販売
東部水産	100	100	花 蓮	台湾東海岸での魚市場代行業務，製氷冷凍業
日本水産研究所	100	25	小田原	水産に関する調査研究
日本漁網船具	200	200	東 京	漁網船具の製造販売 漁業燃油の配給

資料:『日本水産50年史』

船団を編成し，南氷洋捕鯨に出漁するとともに，1940年度から北洋捕鯨にも出漁している。また，1928年の共同漁業時代から海外トロール漁場の開発に取り組み，トンキン湾，ベーリング海，豪州沖，カリフォルニア湾，アルゼンチンにまで出漁している。これらは内地需要に向けられるとともに，海外市場にも送られた。例えば，豪州北西沖で操業したトロール船5隻は漁獲の一部を海峡植民地に販売，カリフォルニア湾のエビ漁の半分を北米に，漁類はフィレーとして北米に販売したとある。1935年に設立した日満漁業株式会社は大連を根拠地に渤海や黄海でエビを買い付け，1934年設立の南洋水産株式会社はフィリピンのザンボアンガ(ミンダナオ島)を根拠地にカツオ・マグロ漁業を展開し，現地法人で缶詰加工を行った。また，1929年設立の蓬莱漁業公司は香港を拠点としてトロール，底びき網漁業を展開し，1936年から大昌公司と提携して実施したシンガポールを拠点とした事業では，シャム湾，ベンガル湾，豪州沖などで操業するとともに，カラチ沖，ペルシャ湾でも試験操業を行っている(口絵写真9)。

以上のような積極的な海外事業の一方で，全国的な販売組織の確立も目指され，具体的には冷蔵部門の全国的な配置が進められた。1936年には営業所3，販売所11，出張所28，事業所12を設けるとともに，朝鮮，台湾，上海などにも営業所1，出張所28，事業所12を設けた(口絵写真11)。この鮮魚販売会社が

1937年に共同漁業に吸収され，その販売部門となる。同様に前身を日本食料工業株式会社とする冷蔵部門も東京本社に東京，大阪，戸畑の3事業所を置き，台湾，朝鮮を含めた9支店に出張所は24，製氷冷蔵工場は206工場に上った。

戦争が始まり，1942年の国家総動員法に基づく水産統制令が施行され，同社も同業他社とともに帝国水産統制株式会社へと組み込まれていく。また，1943年には日本海洋漁業統制株式会社，1944年には南日本漁業統制株式会社（主に台湾での事業）と相次いで統制会社が設立され，その枠組みでの事業を営んだ。

以上を模式化したものが図3-2である。両社ともに各地，各海域からの水産資源の調達に積極的だったことがうかがえる。特に日本水産は各地で事業を展開すると同時に，販売網と製氷冷蔵工場の設置など資源の獲得から加工，販売に至るコールドチェーンを内地にとどまらず広く海外においても構築しようとしていたことがうかがえる。また，戦中期に入ると統制が進む中で，前項同様にその体制に組み込まれていったことも指摘できる。

Ⅲ　市場開拓型チェーンの展開（海外市場への供給）

ここでは海外の市場を指向するチェーンを検討する。取り上げるのはキッコーマン株式会社，味の素株式会社，大日本麦酒株式会社である（以下，株式会社の表記を省略）。

1. 調味料企業の海外市場開拓

1）キッコーマン

キッコーマンの社史『キッコーマン醤油史』（1968）および『キッコーマン株式会社八十年史』（2000）から，同社の戦前の海外展開を把握する。同社の戦前の仕向地別出荷量で最大が中国でそれに米国が続くという状況が認められる（表3-3）。また，これとは別に植民地であった台湾と樺太にも移出されていたことが記されている。台湾への移出は1902年ごろよりはじめられ，その後1927年には特約店13店をもって亀甲萬醤油台湾移入組合を結成，29年には亀甲萬醤油販売株式会社となる。一方，内地では1931年に大阪工場を竣工し，台湾向

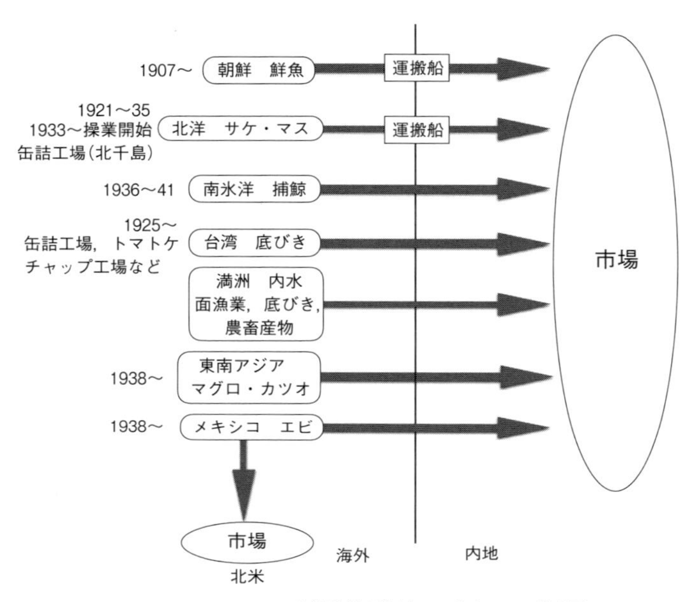

e. 大洋漁業の海外フードチェーン模式図

注：図のチェーンとは別に満洲をはじめとした中国大陸で関連事業を展開し現地市場に食品等を供給した。

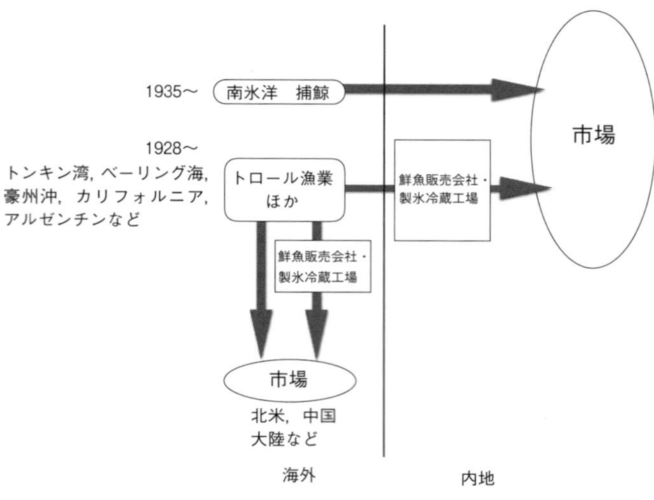

f. 日本水産の海外フードチェーン模式図

図3-2　水産資源調達のフードチェーンの模式図

表 3-3　キッコーマンの戦前の仕向地別輸出量

単位：kL

	1938年	1939年	1940年	1941年
アメリカ	3,024	3,680	2,367	1,280
（米本土）	1,500	1,951	1,217	418
（ハワイ）	1,524	1,729	1,150	862
カナダ	113	146	90	31
南アメリカ	66	27	55	16
オランダ	13	17	12	7
フィリピン	358	472	335	189
中国	3,324	3,956	3,335	2,732
委任統治諸島	447	527	538	508
合　計	7,345	8,825	6,732	4,763

資料：『キッコーマン株式会社八十年史』（原資料は野田醤油統計資料）
注：原資料単位はトン，1トン＝4.6石を基礎にkLに換算したもの。

けの販売を大阪出張所が所管し，神戸から積み出した。1929年には640 kL（キロリットル）であった台湾への移出量は36年には3,200 kLと大きく増加している。これは台湾南部へと市場が拡大したことによるとされている。1937年以降は統制の強化により，移出が減少し，1942年の台湾総督府による台湾醤油配給組合の設立にともない，亀甲萬醤油販売株式会社は43年に解散，台湾移出も44年をもって終了する。一方，樺太へは入植者向けの醤油を小樽や函館から積み出していたが，戦時統制のもとで1941年に樺太キッコーマン醤油配給株式会社を設立し，配給統制に協力したとされる。

海外生産拠点については，1925年に同社の所有となった仁川工場と京城工場にはじまる。これらは元々1905年に設立された日本醤油株式会社の工場で，1925年に同社の傘下となったものである。この時，京城に朝鮮支店を設け，それまでは特約店に依存した満洲と朝鮮の醤油販売を同社が直接扱うようになった。続いて1926年にはほまれ味噌を買収し，奉天出張所とし，1936年には満洲国法人野田醤油股份有限公司を設立する（1938年に満洲野田醤油株式会社に改称）。これは満洲国の建国以後の日本人移住者，駐留者の増加に対応するものであったとされる。さらに1941年には北京工場を竣工させ，醤油と味噌の製造を行った。また，同年には同社において朝鮮，満洲，華北の事業を統括する外地部を設けている。

1942年以降は政府や軍からの国策への協力が求められるようになり，国策

表3-4　キッコーマンの終戦時の海外拠点の生産能力

	醤油の生産能力：kL	味噌の生産能力：トン	従業員数	現場作業員数
仁川工場	1,840	3,340	188	173
京城工場		2,008	49	42
奉天工場	1,830	3,300	246	220
海林工場	1,150	1,724	71	65
北京工場	630	1,658	159	150
昭南工場	3,590	4,200	441	430
クアラルンプール工場	110	972	52	50
メダン工場	1,200	1,200	357	350
シボルガ工場		350	27	25
朝鮮出張所(ソウル)			13	
華北出張所(北京)			9	3
昭南出張所(シンガポール)			2	

資料：『キッコーマン株式会社八十年史』

事業としての海外展開が中心となる。まず，1942年末に牡丹江省(黒竜江省)寧安県に海林醸造工場を建設し，翌年から出荷をはじめたとされる。これは満洲の軍需に対応するものであったという。太平洋戦争の開戦後は占領地での醸造施設の建設が求められるようになり，シンガポール(工場開設1943年)，クアラルンプール(1943年)，スマトラ島メダン(1943年)，同シボルガ(1944年)に工場を開設した。なお，終戦時に保有していた海外生産拠点は表3-4のとおりである。

2) 味 の 素

『味の素沿革史』(1951)，『味に生きる』(1961)，『味の素株式会社社史』(1971)，『味の素グループの百年』(2009)（Web版：『味の素グループの100年史』http://www.ajinomoto.com/jp/aboutus/history/story/）からその海外展開を把握する。商品としての「味の素」の生産・販売が始まったのが1909年，海外市場の開拓も早く，1910年から台湾と朝鮮での販売を開始，1910年代半ばには中国大陸へ進出する。また，1917年にはニューヨークに出張所を置いている。表3-5に示すようにその後の輸移出は拡大する。台湾と朝鮮では特約店を通じた宣伝活動を展開，1929年に台北事務所，1931年に朝鮮事務所を設けている。台湾では食堂や屋台等で使用され，現地の食生活に浸透したことが拡大の背景にある。一方，朝鮮では当初現地在住の日本人の消費を前提にしており，現地での需要が台湾ほどには大きくならなかった。中国でも1918年に上海の疎開に出

表3-5　味の素の輸移出高

単位：トン

年	台湾	朝鮮	満洲(関東州を含む)	中国	南洋	アメリカその他	計
1918	12	5		4			21
1922	29	17	10	10	1	2	69
1926	50	29	18	23	7	9	136
1927	58	40	21	27	9	11	158
1928	79	42	27	29	5	14	195
1929	102	48	30	66	4	9	258
1930	112	51	24	62	5	4	257
1931	113	58	24	39	5	4	243
1932	156	67	54	12	5	16	310
1933	175	80	94	34	15	37	434
1934	261	103	121	72	22	220	798
1935	359	136	155	90	36	231	1,006
1936	483	175	207	84	38	291	1,278
1937	546	218	278	98	29	341	1,510

資料：『味の素グループの100年史』

張所を開設し，台湾同様の市場拡大を目指すが，折からの日貨排斥運動を受けて，順調ではなかった。満洲方面では1910年代に市場が形成されてくるが，対象は日本人消費者であったという。現地向けの需要の開拓が進むのは1920年代に入ってからで，1925年に現地向けの新聞広告や宣伝を開始したとある。さらに1927年には大連に駐在所をおくとともに，現地の大連化学工業所を買収，昭和工業株式社を設立して現地生産に着手する。また，1927年にはシンガポール事務所と香港事務所を設置し，フィリピン，タイ，ビルマ，マレー方面，広東，香港後面への販売拠点としたとある。主に華僑を中心とした需要の獲得を目指したものであった。

1930年にはいると米国向け輸出が拡大(表3-5)するとともに，アジアでの販売組織の整備を進める(口絵写真6, 7)。具体的には1929年開設の台北事務所を1934年に出張所に昇格させるとともに，1935年には専売店制度を実施し，台湾市場を拡大していく。満洲でもそれまでの在住日本人を対象にしたものから，広く現地の人々を対象とした販売促進活動を展開することで市場の拡大をみる。1931年には大連事務所を開設，現地生産した商品を奉天市で包装して満洲各地へ出荷する仕組みを整えた。満洲国の建国後は1933年にハルビン事務所，奉天事務所を開設し，台湾に次ぐ市場に成長する。なお，急速な需要の伸びに大連工場の生産が追いつかず，日本からの貿易で賄ったため，移出量も増えたとある。1935年には天津工業株式会社を設立し，1937年から工場が創業を開始する。さらに1939年には満洲農産加工業株式会社を奉天に設立，当初は満洲，中国の需要のみならず南方や米国にまで輸出する計画であったというが，戦争が進行するとともに原材料不足に悩まされることとなる。また，1938年に天津味の素社，1939年に上海味の素社を現地法人として設立し，現地での販売をゆだねている。これにともない天津出張所と上海出張所は輸入業務に特化する。米国での販売は在米日系人を対象としたものであったが，1930年以降積極的な販売促進活動も展開する。1930年代後半には日系，中国系の多い西海岸諸州で需要が拡大し，1936年はロサンゼルス事務所を開設している。

中国での市場拡大にともない，1939年には奉天に新工場の建設を開始し，1941年に創業を開始する。しかし，戦争の進行とともに原料の確保が困難な状況に陥る一方，占領政策の元で軍の委託を受けて上海工場，香港工場を経営する。さらに戦時下の川崎工場の生産事情の悪化により，台湾への移出は1943年に停止，販売会社も解散となる。同様に朝鮮でも供給が困難になり1943年に販売会社は解散している。中国でも1944年に上海工場の売却，1945年2月に上海出張所の閉鎖（天津出張所は終戦まで存続）と戦争の進行にともなって，海外事業は縮小する。満洲や米国でも同様で，1942年にはハルビン事務所，1943年には奉天事務所が閉鎖，1944年に大連工場を満鉄に譲渡，1945年3月に大連事務所が閉鎖となる。1941年の在米日本資産の凍結により，対米輸出が不可能になると，ニューヨーク出張所とロサンゼルス事務所を閉鎖している。

2. 飲料企業の海外市場開拓

1）大日本麦酒

同社は1906年に大阪麦酒，日本麦酒，札幌麦酒が合併して誕生した企業で，それぞれアサヒ，エビス，サッポロの商標を引き継いでいる。ここでは『大日本麦酒株式会社三十年史』（1936），『Asahi 100』（1990），『サッポロビール120年史』（1996），からその海外展開を把握したい。合併時の基本方針として，原料の国産化と輸出拡大がうたわれている。前者は原料のみならず，製造設備

表3-6　日本のビールの仕向地別輸出量

単位：石

年	輸出高	仕向地							
		満洲	関東洲	支那	香港	英領印度	海峡植民地	蘭領印度	その他
1926	22,454		3,937	6,536	1,884	3,815	1,638	2,866	736
1927	37,303		5,918	17,626	2,701	4,459	2,214	3,637	748
1928	41,017		9,835	14,757	2,436	5,581	1,613	5,614	1,181
1929	39,156		12,200	8,591	2,291	8,069	1,303	4,941	1,761
1930	38,634		11,004	7,866	3,136	7,625	1,887	4,167	2,949
1931	36,637		9,030	7,349	2,312	7,551	1,501	2,828	6,066
1932	68,812	5,476	20,542	16,043	1,610	10,375	1,292	8,856	4,618
1933	132,373	15,988	37,944	12,647	1,676	16,255	1,317	29,944	16,602
1934	118,009	21,937	48,874	11,670	2,188	11,176	2,033	4,209	15,922
1935	135,107								

資料：『大日本麦酒株式会社三十年史』
注：1935年は総量のみ。

の国産化を目指すものであり，後者は国内の麦酒販売の競争から脱する必要，日露戦争の勝利による海外利権の拡大を反映したものといえる。1906年の輸出量は24,400石(約4,400kL)で，製造量の22%に達したとされる。その後，日本のビール輸出は昭和初めにかけて拡大する(口絵写真10)。表3-6からは，英蘭の植民地向け輸出も認められるが，主たる輸出先は中国大陸であったことがうかがえる。同社の海外展開は表3-7に示されるが，海外製造拠点は1916年の買収による青島工場が端緒となる。その後，上海や東南アジアで工場を経営するが，その少なからずが日本軍の占領にともなうものであった。また，並行して台湾や満洲などアジア各地で合弁会社を置き，昭和以降の海外展開は活発であったといえるが，同様に占領政策の一環であるものも少なくない。

そうした中で，1933年の朝鮮麦酒株式会社の設立に着目したい。軍管理工場の受託などの占領政策とは異なるためである。朝鮮進出はその10年以前より計画されていたものが，昭和初期の不景気により，遅延していたという。その設立趣意書には日本からの麦酒の移入税を回避すること，朝鮮における需要の増加，満洲国への輸出，労働賃金の安さ，原料大麦の栽培適地であることなどが挙げられている。1934年に朝鮮麦酒の発売を開始し，その製造量はピークの1939年に49,189石に達する(表3-8)。また，出荷された製品のかなりの部分は満洲向けであったという。一方，1934年には麒麟麦酒との折半出資によっ

表3-7　終戦時の大日本ビールの海外拠点とその設立，開設年

設立・開設年	海外事業所・工場・軍受託工場名称	備　考
1911頃	中支事務所	1942年改称，旧出張所
1916	青島工場	アングロ・ジャーマン・ブルワリーを買収
1916	北支事務所	1944年改称，旧青島出張所
1934	大連出張所	1941年改称，旧満洲出張所
1938	天津出所	1944年改称，旧出張員詰所
1939	北京出張所	1944年改称，旧北京出張員事務所
1939	上海工場	清涼飲料水工場
1940	南支出張所	1942年改称，旧軍管理広東ビール，飲料廠・受託
1941	満洲支店	
1942	上海麦酒工場	軍管理ユニオンブルワリー会社工場・受託
1942	サンミゲルビール(株)	マニラ，軍管理工場・受託
1942	比律賓製氷冷蔵(株)	マニラ，サンミゲルビールの子会社
1942	南方事務所	シンガポール
1942	昭南工場	シンガポール，軍管理アーキペラゴビール会社・受託
1943	昭南サイダー工場	シンガポール，軍管理フレーザーアンドニーブ飲料水製造工場・受託
1943	メダン出張所	
1943	メダンサイダー工場	スマトラ，軍管理フレーザーアンドニーブ飲料水製造工場・受託
1943	ブラスタギ駐在員詰所	スマトラ，元オランダ人バラ園
1943	シダマニック工場	スマトラ，受託
1944	クアラルンプールサイダー工場	マレー，軍管理フレーザーアンドニーブ飲料水製造工場・受託
1944	ペナンサイダー工場	マレー，軍管理フレーザーアンドニーブ飲料水製造工場・受託
1944	メダン製酒工場	スマトラ，軍管理工場・受託
1945	ペナン酒精工場	マレー，軍管理ゴム工場を転用
設立・開設年	**海外合弁会社名称**	**備　考**
1922 応募	台拓化学工業(株)	嘉義
1933	朝鮮麦酒(株)京城出張所	1914年大日本麦酒出張所として設置
1934	満洲麦酒(株)	奉天，麦酒共販会社を通じて出資
1936	同上第1工場	奉天，大日本麦酒管理
1936	同上第2工場	奉天，麒麟麦酒管理
1944 開設	製びん工場	奉天
1937	バリンタワク麦酒醸造(株)	フィリピン，ブラカン州，本社および工場
1938	北京麦酒(株)	北京　1944年工場竣工出荷開始
1939 応募	第二日本硝子(株)	京城
1939 応募	高砂麦酒(株)	台北　1919年設立
1940 応募	台湾硝子(株)	台北
1940 応募	哈爾濱麦酒(株)	ハルビン
	同上香坊工場	ハルビン
	同上サニタス工場	ハルビン
	綏芬河工場	
	牡丹江工場	1943年建設着手
	一面坡工場	浜江省
	新京工場	1942年建設着手
1941 応募	朝鮮酵母(株)	京城
1941 買収	日華醸造(株)	青島
1942	中華実業(株)	上海
1942	青島硝子工業(株)	青島
1942 応募	大満洲忽布麦酒(株)	ハルビン
	同工場	ハルビン
1943	康徳硝子工業(株)	ハルビン
1943	桜葡萄酒(株)	通化，桜麦酒合併により継承
1943	中国麦酒(株)	上海，桜麦酒合併により継承
1943	上海麦芽製造(株)	上海，桜麦酒合併により継承
1943	(株)松華瓶蓋廠	上海，桜麦酒合併により継承
1944 応募	満洲酵母工業(株)	奉天
1944 買収	豊国醸造(株)	青島

資料：『サッポロビール120年史』

表3-8　朝鮮，満洲へのビール輸移出量と朝鮮麦酒，満洲麦酒のビール製造量の推移

単位：石

年	対朝鮮移出量	対満洲輸出量	朝鮮麦酒製造量	満洲麦酒第1工場製造量	備　考
1929	12,568	11,459			
1930	11,161	9,602			
1931	9,691	8,192			
1932	9,282	15,587			
1933	14,677	32,594			
1934	7,261	41,800	8,274		朝鮮麦酒出荷開始
1935	242	47,213	18,734		
1936	495	49,358	26,536	12,645	満洲麦酒工場稼働
1937			34,742	19,238	
1938			40,594	41,561	
1939			49,189	60,721	
1940			35,333	60,542	
1941			43,591	62,728	
1942			45,521	73,045	
1943			47,050	71,542	
1944			49,659	58,626	
1945			12,287	16,532	

資料：『サッポロビール120年史』(原資料は大日本麦酒「工場別ビール製造量推移」および同「ビール輸出関係統計」)
注：輸移出量の1937年以降は資料なし。

て奉天市に満洲麦酒株式会社を設立，1940年には哈爾濱麦酒株式会社から販売を受託，1942年には新京工場，43年には牡丹江工場の建設に着手，1942年に大満洲忽布麦酒株式会社(ハルビン市)に資本参加など，満洲での事業を展開した(表3-7)。このほか，1938年には同社が主体となって北京に北京麦酒株式会社を設立，1941年に工場建設に着手，1944年7月に竣工，10月に出荷を開始している。

台湾においては1939年に麒麟麦酒，桜麦酒とともに高砂麦酒株式会社の経営に参加する。その背景として同社史には以下が指摘されている。高砂麦酒は1919年に台北市に設立され，アメリカの禁酒法下で不要になったハワイの麦酒工場の設備を購入し翌年から操業を開始する。しかし，品質に問題があり，日本からの移入ビールとの競争に勝てなかったことである。さらに，1937年には三井物産等と共同で，フィリピン，マニラ北郊にバリンタワク麦酒醸造株式会社を設立する。これは当時フィリピンが国内産業保護のため，ビールの輸入関税を大幅に引き上げようとしていたことに対応したものであるとされてい

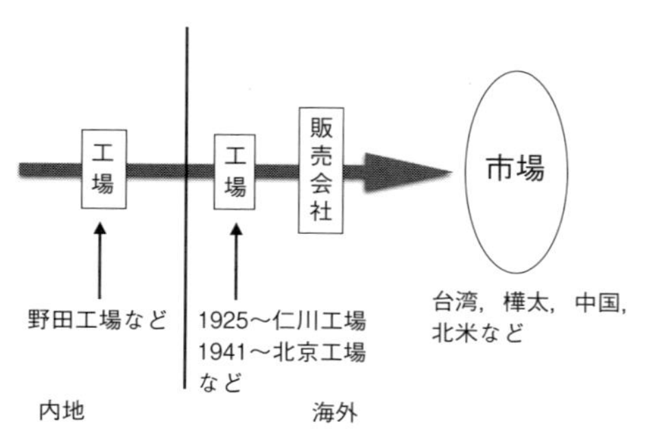

g. キッコーマンの海外フードチェーン模式図

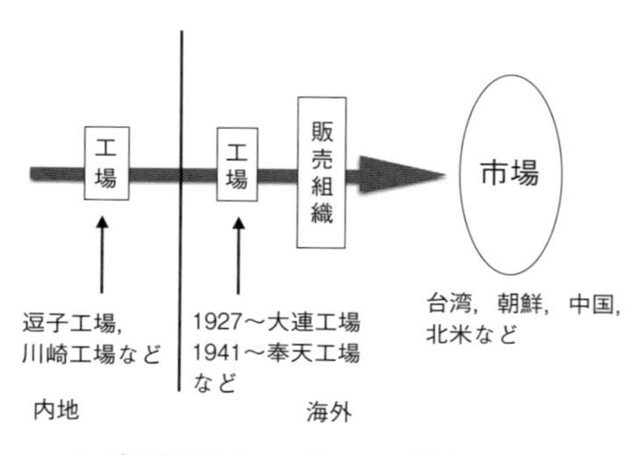

h. 味の素の海外フードチェーン模式図

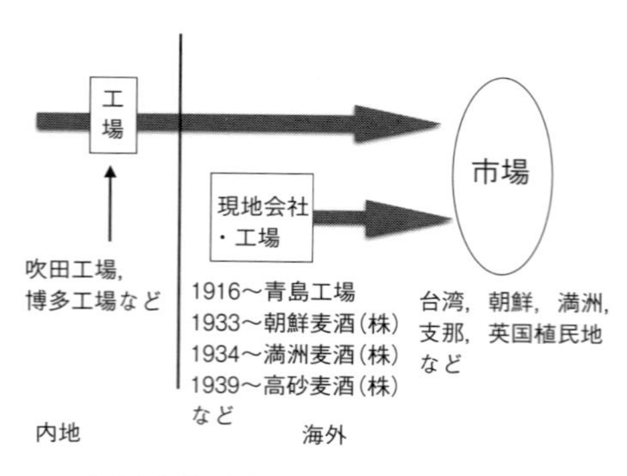

i. 大日本麦酒の海外フードチェーン模式図

図3-3　商品輸出型のフードチェーンの模式図

る。日中戦争の始まりとフィリピンで経済的な力を持つ華僑の対日感情の悪化の中，1938年にBBBビールの商標でビールを発売する。その後太平洋戦争が始まると社員の収監，日本軍のマニラ占領後の製造再開，サンミゲルビールの軍による接収とその経営受託，米軍の反攻と終戦と推移する。以上のように同社は海外市場向けの輸出を展開する一方で，海外にも工場を展開したことがうかがえる。

以上のキッコーマン，味の素，大日本麦酒の各社のフードチェーンを模式化したものが図3-3である。図II①下段に示した内地から海外市場へという骨格はいずれにおいても認められる。また，3社ともに海外で工場を展開するとともに，その市場も朝鮮や台湾などの植民地だけでなく，中国大陸や北米大陸，さらに東南アジアなどと広がりをみせ，多様なフードチェーンを構築していたことがうかがえる。前項同様に資源調達や市場獲得の単純な図式にとどまるものではない。ただし，前項でみたとおり，戦争が始まり日本軍が占領地を広げていく過程で，その影響下で事業を展開せざるを得なかった側面も認められる。

Ⅳ　戦前の日本食品企業のフードチェーン

先に図II①によって海外展開するフードチェーンの大枠を示した。内地市場に食料資源を供給するタイプのものと，海外市場への商品の供給を目指すタイプの2つである。第3章ではそれぞれのタイプについて複数の企業の社史に基づいて，戦前の日本食品企業の海外展開を把握した。そこから得られた戦前のフードチェーンは，概ねこの2つの枠組みで把握できるものの，実際には図3-1，2，3に示されるように極めて多様な形態が認められた。

概ね，海外からの資源調達と海外での市場開拓という枠組みで把握できる一方，想定し得ないタイプのチェーンの存在を指摘することもできる。例えば日清製油や日本油脂などでみられたように，海外産地から内地を経由せずに直接海外市場を目指した商品出荷，日本水産に見られるような製氷・冷蔵施設を用いた鮮魚のコールドチェーンを構築し，漁獲からその消費までのチェーン全体を経営しようとする動きなどである。これは内地から海外，あるいは海外から内地という二項対立的なフードチェーンの構図ではなく，内地・海外の枠組みを問わずに構築されたチェーンとみなすこともできる。そこには海外産地から海外市場という全く内地を経由しないチェーンの構築も含まれ，実際にそうした取り組みが戦前から展開されていたことも指摘しておきたい。また，製糖，製油のような資源調達型の企業も積極的に海外市場への供給を展開したこと，さらに味の素のように当初は内地からの移住者の需要に対応するべく進出したものの，その後現地市場への供給にシフトした企業の存在など，戦前に日本企業が構築したフードチェーンは決して単純ではない。国策としての植民地米の増産，あるいは台湾からの砂糖や満洲からの大豆などの食料資源の調達は確かに当時の日本の食料需給上で重要な意味を持っていたことは疑いがない。しかし，それ以外にも多様なフードチェーンが構築され，併せて日本の食料需給を支えていたといえる。

また，食料調達と同時に海外，特にアジアにおける海外市場の開拓に少なからぬ食品企業が関わっていたことは，インバウンドだけではなく，双方向的な流れを持ったフードチェーンであったことを指摘できる。個別の企業は巨大財閥などとは別の形態の海外事業を展開し，積極的に海外市場へ進出し，一定の販路を確保していたといえる。こうした状況を他地域，他品目においても確認することができれば，戦前の日本企業のアジア進出を従来の資源調達や植民地支配とは異なる視点から位置付けることができる。それを担ったのは巨大な国策企業ではなく，酒類や調味料，菓子など日常の食生活を支える多様な食品企業であった。それは一方的な資源の調達ではなく，文化の輸移出と受容という側面も持っていたと考えられる[5)]。

今日，日本の食品企業の海外展開は世界的な和食ブームの広がりとともに注目されることも少なくなく，多くの日本企業が積極的な海外展開を行っている。しかし，戦前の企業もそれに劣らず，海外市場に自社製品の販路を広げる活動を展開していたのである。日本の食品企業の海外展開の端緒は少なくとも20世紀初頭にまでにさかのぼることができ，日本の植民地政策さらには占領政策とも少なからぬ関係を持ちつつ展開していたのである。また，当時日本の食品企業が築き上げたフードチェーンは敗戦とともに失われてしまうわけであるが，今日とも比肩しうる世界大の広がりと東アジアにおける強い影響力を有していた。このように今日の企業の海外市場の開拓，生産拠点の移転といった活動のルーツは戦前にまでさかのぼることができる。しかし，その全容は十分には明らかにされていない。今後は個別の企業を取り上げた事例研究の深化が目指される。例えば，どの時期から工場を海外に展開したのかなどの分析の精緻化や工場のみではなく海外での販売組織の展開なども重要な検討要素となる。加えて，多くの食品企業が戦時体制，統制令のもとでの海外展開を実施せざるを得ない状況にあったことも指摘しておきたい。日本軍による占領地の拡大にともない，軍へのさまざまな物資の納入をこれらの企業が担ったことがうかがえる。それは同時に，日本軍の後退とともにこれら占領地に展開した食品企業が少なからぬ人的，物的被害を被らざるをえなかったということでもある。戦時体制下の動きは，簡単にそれまでの展開の延長線上に位置付けるわけにはいかない。ただし，こうした側面の検討が十分に進んでいるわけでもない。

---

5) ここで指摘したフードチェーンの多様性，すなわち植民地米や台湾の砂糖，満洲の大豆以外の食料供給，あるいは海外市場への日本食品の展開という側面については，このあとの第4章，第5章において論じる。

第4章　新義州税関資料からみた戦前の朝鮮・満洲間粟貿易

――日本の食料供給システムの一断面――

第4章では日本の近代化を支えた工業労働者への食料供給はどのようにして担われたのかという問題意識[1)]から，戦前期の多様な東アジアの農産物・食料貿易の一端を明らかにしたい。第1部では日本の食料の海外依存は近年始まったものでも，高度成長期以降に始まったものでもないこと，その起源は1900年頃にまでさかのぼり，終戦までは主に東アジアを中心とした地域からの食料供給が日本の近代化を支えたことを描き出した。特に1920年代から30年代にかけては，朝鮮と台湾を中心とした植民地からの米の安定供給体系の確立が目指された時期で，植民地米は米価の低位安定と内地農村の疲弊という問題をはらみつつも，内地の需要，すなわち都市住民や工業労働者への食料供給を担ったことは多くが指摘するところである(大豆生田 1993a，b; 河東 1990; 樋口 1988)。また，戦前においても日本学術振興会としての組織的な研究報告(東畑・大川 1935; 川野 1941)が得られている。それは当時の日本が，内地と植民地という帝国の領域内での安定した米供給を目指した食料貿易の1つの姿でもあった。

しかしながら，それは意図したとおりの食料供給システムであったのだろうか。上述のように，植民地からの米供給については少なからぬ研究成果があり，内地需要がそれによって支えられたことが描き出されている。それでは，植民地の食料供給はどのようにして担われていたのであろうか。植民地内で自給できていたのだろうか。第2部冒頭に示した図II②の朝鮮に輸入される大量の粟，これが図II①に示す内地への食料資源調達のチェーンにどのように組み込まれていたのか。第4章の直接的な関心はここにある。

1)　近代化を支えた工業労働力への食料供給という観点はフードレジーム論に依拠するところが多い(フリードマン 2006; 荒木 2012b)。

I　朝鮮の食料需給における粟

図II②中の364百万斤(約22万トン，石換算では1.5百万石)という粟の輸入量は内地への米の移入量の7.2百万石と比べて大きくはないが，1932年当時の朝鮮の人口が約20百万人，内地の人口が約66百万人であることを踏まえると決して少量ではない。表4-1は同年の朝鮮の穀物需給を示したもので，消費量は麦類，米，粟が3大品目で，特に粟の域外依存の大きさがうかがえる。一方，同様に植民地であった台湾の状況を台湾総督府財務局『台湾貿易四十年表』(1936)からを把握すると，1932年の穀物輸入は米が約40百万斤(約2.4万トン)，小麦も11.4百万斤(約7千トン)にとどまり，その域外依存は大きくない。これらの点から，植民地の食料供給を考える上で，満洲から朝鮮に送られた粟は突出していたといえる[2)]。

ただし，これに対する戦後の研究は決して十分ではない。例えば，山本(2003)は満洲粟が朝鮮の食料需要を支えたことを満鉄の資料を用いて指摘している。しかし，1932年の満洲国の建国後は，満洲からの朝鮮向け食料よりも，日本／朝鮮からの満洲向けの工鉱産品が物流の主力となると結論し，1930年代に果たした粟の重要性には触れられていない。また，朝鮮における「産米増殖計画」を論じた河合(1985)でも，同計画が内地の需要に対応したことを指摘するとともに朝鮮における米消費の後退を描いているものの，米に関する議論が中心で，相当の需要があった麦類や粟についての言及はない。このように戦後の研究では，工業製品や米に主たる関心が置かれ，植民地の食料供給を担った米以外の穀物貿易への言及は限定的である。しかしながら，戦前の文献における扱いは同じではない。内地への米供給を担う朝鮮の農民に対する食料供給については，すでに1920年代から議論が展開されており(河田 1924; 矢内原 1926)，特に矢内原は朝鮮が内地に米を供給する一方，自らの食料供給については外国米や満洲粟の輸入に依存していることを指摘している。また，台湾に

2)　この他に，1932年の内地からの輸移出食料として，米や小麦粉がある。『昭和産業史』による輸移出量は，米が合計76万石(10万トン余)，小麦粉は451百万斤(約27万トン)で，図II②に示す輸移入量に比して決して多くはない。前者は樺太を始め，満洲や中国に，後者は主に満洲(16万トン)と中国(6万トン)に送られていた。なお，藤井(1942)によれば，当時の輸出小麦粉の原料はすべて輸入小麦であったという。

表 4-1　朝鮮の穀物需給(1932年)

単位：百万石

品　目	生産高	輸移入高	輸移出高	年消費高
米	15.9	0.1	7.6	8.4
粟	4.6	1.6	—	6.2
大麦および裸麦	8.5	0.1	0.0	8.5
小麦	1.7	0.4	0.2	2.0
稗	0.5	0.0	—	0.5
蜀黍(コウリャン)	0.6	0.2	—	0.7
玉蜀黍	0.6	0.2	0.0	0.7
黍	0.1	0.1	—	0.1
蕎麦	0.5	0.0	—	0.6
燕麦	1.0	0.0	—	1.0
大豆	4.1	0.2	1.5	2.9
小豆	0.9	0.1	0.1	0.8

資料：朝鮮総督府農林局『朝鮮米穀要覧』

関しては石田(1928)が，蓬莱米を内地に移出した不足分を輸入によって補っていることを論じている。他にも佐田編(1927)のような，朝鮮における満洲粟についてのまとまった成果もある。

無論，山本(2003)が示すように対満洲(国)貿易に占める相対的な多寡からいえば粟の存在は大きくない。実際，大阪府立貿易館『満洲国貿易概況』(1935)によると，1934年の満洲国の対日総輸出額は172.3百万国幣円で，そのうち豆粕が36.9百万国幣円，大豆が31.3百万国幣円と約4割を豆粕と大豆で占めている[3)]。これに対して粟の輸出額は19.9百万国幣円，高粱(コウリャン)は7.3百万国幣円，玉蜀黍(トウモロコシ)が5.0百万国幣円にすぎない。当時の東アジアの貿易の趨勢をみる上では，粟よりも大豆の占める位置が圧倒的に大きいことは事実である[4)]。しかしながら，食料供給という観点に立つとき，貿易収支上の相対的な額の大小でその重要性を論じるべきではないし，工業原料や工業製品の貿易と労働者の食料供給を担う穀物貿易を同列に論じるべきではないという立場をとる。ここでは貿易額の多寡よりも，食料供給上でどれだけの位置を担ったかが重要となる[5)]。実際に表4-1の消費高からは米，粟，大麦および裸

3)　なお，同年の満洲国の大豆の総輸出額は160.3百万国幣円，豆粕は同51.5百万国幣円，豆油は同16.2百万国幣円である。国幣は満洲国の通貨。

4)　塚瀬(2005)も1910年代から30年代にかけて満鉄の貨物輸送のうち農産物のシェア(重量)が20〜30％を占め，さらにその農産物の6割前後を大豆が占めていたことを指摘している。

5)　例えば，今日ほぼ全量を輸入に依存するトウモロコシや小麦の輸入額は総額の1％にも満たないが，それなしには日本の食料供給は維持できない。

麦が穀物需要の中心をなしていることが明らかで，そのうち粟は消費量の約1/4を輸移入に依存している[6)]。こうした点から満洲粟が朝鮮の食料供給上で無視できない役割を果たしていたと位置付けた。

その際，日本・朝鮮間や日本・満洲間という2地域間の食料貿易のみならず，多地域間の枠組みに着目したい。確かに，日本・朝鮮間の米や日本・満洲間の大豆の重要性は変わらないであろうが，並行して朝鮮・満洲間の貿易にも焦点を当てたい。実際，朝鮮・満洲間では圧倒的に粟のシェアが大きく(荒木 2015)，前記『満洲国貿易概況』によれば1934年の粟の輸出額19.9百万国幣円のうち，17.5百万国幣円が朝鮮向けである。満洲からの高粱と玉蜀黍の輸出は支那と日本(内地)向けが8～9割を占めるのに対して，粟輸出においては朝鮮が突出したシェアを持つ。そこから導かれるのは，内地の米需要を支えた朝鮮半島の米生産は，満洲粟によって支えられたのではなかったのかという解釈である。以下，第4章では朝鮮の食料需給を支え，ひいては内地の食料需給を支える上で，不可欠の品目であったという観点から，粟を中心とした当時の朝鮮・満洲間の食料貿易の実態を地理的学に描き出し，当時の東アジアをめぐるフードチェーンの一端を明らかにすることを目指す。具体的には満洲粟は朝鮮においてどのように消費されたのか，その地理的パターンを描き出すことであり，それを踏まえて日本の食料供給が抱えていた問題にも言及したい。

Ⅱ　朝鮮・満洲間貿易と新義州港

1. 朝鮮・満洲間貿易

朝鮮における満洲粟を対象とするにあたり新義州港に着目した。当時の満洲と朝鮮の貿易において，満洲側では安東(現・丹東市)，朝鮮側では対岸の新義州が最大の輸出入港となるからである。ここでは商工省貿易局編『満洲貿易事情』(1934年)，満鉄総務部調査課『北支那貿易年報』(1919～1931年まで毎年刊行)および，新義州税関『新義州港貿易概覧』(1930年)に基づいて，当時の朝鮮

6)　朝鮮総督府農林局『朝鮮米穀要覧』によると，粟の生産高はそれまでの10年間もほぼ同水準の4～5百万石台で推移していること，同様に輸移入も1.5～2百万石前後の水準で推移することから，1932年の状況が特殊なものとはいえない。

表4-2　1930年の大連，営口，安東各港の貿易額

単位：海関両

	日　本	支　那	朝　鮮	ヨーロッパ	アメリカ	合　計
大連						
輸移出額	100,469,642	54,539,757	2,935,233	52,248,001	6,594,442	240,042,882
輸移入額	75,930,994	45,993,698	1,915,122	27,390,785	19,259,718	182,842,574
計	176,400,636	100,533,455	4,850,355	79,638,786	25,854,160	422,885,456
営口						
輸移出額	8,843,793	35,562,974	275	7,796	2,263	46,135,222
輸移入額	5,792,660	41,438,573	259	2,360,714	2,000,765	57,779,287
計	14,636,453	77,001,547	534	2,368,510	2,003,028	103,914,506
安東						
輸移出額	7,496,078	2,421,903	37,001,242	969	7	52,922,699
輸移入額	28,188,642	10,702,427	4,472,054	131,579	223,155	44,152,805
計	35,684,720	22,124,330	38,473,296	132,548	223,061	97,075,504

資料：商工省貿易局『満洲貿易事情』
注：1930年の通貨換算率は1海関両が0.92円。
　原典表記は欧羅巴(ヨーロッパ)，亜米利加(アメリカ)　なお，アメリカは南北アメリカを含む。

と満洲間の貿易と新義州の位置を把握する。

表4-2は当時「南満三港」とよばれた満洲の主要貿易港である大連，営口，安東の1930年における貿易額を相手先別に示したものである。同表からは大連港が他の2港を圧倒する対外貿易の中心であったことがうかがえる。貿易相手は日本(内地)が首位で貿易額のおよそ4割を占める。これに次ぐのが支那で，以下ヨーロッパ，アメリカ(南北アメリカ)と続く。一方，かつて主要な貿易港であった営口は大連が成長するとともに衰退するが，対支貿易港としては存続し，貿易額の3/4は支那が占める。対する安東は朝鮮，日本(内地)向けが拮抗し，両者で貿易額の3/4を占める。ただし，両者の貿易構造は大きく異なり，対朝鮮では輸出が37.0百万海関両，輸入4.5百万海関両と大きな出超であるのに対し，対日本(内地)では輸出が7.5百万海関両，輸入が28.2百万海関両と大幅な入超となる。

次に，同年の安東港の貿易品目を『北支那貿易年報』から把握すると，輸入品の首位は24.3百万海関両の綿織物で，同港の輸入総額の44.2百万海関両の半分以上を占める。またそのうち20.7百万海関両が日本(内地)からの輸入となる。これに次ぐのが綿織糸2.8百万海関両，砂糖2.6百万海関両となる。一方，輸出品の首位は22.7百万海関両の粟となり，同港の輸出総額52.9百万海関両の4割以上を占める。また，ほぼ全量に近い22.3百万海関両が朝鮮に仕向けられている。これに次ぐのが豆粕7.8百万海関両，柞蚕糸[7)]7.3百万海関両であり，前者は朝鮮，後者は内地に仕向けられる。すなわち，安東港における1930年の貿易の枢要は，朝鮮半島を経由して日本(内地)から輸入される工業製品(綿織物，綿織糸)と，朝鮮向けの粟を中心とした穀物ということができる。

これは対岸の新義州港では大幅な入超となって発現し，『新義州港貿易概覧』によれば1930年の輸移入額は38.9百万円となり，輸移出額の3倍を超える。また，新義州港の輸入品の首位は粟14.5百万円であり，これに柞蚕生糸6.4百万円，石炭4.0百万円，豆粕3.7百万円などが続く。一方，輸出額の首位は地下足袋1.1百万円，綿織糸1.0百万円で，これに綿織物類が続くが，輸入額に比べて少額である[8)]。

以上，『満洲貿易事情』からは朝鮮と満洲間の貿易においては安東港・新義州港が中心的役割を果たしたこと，『北支那貿易年報』や『新義州港貿易概覧』からは粟が他を大きく引き離して最大の貿易品であったことを指摘できる。当時の資料からも朝鮮と満洲間の貿易における粟の重要性を再確認できるとともに，新義州港の重要性を指摘できる。これが貿易額で上回る大連港ではなく，新義州港に注目する理由である。以下では新義州港に焦点を当てて，当時の満洲と朝鮮をめぐる粟のフードチェーンを具体的に描き出したい。ただし，当時の詳細な貿易統計が自由に入手できるわけではない。そこで，山口大学東亜経済研究所に保管されている新義州税関『貿易要覧(大正13，14，15年および昭和14年版)』によって詳細が把握できる1926年と1938年，1939年を主要な対象年次とした[9)]。

ここで用いる新義州税関『貿易要覧』であるが，当時の貿易の年次統計は税関単位で集計されており，新義州税関は新義州港，鎮南浦港，平壌，龍巌浦港，

---

7)　野蚕糸の1つでヤママユガ科の蛾の繭からとったもの。

8)　1931年の満洲事変，1932年の満洲国の建国以後は，金属類や薬剤，車両，衣料品など多くの工業製品が新義州を通じて満洲国に輸出され，輸出入のバランスは出超へと変化する。1939年には輸出額が74.0百万円，輸入額が46.4百万円の出超となる。

9)　1938年と39年を取り上げたのは，1939年に朝鮮半島を襲った干ばつの影響で農産物生産が打撃を受けるとともに，食料需給においても大きな混乱が発生したからである。実際，朝鮮銀行調査部『朝鮮農業統計図表』(1944)によれば，1939年の米の生産量は14百万石で，38年の24百万石，37年の27百万石から大きく減少している。1938年と39年の2年次での把握を目指したのはこうしたいわば特殊な状況を考慮するための措置である。

および陸接国境を管轄している。同様に仁川税関は仁川，京城(現・ソウル)，群山，海州を管轄し，同『貿易要覧』を，釜山税関は釜山，木浦，大邱などを管轄し，同『貿易概覧』を刊行している。特に新義州税関『貿易要覧』は港湾別，月別，品目別，仕出地別，仕向地別，経路別などの観点から輸移出入が集計されるなど詳細なデータを誇り，昭和14年版はB5版で273頁にも及ぶ。ちなみに同年版の仁川税関『貿易要覧』がB5版59頁であることと比較しても，その充実ぶりがうかがえる。これら各税関の年次統計が植民地全体，あるいは帝国全体の貿易統計の基礎となったわけである。なお，これより下位の港湾の単位での統計は単年度では存在するが，逐次刊行されたものは未見である。以上のように税関別に編纂された統計は当時の貿易を把握する上での基礎的資料として位置づけられ，中でも詳細な新義州税関のそれは価値が高い。これを利用して，一般的に1919年から1939年とされる戦間期の朝鮮と満洲間の食料貿易の地理的パターンを，満洲国の建国を挟む2つの時点で検討する。

2. 新義州港およびその後背地の農業

新義州は鴨緑江南岸に位置する国境の都市で，同江を挟んで満洲側の安東と向かい合う朝鮮側の貿易港でもあった。安東港の対外開港は1903年，一方の新義州港の開港は1906年である。1906年は新義州駅が開設された年でもあり，日露戦争を挟んで建設が進められた京義本線(京城～新義州)が全線開通し，1908年には営業を開始している。また，1911年の鴨緑江橋梁の完成により，安奉線(安東～奉天)と接続が可能になり，それ以降は図4-1に示すように第一次大戦を挟んで貿易が大きく拡大していく。同図にみるように輸出入が移出入を大きく上回ることが新義州港の貿易の特徴である。これは釜山港や仁川港など当時の朝鮮の主要港が対日移出入港としての性格を帯びるのとは異なり，満洲国や中華民国などとの外国貿易港としての性格が強い(荒木2015)。なお，新義州港と称されるが，貿易額のほとんどは鉄道によるもので，前記『新義州港貿易概覧』による1930年の経路別貿易額(輸出入額)は鉄道が40.9百万円，水路(対安東)6.0百万円，海路4.7百万円，同様に1939年では鉄道が103.3百万円，水路8.5百万円などとなる[10)]。

10) 一方で対日移出入では海路が中心となり，1939年の移出入総額14.1百万円のうち海路が9.7百万円をしめ，これに次ぐのが鉄道の3.8百万円(その98%が釜山港経由)となっている。

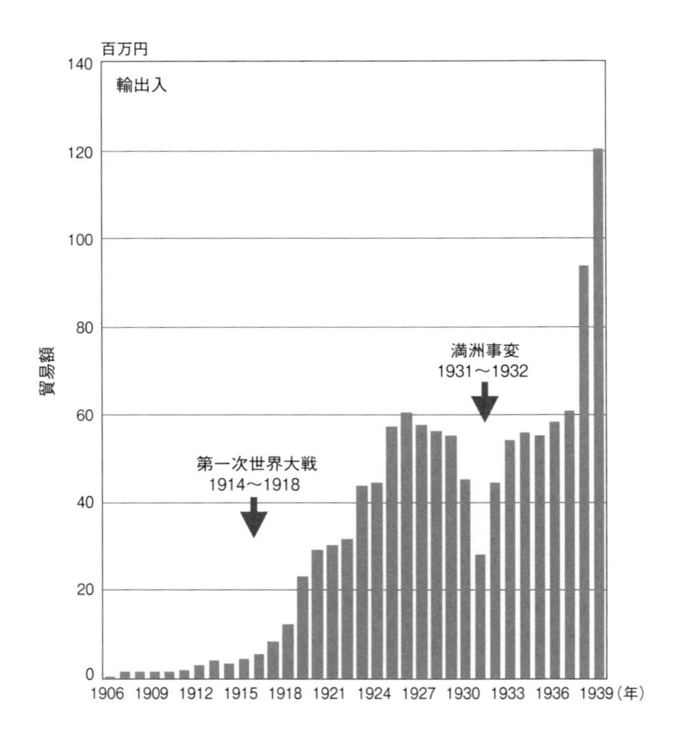

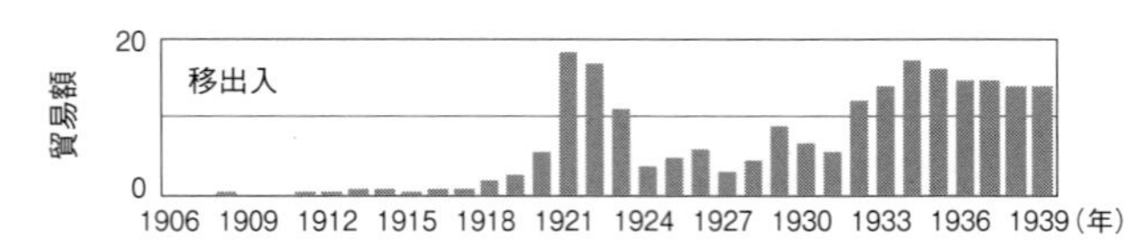

図 4-1　新義州港貿易額の推移

資料：新義州税関『貿易要覧』

注：開港は1906年，3月に税関出張所として開庁（龍岩浦を含む），6月に支所に昇格，8月に龍岩浦に出張所開設（このため1919年からは龍岩浦を含まず），1923年12月に本関に昇格。

表4-3は1926年と1938年，39年の新義州港における食料をはじめとした主要品目の貿易額を示し，1932年の満洲国の建国を挟んで，大きな変化のあったことがうかがえる。すなわち，1926年には，輸入額は輸出額の6～7倍にもなり，大幅な入超という性格がみられたが，1938，39年には車両をはじめと

なお，1939年の数値は新義州税関『貿易要覧』による。

する機械や金属，薬剤など多くの工業製品が輸出されるようになっている。

食料貿易に焦点を当てると，1926年の輸出品としては魚類と果実類，輸入品としては穀物類が中心となる。わけても粟は突出した位置を占め，輸入額においては全品目中の首位である。1938年と39年には，輸出品目では果実が一定量を維持していることとに加え，1926年比で米類の輸出が増えていることが特徴的である[11)]。一方，輸入においては，両年次ともに粟が大きなシェアを維持しており，その重要性を指摘できる。また，期間を通じて入超から出超へと貿易構造は変化するものの，食料貿易に限っては大幅な入超であるという構図に変化はみられない。

次に食料貿易を検討する上で，新義州港の後背地となる朝鮮，および対岸の安東港の後背地となる満洲の農業の概要を示したい。まず当時の朝鮮の農業であるが，朝鮮銀行調査部『朝鮮農業統計図表』(1944)によれば，農産物生産額は1929年の恐慌を挟んで大きく落ち込むものの，30年代を通じて拡大が続く。1931年の7億円を境に生産額は上昇に転じ，1937年には恐慌以前のピークの14億円余を超え，1940年には21億円を超える。その内訳は米が4割を占め，麦と自給肥料が11%，畜産物，豆，雑穀が6%などである。米は全羅南道をはじめとする南部で生産量が多く，麦は全羅南道と慶尚北道，豆は黄海道が首位の産地となる。また，野菜類は各地で栽培されるが大根と白菜がその中心となり，果実ではリンゴの産地である黄海道と平安南道の生産量が多い。

一方，満洲の農業であるが，この時期に大豆輸出によって急速に世界市場に組み込まれていったことはよく知られている。塚瀬(1992)の集計によれば1914年に150万トン程度であった大豆の生産量は1925年には400万トンを超え，ピークの1931年には500万トンを超えている。大豆以外では小麦，高粱，粟が主要作物で，1935年の生産量は大豆の384百万トンに対して，小麦102百万トン，高粱401百万トン，粟297百万トンなどとなる。大豆，小麦が商品作物，高粱，粟は自給的性格が強いとされている。大豆や小麦の主な産地はハルビン

11）1939年の米輸出量の増加の背景には干ばつによる混乱が考えられるが，前年の1938年でも一定の輸出量が認められ，この時期の満洲向け輸出品として米が有力であったことがうかがえる。なお，干ばつにもかかわらず米輸出が急増している背景としては，政治的要因や経済的要因が考えらえる。前者としては1936年以降満洲への移民事業が本格化すること，後者としては1939年の米穀配給統制法による米の最高販売価格の公定などである。

表 4-3 新義州の食料貿易の概要

1926年				1938年				1939年			
輸出主要品	数量	単位	価額(円)	輸出主要品	数量	単位	価額(円)	輸出主要品	数量	単位	価額(円)
鮮魚	2,099,827	斤	587,210	玄米	12,499	石	422,921	玄米	20,270	石	690,491
乾魚	64,603	斤	26,185	精米	26,822	石	914,858	精米	63,449	石	2,292,632
塩魚	1,054,391	斤	73,491	籾	3,382	石	50,654	籾	7	石	149
果実及核子	1,857,321	斤	227,839	玉蜀黍	22,956	石	312,483	玉蜀黍	27,821	石	552,826
				林檎	1,649,251	斤	202,254	林檎	4,369,757	斤	691,045
(綿織糸)			1,343,738	(金属，同製品)			3,331,992	(金属，同製品)			5,811,449
(木材)			1,308,433	(木材)			2,653,242	(薬剤ほか)			5,555,725
				(機械類)			2,615,838	(機械類)			4,036,726
輸出総額			8,236,839				54,964,342				74,023,946
輸入主要品	数量	単位	価額(円)	輸入主要品	数量	単位	価額(円)	輸入主要品	数量	単位	価額(円)
粟	2,849,112	百斤	16,760,212	粟	1,205,822	百斤	9,173,876	粟	1,144,809	百斤	12,098,996
高粱	55,295	百斤	214,323	稗	102,604	百斤	885,591	稗	125,968	百斤	1,436,277
蕎麦	10,087	百斤	45,692	高粱	3,875	百斤	24,608	高粱	141,605	百斤	1,435,860
稗	46,926	百斤	266,905	蕎麦	72,794	百斤	632,015	蕎麦	119,884	百斤	1,447,992
大豆	21,443	百斤	118,621	大豆	177,197	百斤	1,161,894	大豆	232,694	百斤	1,950,186
小豆	89,119	百斤	498,125	小豆	34,340	百斤	231,617	小豆	77,154	百斤	666,383
米	264,312	百斤	3,086,599								
(柞蚕生糸)			13,868,623	(柞蚕生糸)			5,718,915	(柞蚕糸屑)			6,533,755
(豆粕)			5,712,490	(石炭)			5,714,190	(柞蚕生糸)			5,732,849
(木材)			4,532,610	(柞蚕糸屑)			4,388,047	(石炭)			3,736,094
(石炭)			3,494,973	(肥料)			3,119,741	(肥料)			2,578,993
輸入総額			52,464,325				38,896,148				46,375,980

資料：新義州税関『貿易要覧』
注：食料以外の品目は( )で示した。

周辺など北部であるのに対し，高粱は南部の満鉄沿線が主力となる。

Ⅲ　新義州税関資料からみた主要食料品の仕出地と仕向地

表4-3に示される主要食料貿易品である魚類，果実，穀物類（粟，米，大豆）に焦点を当て，食料貿易の地理的パターンを検討する。具体的は前記『貿易要覧』によって，図4-2に示す満洲と朝鮮の域内における主要品の仕出地，仕向地の分布を検討し，食料貿易の中心であった粟のフードチェーンの特徴を明らかにする。

1. 輸出品目

図4-3は主要輸出品の仕出地と仕向地を示し，上段は1926年の主要品である魚類と果実，下段は1938年の主要品のリンゴと米類である。魚類のほぼ半量が釜山から仕出され，馬山（現・昌原市），元山，浦項と続く。いずれも有力な漁港を有する都市である。果実については黄州，鎮南浦，沙里院など黄海道，および平安南道の粛川，平安北道の定州などが主要な仕出地で，いずれもリンゴの産地である。また，内地からは和歌山県の粉川，宮原，箕島などが名を連ね，内地の柑橘産地からも相当量が新義州経由で輸出されていたことがうかがえる。一方，仕向地については，魚類の多くが安東，大連，奉天，撫順，長春（1932年に新京と改称）向け，果実類では安東，奉天向けが中心となり，いずれも主要な都市に送られている。

次に，米の仕出地（道別）では平安北道が主力で，玄米2万石中の1.7万石，精米6.3万石中5.8万石を同道が占める。朝鮮の道別の作付面積を示した表4-4からは，平安北道の米の面積が決して多くないものの，反あたり収量では全羅南道に次ぐ2位となり，収量の多い道の多くが南部に位置する中で，朝鮮北部の有力な米生産地であったことがうかがえる。一方，最大の仕向先は安東，次いで奉天で，以下，ハルビン，撫順，チチハル（斉斉哈爾）が続く。なお，1938年ではハルビンや新京が上位となるが，いずれも大都市に仕向けられているということができる[12)]。1938年のリンゴの仕出地は黄州で全量の約1/3を占め，

12）『新義州港貿易概覧』によると，満洲国建国以前の1930年では魚類が最大の品目で，1926年時点の輸出量・額を維持しており，大量の米輸出は建国後のことといえる。

主要都市
黒河
満洲里
海拉爾
博克図
扎蘭屯
嫩江
泰安
拉哈
北安
阿爾山
斉斉哈爾
綏化
佳木斯
興安
(大慶)
虎頭
白城子
哈爾浜
東安
(密山)
牡丹江
綏芬河
新京
(長春)
吉林
通遼
新立屯
四平
西安
間島
図們
赤峰
古北口
承徳
葉柏寿
錦県
(錦州)
奉天
撫順
通化
恵山鎮
羅津
清津
営口
満浦
江界
龍興里
山海関
安東
(丹東)
青水
泗川
湖岸
城津
熙川
咸興
新義州
城子疃
元山
旅順
大連
鎮南浦
平壌
沙里院
鉄原
内金剛
襄陽
長淵
春川
海州
仁川
京城
堤川
三陟
水原
天安
清州
慶北安東
浦項
大田
郡山
全州
大邱
慶州
蔚山
光州
順天
釜山
木浦
麗水
馬山
主要鉄道路線
北黒線
浜洲線
寧霍線
斉北線
白杜線
平斉線
浜洲線
浜北線
綏佳線
図佳線
虎林線
京浜線
京白線
浜綏線
平斉線
拉浜線
図佳線
大鄭線
京図線
北鮮線
錦古線
奉山線
奉吉線
梅輯線
白茂線
錦古線
満浦本線
奉山線
安奉線
咸鏡本線
旅順線
金城線
京義本線
平元線
東海北部線
京元本線
京慶線
慶北線
京釜本線
湖南本線
全羅線
東海南部線
慶全南部線
慶全西部線

図4-2 研究対象地域

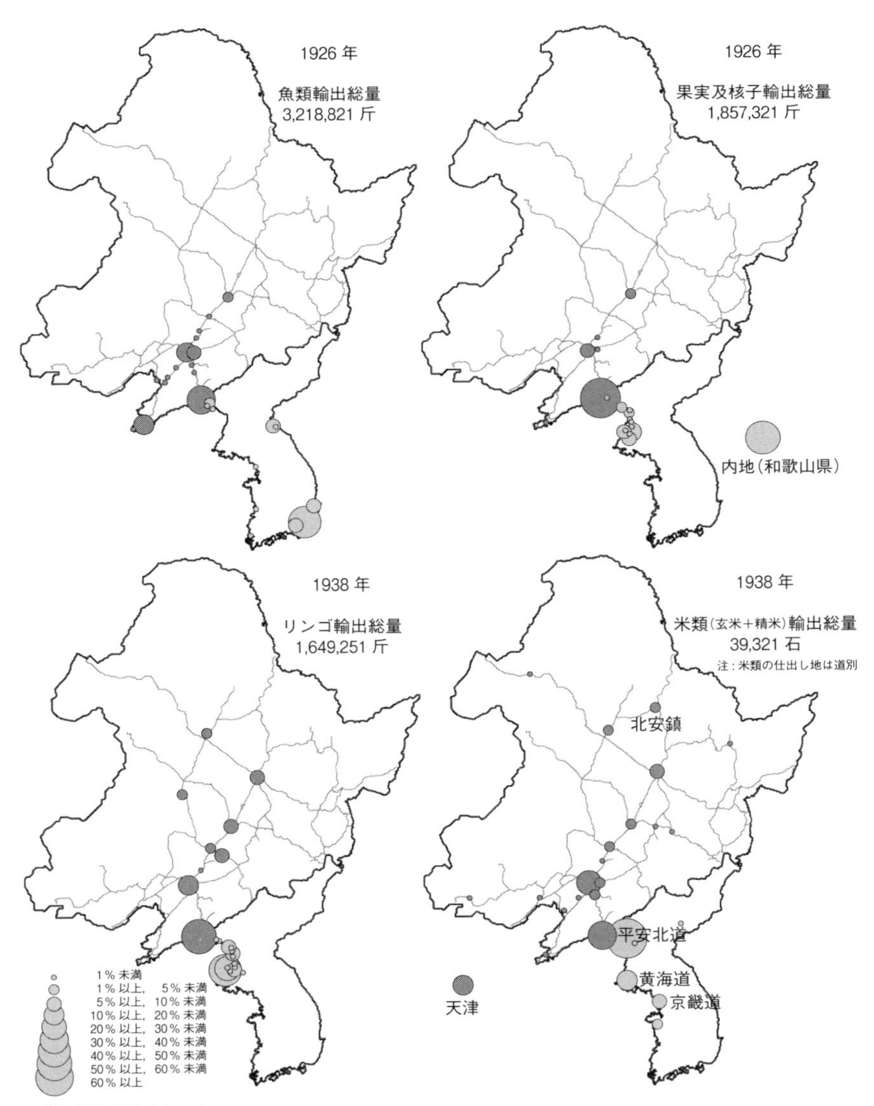

図4-3　主要輸出品目の仕出地・仕向地

資料：新義州税関『貿易要覧』

注：円の大きさは輸入量を100%とした時のシェア，淡色は仕出地，濃色は仕向地
　　仕出地・仕向地の位置が把握しやすいように満洲の鉄道路線を表示した。

表4-4　道別作付面積

単位：町

		水稲＋陸稲				畑作物（1937年）				
		（1928年）	（1940年）	増加率：％ 1940/1928	反当収量：石（1940年）	畑作物合計	麦類	豆類	雑穀類	その他
南部	京畿道	187,601	190,547	101.6	0.985	328,809	124,619	96,012	48,006	60,172
	忠清北道	66,092	67,835	102.6	1.133	661,772	293,827	164,119	86,030	117,795
	忠清南道	161,790	159,467	98.6	1.109	160,413	70,582	47,001	4,973	37,857
	全羅北道	166,699	166,248	99.7	1.427	134,894	55,307	37,905	6,070	35,612
	全羅南道	209,959	198,470	94.5	1.515	307,027	124,346	36,229	49,124	97,328
	慶尚北道	142,360	185,152	130.1	1.448	349,189	157,833	80,313	46,442	64,600
	慶尚南道	173,127	170,715	98.6	1.411	184,469	87,438	31,544	4,796	60,690
北部	黄海道	105,554	149,280	141.4	1.394	605,074	151,269	176,682	210,566	66,558
	平安南道	74,978	86,036	114.7	1.270	416,253	72,428	106,145	225,609	12,071
	平安北道	82,918	95,880	115.6	1.495	400,389	4,805	118,515	234,228	42,842
	江原道	83,121	85,924	103.4	1.051	374,718	85,436	98,551	134,524	56,208
	咸鏡南道	49,657	67,149	135.2	1.291	447,503	57,280	101,136	200,481	88,606
	咸鏡北道	13,900	19,047	137.0	1.008	246,545	46,844	80,620	94,180	24,901
計		1,517,755	1,641,749	108.2	1.311	4,617,055	1,332,012	1,174,773	1,345,030	765,240

資料：朝鮮総督府『農業統計表』および朝鮮銀行調査部『朝鮮農業統計図表』
注：京畿道から慶尚南道までの8道を南部，黄海道から咸鏡北道までの7道を北部とした。

以下，新南浦，粛川などが続く。いずれも黄海道や平安南道，平安北道のリンゴ産地で，1926年と比較して大きな変化はない。仕向先では安東が首位で輸出量全体の40％以上を占める。これに次ぐのが奉天，ハルビン，新京で仕向先は米類と似たパターンといえる[13)]。

以上，輸出品の特徴としてはいずれも特定の産地，魚類では釜山や馬山，米の平安北道，リンゴであれば黄海道や平安南道等の産地が仕出地となり，奉天や新京などの満洲の主要都市が仕向地となっている。仕出地と仕向地のパターンをみる限り，主要産地と大消費地を結ぶフードチェーンであるといえる。

2. 輸入品目

輸入品目は期間を通じて穀物が中心で，その大部分は粟であった（表4-3）。ここで図4-4は主要輸入品の仕出地と仕向地を示し，上段は粟，下段は大豆で

13）朝鮮・満洲間貿易において，吐呑港となる新義州と安東が仕向先とされることが多くなるのは当然である。ただし，ここで仕向先が安東であっても，そこが最終消費地であるとは限らない。さらに他都市へ転送されていたことが想定できる。実際の転送量や転送先の資料が整っているわけではないが，この点留意したい。佐田編（1927）においても同様の指摘がある。

ある。まず，粟の1926年の最大の仕出地は四平街(80百万斤)で，鉄嶺(34百万斤)，長春(25百万斤)，昌図(23百万斤)，奉天(21百万斤)などが続く。四平街は連京線(大連～新京)と平斉線(四平～チチハル)，平梅線(四平～梅河口)が交差する交通の要衝[14]であるとともに粟生産地域の中心でもある。以上の仕出地はいずれも奉天～新京間に位置しているが，遼陽(11百万斤)や海城(4百万斤)など大連～奉天間，ハルビン(7百万斤)，下九台(12百万斤)，安達(11百万斤)，対青山(0.9百万斤)，双城堡(0.5百万斤)など新京以北からも広く集荷されている。また，蒙古(モンゴル人民共和国(当時)，現モンゴル国)からも25百万斤の集荷が認められ，仕出地の広がりを指摘できる。

一方，仕向地については，他の品目とは明確に異なる特徴的なパターンがみられる。すなわち仕向地が朝鮮各地に広範に分布することで，図中の仕向地は合計142か所を数える。有力な仕向地は沙里院(22百万斤)，開城(17百万斤)，天安(10百万斤)，鳥致院(10百万斤)などであるが，仕向地に占める大都市の位置は決して大きくはない。例えば，朝鮮総督府が置かれた京城への仕向量はわずか0.4百万斤にすぎず，同様に平壌は0.3百万斤，釜山は0.8百万斤である。一方で，咸鏡本線(元山～上三峰)[15]にそって咸興(9.7百万斤)，新上(1.8百万斤)，俗厚(1.6百万斤)，京元本線(京城～元山)にそって鉄原(6.1百万斤)，全谷(0.8百万斤)，金剛山電気鉄道(鉄原～内金剛)にそって金化(1.0百万斤)，湖南本線(大田～木浦)にそって裡里(8.0百万斤)，江景(3.8百万斤)，松丁里(3.6百万斤)，栄山浦(3.5百万斤)，井邑(3.3百万斤)などが有力な仕向先である。このように，幹線である京釜本線(京城～釜山)や京義本線以外でも，建設途上の地方の鉄道路線に沿う広範な地域に仕向けられていたことがうかがえる。少量ではあるが，きわめて多くの仕向地に送られていることを粟の特徴として指摘できる。

次に1938，39年であるが，1926年と同様の傾向がみられる(図4-4上段右)。最大の仕出地は四平街(52.3百万斤)で，以下，鉄嶺(8.8百万斤)，新京(5.3百万

14) 連京線は初期には満鉄本線とよばれ，1927年に連長線(大連～長春)，1932年に連京線に改称した。前身はロシア帝国が経営する東清鉄道南満洲支線である。ここでは連京線で統一した。平斉線の全通は1926年，平梅線は1936年である。戦前期を対象とした研究であるため，いずれも路線名は当時のものとした。

15) 全通は1928年9月で，1926年当時は一部が開通していない。俗厚駅の開設が1925年で，以北の駅の開設は1926年以降となる。図4-4上段左において同本線上で俗厚が分布の東端となっているのはこのためである。

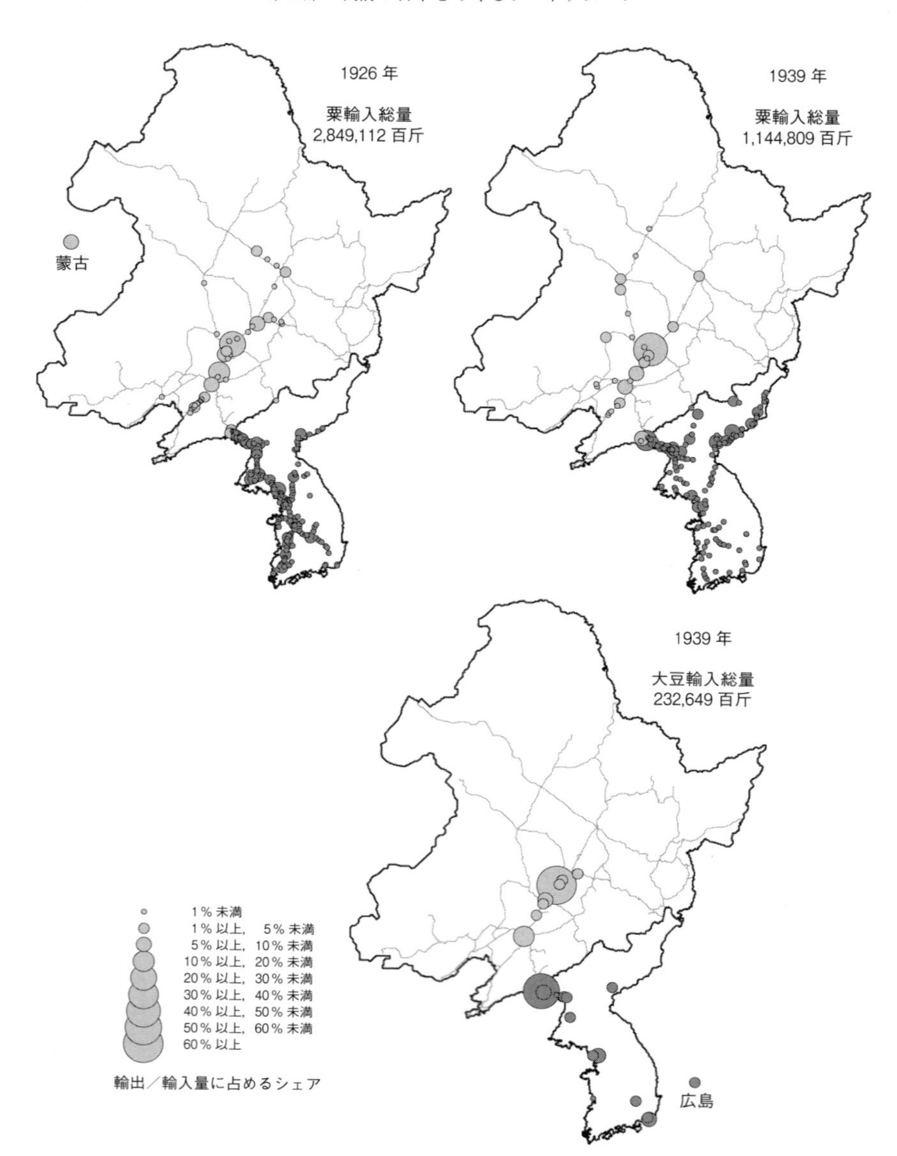

図 4-4　主要輸入品目の仕出地・仕向地

資料：新義州税関『貿易要覧』

注：図 4-3 に同じ。

斤)などが続き，全量の6割以上がこの3都市に集中する。なお，奉天(8.5百万斤)，安東(6.5百万斤)などが，1926年同様に一定量を維持する一方，通遼(4.6百万斤)，白城子(4.7百万斤)など平斉線沿線からの入荷も増加しており，1926年の同線全通によりこの方面からの仕出量の増えたことがうかがえる。仕向地についても，1926年と同様にまとまった量が大都市に送られるのではなく，少量ながら鉄道に沿って朝鮮各地に仕向けられていたというパターンがうかがえる。とくに咸鏡本線の全通以降，南北咸鏡道の日本海側の諸駅に仕向けられる量が増えている。

粟に次ぐ貿易量をもつのは大豆の23百万斤で，6割以上が公主嶺市から集荷されるほか，連京線沿線が主な仕出地となるという点では粟との大きな相違はない(図4-4下)。ただし仕向地は，新義州を除いて，京城，釜山，仁川，大邱，平壌などの主要都市が並ぶ。これは粟と大きく異なる点で，大豆の仕向は都市の需要に対応したものといえる。量的には少ないものの粟と大豆以外の穀物でも表4-5に示すように，仕出地はいずれも満洲南部が中心となる。一方，仕向地については，高粱では京畿道や南北平安道が中心で，1937年には輸入量の8割，39年には約5割が京畿道に仕向けられている。1938年は約5割が平安北道，4割が京畿道で，多少の変動はあるものの多くが京城を抱える京畿道へと仕向けられている。蕎麦では新義州が最大の仕向先となっているが，これに次ぐのが平壌，江界である。粟の仕向地における京城や京畿道のシェアの小ささと比べてこれらの作物の仕向地の分布パターンは大きく異なっている。すなわち，少数の仕向先に大量の商品を送る大豆や高粱などと，多数の仕向先に少量の商品を送る粟という対比が認められる。前者は都市の需要に対応した食料供給，後者は農村部の需要に対応した食料供給とみることができる。実際，図4-3，4からは，同様に穀物でありながら米が主要都市に仕向けられたのに対し，粟は都市の需要に対応したものではないことがうかがえる。少量の粟が朝鮮半島各地の仕向地に送られたということは，都市の需要というよりも，むしろ農村の需要に対応したフードチェーンであったと理解できる。

3. 粟の仕出地と仕向地の地域的性格

ここでは，特徴的な仕出地・仕向地のパターンを持つ最大の貿易品目である粟に着目し，その仕出地と仕向地の地域的性格を検討する。図4-5は1927年

表 4-5 粟以外の輸入穀物類の仕出地と輸入量

単位：百斤

路線	仕出地	高粱		蕎麦		小豆		稗	黍
		1926	1939	1926	1939	1926	1939	1926	1939
浜洲線	土爾池哈								3,944
	安達				817				
京浜線	ハルビン		12,320						
	徳恵		1,469						
平斉線	白城子								6,998
	洮南							637	9,366
	開通								2,465
	茂林				493				
	鄭家屯				410				
連京線	新京・長春	16,831	8,330	430	9,469	6,288	7,728	22	
	范家屯						2,465		
	公主嶺		3,924			645	11,337		
	四平街	3,068	20,698	891	62,739	2,903	5,482	23,239	91,969
	双廟子							1,527	
	昌図							6,793	2,586
	開原	27	8,362					1,529	1,479
	鉄嶺	4,892	2,526						1,479
	奉天	9,908	1,480	6,270	41,631	64,970	1,671	6,765	3,454
	蘇家屯	492							
京図線	下九台		2,938						
平梅線	西安		17,741				985		
梅輯線	三源浦						2,486		
奉吉線	朝陽鎮						987		
大鄭線	大林				817				
	通遼		9,856		398				
安奉線	鳳凰城					4,330	7,458		
	安東	17,180	48,307	1,098	2,700	9,478	31,532		1,736
その他	その他	2,897	3,942	1,398		505	5,023	6,414	493
	計	55,295	141,605	10,087	119,884	89,119	77,154	46,926	125,969

資料：新義州税関『貿易要覧』
注：仕出地は北から南，縁辺地から安東方面の順に配置した。

度の満洲の県別の粟の収穫高を示したものであり，連京線，京浜線(新京～ハルビン)を基軸として，ハルビンから伸びる浜北線(ハルビン～北安)や浜綏線(ハルビン～綏芬河)および浜洲線(ハルビン～満洲里)沿線[16]，新京から伸びる京白線(新京～白城子)，京図線(新京～図們)，さらに奉吉線(奉天～吉林)，梅輯線(梅家口～輯安)沿線などが主要な産地となっており(図4-2)，決して新京以南

16) 浜洲線と浜綏線はロシアの東清鉄道本線に相当し，東清鉄道，東支鉄道や中東鉄道などとも呼ばれた。東清鉄道南満洲支線の新京以南が南満洲鉄道となる。

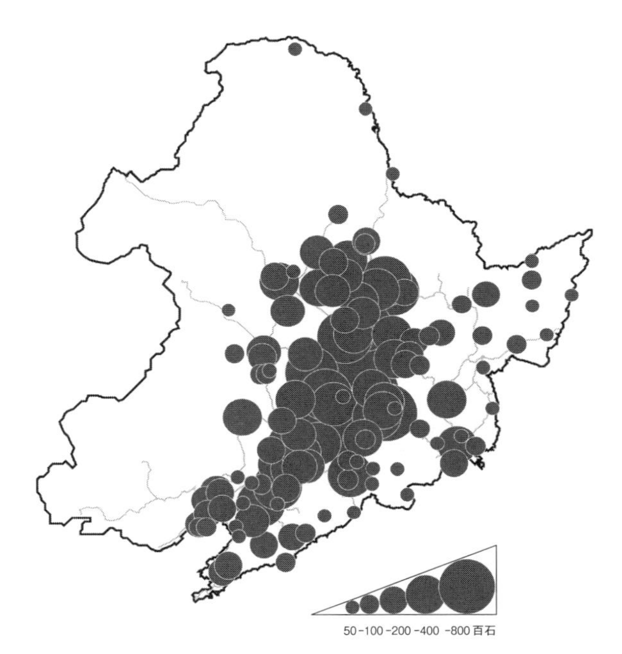

図4-5　県別粟の収穫高(1927年度)
資料：佐田編『満洲粟の鮮内事情』

の南部のみで栽培されていたわけではない。

これに対して，1926年に朝鮮向けに輸出された粟の仕出し地は新京以南の連京線沿線が中心で，四平，鉄嶺，長春，昌図，奉天，遼陽などの主要仕出地が並ぶ(図4-4)。これに次ぐ仕出地である下九台も新京から約50kmの位置にあり，連京線とも近い。安達，ハルビンは浜洲線沿線であるが，その生産量に比べて仕出量は少ない。図4-4と図4-5の対比からは，粟の生産はハルビンや綏化周辺地域でも広く認められるものの，朝鮮各地に仕向けられた粟は主として新京以南から供給されていたことがうかがえる。実際，佐田(1927)によると新京以南に相当する奉天省の粟の作付面積は北部の吉林省，黒竜江省と大差はない。

その背景には，日露戦争後にロシアから譲渡された東清鉄道南満洲支線が長春(新京)以南であり，1935年の北満鉄道譲渡協定まで，満鉄の権益が同市以南であったことの影響が考えられる。その際，ハルビンを中心とした東清鉄道沿線は同鉄道を使ったウラジオストク経由の農産物輸出のルート上にあり，朝鮮への輸出においては安東／新義州経由に比べて条件が不利になることを指摘できる[17)]。これは粟以外の農産物についても同様で，当時の満洲における主要農産品を詳述した黒野・鷲田(1935a，b，c，d)によれば，大豆生産の中心はハルビンの後背地および，新京の後背地，高粱の重心はハルビン以南の中東鉄道(東清鉄道)西側，玉蜀黍や小麦はハルビン，綿花は遼中，海城などの南部，果樹は奉天以南などとの記載があり，多くの穀物がハルビンを含めた新京以北でも広く生産されていた[18)]。しかし，表4-5に示す仕出地のほとんどは新京以南であり，図4-4の大豆についても同様である。多くの穀物が新京以北でも広く生産されている中で，仕出地が新京以南に集中していることは，朝鮮向け輸出において奉天から安奉線を利用した安東／新義州経由の鉄道ルートの持つ優位性が反映されたものと判断できる。

一方，すでにみたように粟の仕向量は少量ながら朝鮮各地に仕向けられており，決して大都市の需要に対応したものではないといえる。表4-6は1939年の仕向量を道別に集計したもので，主要な仕向地は平安北道，咸鏡南道となる[19)]。両道の朝鮮における位置を検討したい。表4-4の作付面積から，概ね3つのパターンを読み取ることができる。米が卓越する京畿道，忠清南道，南北全羅道，南北慶尚道，麦類が卓越する忠清北道，および雑穀類が卓越する黄海道，南北平安道，江原道，南北咸鏡道である。このうち麦類には大麦，小麦，裸麦などが，雑穀類には粟，稗，黍，玉蜀黍などが含まれるが，雑穀類の大半を占めるのが粟である(表4-1)。北部の作付における米の比重の小ささは明らかで，北部の粟，南部の米という対比が1940年においても明瞭に認められる(表4-4)。ただし，同表の稲の作付面積の増加率からは南部以上に北部の伸びの大きいことがうかがえる。実際，南部の諸道の増加率がほぼ頭打ちなのに対して，

17) 東清鉄道を利用したウラジオストック向け輸送を東行，満鉄を利用した大連向けを南行と称した。

18) 中国東北地域の各鉄道沿線ごとに鉄道敷設による近代の地域変化を論じた塚瀬(1992，1993)も，粟の他に大豆や高粱，小麦などの生産が南部のみならず北部でも盛んに行われていたことを示している。

19) 平安北道には新義州が含まれるため，数値が大きくなっていることが想定される。中継地としての仕向量が計上されているからであるが，それを勘案しても平安北道が有力な仕向地であることに変わりがないことは，図4-4からも判断できる。

北部では確実に作付面積が増加している[20]。その背景には，もともと米作地域で作付拡大の余地の少なかった南部に対して，北部は1戸あたり耕地面積が広く[21]，雑穀栽培が卓越していたため，米作の拡大余地が大きかったことを指摘できる。なお，朝鮮総督府農林局『朝鮮米穀要覧』(1934)および前記『朝鮮農業統計図表』によれば，朝鮮全体の反収は1910年の反あたり0.769石から1920年には0.957石となり，1940年には1.311石に達する。概ね南部の反収は北部よりも高く，作付面積の増加のみで判断はできないが，期間を通じて米作における北部の重要性が増加したといえる。中でも北部に位置する平安南道の反収は高く，米作の盛んな全羅南道に次ぐ(表4-4)。また，黄海道や咸鏡南道も高い増加率を誇っている。

表4-6　粟の仕向量(道別・1939年)

仕向地	仕向量(百万斤)
平安北道	52.9
平安南道	7.8
黄海道	1.8
京畿道	9.1
忠清北道	0.8
忠清南道	2.3
全羅北道	0.8
全羅南道	1.0
慶尚北道	0.8
慶尚南道	0.7
江原道	1.6
咸鏡南道	30.8
咸鏡北道	4.2
合　計	114.5

資料：新義州税関『貿易要覧』

その一方で，東畑・大川(1935)は朝鮮における米消費の後退を指摘している。米の生産量増加を移出量が上回ったからであり，満洲粟の輸入もそれを補うためであったわけであるが，粟の輸入量は十分ではなかったとされている[22]。実際，前記『朝鮮米穀要覧』によると1912年に3.6百万石であった粟の年間消費量は，1920年に6百万石を超えるが，その後の増加は認められず，1930年代にかけて6百万石台で推移する。一方，米の需給においても1924年までは年間消費量が10百万石を下回ることがなかったが，それ以降はその水準を維持するのが困難になる。この間，朝鮮の人口は増加を続けており，一人当たり消費量はさらに減少する。1920年代初頭まで一人当たり0.6～0.7石程度であったものが，1924年に0.5石台に，1929年には0.4石台に落ち込む。表4-7は春窮農家数(晩

20) 東畑・大川(1935)によると1919年から1932年にかけての耕地面積(田)の増加率は南部で3.6%，北部で21.7%とされており，少なくとも1920年代から北部で米作が拡大したことを指摘できる。

21) 東畑・大川(1935)によれば，1932年の朝鮮の農家1戸当耕地面積の平均が1.57町であるのに対し，平安北道では2.00町，平安南道では2.34町，黄海道では2.31町などと北部は概ね2町を超える。

22) その理由として籾価格が下落し，粟を購入する十分な収益を上げられなかった昭和初期の状況が指摘されている。

表4-7　道別春窮農家数

	春窮農家数	全農家に占める比率(%)
京畿道	121,641	53.4
忠清北道	75,890	57.5
忠清南道	112,306	69.7
全羅北道	136,758	62.2
全羅南道	170,337	56.4
慶尚北道	144,895	42.1
慶尚南道	129,872	46.5
黄海道	101,678	46.5
平安南道	55,499	36.6
平安北道	48,295	28.6
江原道	83,143	45.9
咸鏡南道	59,336	38.1
咸鏡北道	13,626	20.5
計	1,253,285	48.3

資料：東畑・大川『朝鮮米穀経済論』
(原資料は朝鮮総督府の調査「小作に関する参考事項摘要」)

春の麦の収穫前の食料端境期に生活に窮する農家)とその比率を道別に示したもので，朝鮮全体でほぼ半数の農家が困難な状況にあったことがうかがえる。その中で，春窮農家の比率は本来米作を中心としてきた南部で高く，米作が盛んではなかった北部で低くなっている。特に南北平安道，南北咸鏡道の比率の低さは明確に認められる。これら地域は満洲粟の主要な仕向地でもある。ここで，米作の盛んな南部と異なり，従来からの粟栽培地域で粟食を受け容れやすい北部への満洲粟の仕向が春窮を防いだと結論するのはなお短絡的であろう。ただし，満洲粟が仕向けられたのはこのような地域であった。

4. 朝鮮における満洲粟と日本の食料供給

以上の分析を踏まえて，満洲粟が朝鮮においてどのように消費され，それが当時の日本の食料供給システムの上でどのような意味を持っていたのかを検討したい。これまでの研究でも，1920年代に満洲粟の輸入が急増したことやその価格の推移，外米と比較したときの優位性などが議論されてきた。しかし，それらは朝鮮全体の枠組みでの議論で，地域別の検討は決して十分なものではなかった[23)]。これに対して第4章では税関資料を用いることで，詳細な地域別の分布を描き出し，その特徴から，満洲粟が都市部ではなく農村部の需要に対応したものであることを指摘した。これは大都市向けに仕向けられる他の農産物・食料とは明確に異なる点である。また，地域別では伝統的な粟作地帯でかつこの時期に米の生産を拡大した黄海道や咸鏡南道などへの仕向の増加が認められた。これらから満洲粟が朝鮮における米生産の拡大を支えたことが推論できる。

---

23) その背景には貿易統計の多くが朝鮮の単位で集計されているということもある。東畑・大川(1935)では北部と南部の比較にとどまり，佐田編(1927)でも1925年の満洲粟の道別集計から「粟の需要が全鮮に亘り都鄙を問わず普及して居る」という記述にとどまっている。

対象期間中に鉄道建設と共に満洲粟の仕向が拡大した咸鏡本線沿線を具体例として着目したい。1926年には永興駅から俗厚駅まで187kmの区間にある29駅中9駅に，合計14.8百万斤(約9千トン)の粟が仕向けられている(図4-4上段左)。全線開通後の1939年では同区間の29駅中11駅に合計14.9百万斤の粟が仕向けられているほか，俗厚駅以北の羅南駅までの185.5km区間の49駅中16駅に合計8.9百万斤の粟が仕向けられている(図4-4上段右)。都合，1939年の永興・羅南駅間では77駅中26駅に合計23.7百万斤が仕向けられたことになり，これは平均すると約10kmごとに50万斤(約300トン)の粟が配送されたことに相当する。かなりの高密度で満洲粟が分荷されていたといえる[24)]。無論，依拠した資料に消費者が都市住民であるか農村住民であるかが記されているわけではない。しかしながら，産米を売却して廉価の代替穀物を入手するということが一般的に行われていたこと(東畑・大川1935)を勘案すれば，当地の農民が満洲粟を消費していたとみることは妥当である。これに加え，実際には新義州経由以外にも陸接国境から同線沿線への満洲粟の輸入もあったことを考えると当地で広く消費されていたと推察できる。

以上が咸鏡本線沿線での満洲粟の消費の状況で，同線により連結された南北咸鏡道が1920年代30年代を通じて米の生産量を伸ばしたことはすでに指摘した通り(表4-4)である。すなわち第一次大戦と米騒動を経て，日本がそれまでの外米依存から植民地を含めた帝国の領域内での米自給体制の構築を進めた時期に，朝鮮で米生産を拡大した地域の食料需要の少なからぬ部分を満洲粟が担ったといえる。無論，これら朝鮮北部産米が日本への移入米の大半を占めたわけではなく，南部の米作地域が主力であったことを否定するものではない。しかしながら，1930年代に入り逼迫する米供給の中で，これら地域が一定の役割を果たし，それを支えたのが満洲粟であったことも否定できない。この意味において，第1章に示した帝国の領域内での米自給体制には綻びの穴が空いていたのである。

---

24) 『朝鮮米穀要覧』によると昭和初期の朝鮮の一人当たり粟消費量は0.3石余であり，50万斤は2,300人以上の消費量に相当する。

Ⅳ　満洲粟と日本の食料供給

第4章では戦前の日本とその植民地の食料供給がどのようにして支えられたのかという問題意識に立ち，従来の内地に仕向けられた朝鮮米や満洲大豆のみならず，朝鮮に仕向けられた満洲粟に着目し，当時の東アジアの食料貿易の一端を明らかにした。具体的には朝鮮・満洲間の主要貿易港である新義州税関の資料を用い，粟貿易の動向，仕出地と仕向地の地理的なパターンを描き出した。当時の満洲から朝鮮向け貿易の主要な部分を粟に代表される農産物が占め，期間を通じて重要な位置にあったことを示した。その結果，満洲国の建国以降，満洲・朝鮮間の貿易構造は変化したが，満洲粟が朝鮮の食料需給において果たした役割の重要性は変わっていないこと，魚類や果実類，米，大豆と比べて粟の仕出地と仕向地の地理的パターンが大きく異なることが明らかになった。すなわち，少数の主要産地と主要消費地である大都市を連結するというパターンではなく，面的な広がりを持つ多数の仕出地から，朝鮮各地の多数の仕向地にというものであり，都市の需要ではなく，農村部の需要に対応した貿易であったと考えられる。また，仕出地は満洲の粟栽培地域全体に認められるが，主要な仕出地は新京以南の南部に集中しており，満洲北部からは少ない。その背景には満鉄の路線が南部に展開していたことと，東清鉄道沿線のハルビン周辺と比較した安奉線経由ルートの優位性を指摘できる。一方，仕向地も朝鮮全体に広がっているが，主要な仕向地は平安北道や咸鏡南道を中心とする北部である。北部は従来的には粟栽培地域であるが，1920年代以降に急速な米作の拡大がみられた地域でもある。食料事情が逼迫していく中で，こうした地域に大量の満洲粟が仕向けられたことが明らかになった。

この点を踏まえれば，植民地内で食料は自給できていたのか，内地に移出された朝鮮米の生産を支えた朝鮮農村の食料供給は域内で完結し得たのか，という本章冒頭の問いの答えは否である。食料は植民地の域外に依存しなければならなかったのである。無論，満洲粟が朝鮮の食料供給のすべてを支えたわけではない。当時の耕地の増加や生産性の向上もあわせて議論されねばならないが，満洲粟が朝鮮農村の食料需給の一翼を支えたことは明確である。その意味において，戦前の日本が目指した植民地を含めた帝国の領域内での安定した食料供給の仕組みが完結していたとはいえない。米の領域外への依存はなかったが，米以外の穀物は少なくない量を域外に依存しており[25]，食料供給上の脆弱性を指摘することができる。実際，第1章に示したように，1939年の干ばつを契機としてそれまでの帝国の領域内での食料供給は瓦解する。

脆弱性とは米への執着，あるいは米以外の穀物に対する過少といえる評価でもある。日本の食料供給に関する議論は米を中心として展開してきたが，ここで示したように食料供給は米のみに依存しているわけではない。逆に米の供給のみに焦点を当てすぎることで，見逃されてしまいかねない点も存在する。翻って，今日の食料供給に目を向けるとき，同じ指摘ができる。米に関しては海外依存に抵抗があり，高い自給率を維持している。しかし，それ以外の小麦や大豆，トウモロコシのほぼ全量を海外に依存し続けてきた今日の日本の食料供給の仕組みは，当時以上に米以外の穀物によって支えられる食料供給システムということができるからである（図1-2，図1-5）。一方で，盛んに展開される米自給の議論に対して，これら穀物の自給に関わる議論はほとんど聞かれない[26]。今日の日本の食料供給とそれに占める米の位置を踏まえるとき，米の議論のみが求められているわけではない。米に対する関心の高さとそれ以外の穀物への関心の低さは戦前にも今日にも共通している。このような状況を鑑みる時，当時の東アジアの食料貿易は今日の食料供給を考える上でも重要な示唆に富む。

25）ここでは言及していないが，図II②に示したように小麦の供給の多くも北米や豪州に依存していた。

26）そうした米のみに焦点を当て続けてきた議論の背景については，藤原（2007）や岩崎（2008）の「稲の大東亜共栄圏」や「日本米イデオロギー」という側面から検討する必要があるかもしれない。なお，「稲の大東亜共栄圏」という言葉はもとは寺尾（1942）に由来するものであるが，ここではそれに対する藤原の議論を指している。あるいは，東アジアの主食は米として語られることも多いが，それは近代以降に作り上げられた言説ということもできる。五穀豊穣ともいわれるように本来，米だけでなく麦や粟，豆なども重要な穀物であった。

第5章　工業統計表と台湾貿易四十年表からみた戦前の台湾における日本食品
――海外市場進出と受容の推計――

すでに第3章では様々な日本の食品企業が海外市場の開拓に携わってきたことを示した。ここでは図II①下段右の海外に向けられた市場開拓型のチェーンに着目し，それら企業が提供した食品が現地市場にどのように受容されたのかという実態を検討する。市場開拓型のチェーンの構築において，海外居住の日本人の消費をターゲットにしたものと，現地の人々の需要にも応えるものがあったことは指摘したが，ここでは具体的に台湾における日本食品を取り上げて，どの程度現地社会に受け入れられたのかを描き出す。これによって，戦前の日本が構築したフードチェーンが，一方的に内地の食料供給を支えるためだけのチェーン，あるいは海外の日本人社会の需要を支えるためだけのチェーンであったのか，あるいは双方向的な動き，すなわち海外の現地社会の消費に対応するチェーンでもあったのかを検討したい。

I　台湾における日本食品

図II②に示したように戦前期の台湾と内地の間には大量の食料貿易があった。台湾からの砂糖や米の移入が当時の日本を支えたことはよく知られているとおりで，研究蓄積も多い。古くは砂糖に関しての矢内原(1929)，米に関しての川野(1941)などの成果があり，その後も持田(1970)，大豆生田(1993b)，松田編(2012)，矢ヶ城(2012)など多くが言及しているところである。その一方で，少なからぬ食料が日本から台湾へと送られていたことも事実である。台湾の移出額に占める食料の割合(「飲食物及び煙草」「穀物，穀粉，澱粉類及び種子」でほぼ9割を占める)には遠く及ばないものの，台湾の移入額における首位は「飲食物及び煙草」であり，2から3割のシェアを占めている(荒木 2014)。また，日本統治時代は様々な洋風あるいは和風(日本式)の生活スタイルや食文化が台湾に持ち込まれた時代でもあり，カフェなど新しい食生活のスタイルがもたらされた(末光 2012; 陳 2009, 2011; 廖 2012)。こうした食文化・食生活を享受したのは内地から台湾に渡った日本人とみることもできる一方で，広く台湾の現地人[1)]にも受容されたとみることも可能である。例えば，許(2013)においても，台湾料理における日本の影響が示されている。また，曾(2011)では日本料理を提供する統治時代の酒楼が描かれている。

このように当時の台湾の社会にも日本の食文化，あるいは西洋風の食文化が受け入れられていたことはうかがい知ることができるが，それを量的に把握することは困難である。そこで既存の工業統計と貿易統計を用い，以下のような方法で日本食品の受容を推計した。①消費者集団として日本および台湾の人口を把握する。その際，台湾の人口においては台湾居住の内地人の人口および現地人の人口を区分した。②当該食品の生産量を把握することで，内地における一人当たりの消費量を概算した。その際，輸出量を差し引いて計算する必要があるが，十分なデータの得られていないものもあり，便宜的に生産量で代替した。③当該食品の台湾への移出量を把握し，台湾における一人当たりの消費量を概算した。その際，台湾居住の内地人の一人当たり概算消費量と②より得られた数字とに大きな乖離がなければ，概ね台湾居住の内地人をその食品の消費者と想定することができる。逆に，台湾在住内地人の一人当たり消費量が大幅に②の数値を上回れば，その食品が台湾在住の内地人だけではなく，現地人にも受容されていたとみなすことができる。

当時の食品製造量のデータについては主として『工業統計表』，台湾への移出データについては台湾総督府財務局編『台湾貿易四十年表　自明治29年至昭和10年』(1936)を用い，これを経済安定本部民政局編『戦前戦後の食糧事情』(1952)や東洋経済新報社編『昭和産業史』(1950)，大川一司編『長期経済統計　推計と分析　鉱工業』(1972)，溝口敏行編『アジア長期経済統計　台湾』(2008)などの統計資料によって補った。

『工業統計表』は当時の商工省(経済産業省の前身)による統計で，1938年までは『工場統計表』であるが，煩雑さを避けるため『工業統計表』で統一し

1)　第5章における内地人，現地人という呼称は典拠とした『日本長期統計総覧』に基づいた。ここでは台湾における内地人や外国人以外を指す言葉として使用した。

た。『台湾貿易四十年表』は1897～1935年にかけての台湾の輸移出入を，移出291項目，移入429項目，輸出397項目，輸入533項目に渡って網羅した詳細な貿易統計である。以上が基礎とした2つの統計である。これを以下の諸統計で補った。まず，経済安定本部民政局による『戦前戦後の食糧事情』(1952)は1930～39年と1946～1950年(昭和5～14年と昭和21～25年)の食糧バランスシートである。その前書きにもあるように，朝鮮と台湾という米の供給地を失い，長年の米食の相当量を粉食に切り替えざるを得なくなったこと，それに伴う戦前と戦後の食料消費構造の変化を把握するために作成された。各品目に渡って詳細な供給量が集計されているが，集計期間が限られている。また，『昭和産業史』(全3巻)は東洋経済新報社による昭和元年から25年(1926～1950)までの産業構造の変化を把握しようとした取り組みであり，『長期経済統計』(全14巻)は近代日本経済の歴史統計を推計した統計書で東洋経済新報社から1965年から1988年にわたって刊行された。『アジア長期経済統計』(全12巻)は前記『長期経済統計』をひな形にしたプロジェクトで，同様に東洋経済新報社から刊行が進められている。

図5-1は19世紀末から第二次大戦前夜までの日本の内地と外地・植民地における人口を示したものである。階段状にみえるのは，1910年より朝鮮が組み込まれているためである。内地人口を100とした場合に台湾の人口は1896年の6.26から1940年の8.45と年次によって多少の変動はあるものの，概ね7前後の値で推移する。一方朝鮮は1910年の27.07から1940年の32.96と変動はあるものの概ね30前後の値となる。また，内地人，現地人，外国人別の台湾の人口を示したのが図5-2である。それによると1896年から1940年の期間中に250万人余から約600万人への人口増加がうかがえる[2)]。

以下ではこの人口比に基づき，日本から台湾に移出された食品の貿易量を検討したい。その際，一般的な穀物や野菜，果実などの農産物，キノコなどの林産物，魚介類などの水産物は，日本料理であっても台湾料理であっても，あるいは他の地域の料理であっても食材として使用される。このためこうした農産物や林産物，水産物の貿易量を把握しても，文化としての日本食の受容を類推

2)　この期間の内地人口の伸びは約42百万人から72百万人である。

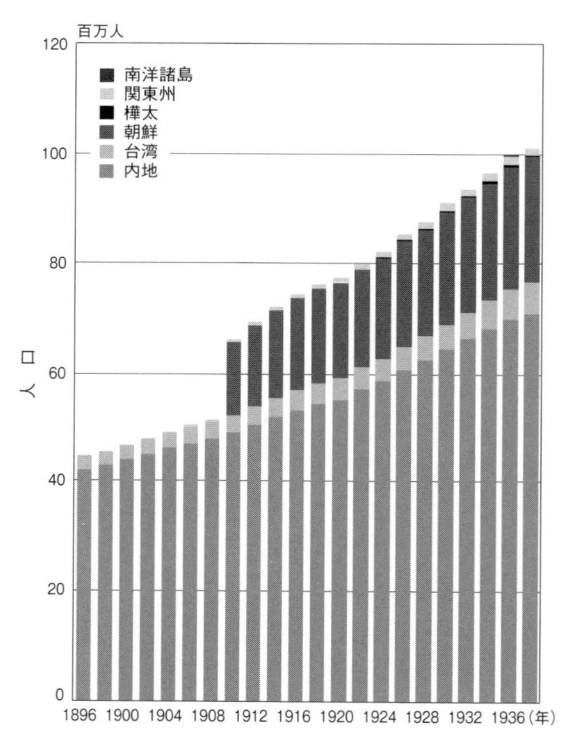

図5-1　地域別人口の推移(1896～1938年)
資料：『日本長期統計総覧』

することはできない。日本料理における使用が特徴的な食品や食材に着目する必要がある。このような観点から，取り上げる食品として，調味料類から醤油，味噌，食酢，「味の素」[3]を，酒類から清酒(日本酒)を，水産物から寒天，鰹節に

3)　「味の素」はうまみ調味料の商標であるが，『台湾貿易四十年表』などでも「味ノ素類 Ajinomoto & the like」として味噌や醤油と並んで独立した項目として取り上げられている。それをふまえて「味の素」という表記を採用した。以下煩雑さを避けるため括弧は省略。なお，ここで「味の素類」としているのは，株式会社鈴木商店(味の素株式会社の前身)の商品である「味の素」とは別に「旭味」などの類似の商品を含むためである。実際，「食の元」「味の恵」「味の園」などの類似品が存在し，同社の社史である『味の素沿革史』(1951)では33品目(1930年)がリストアップされている。また，当時はうまみ調味料という表現は存在せず，『昭和産業史』では食品工業の中にグルタミン酸ソーダ工業として位置づけられている。なお，後掲の図5-5に示しているのは「味の素類」ではなく「味の素」のみである。

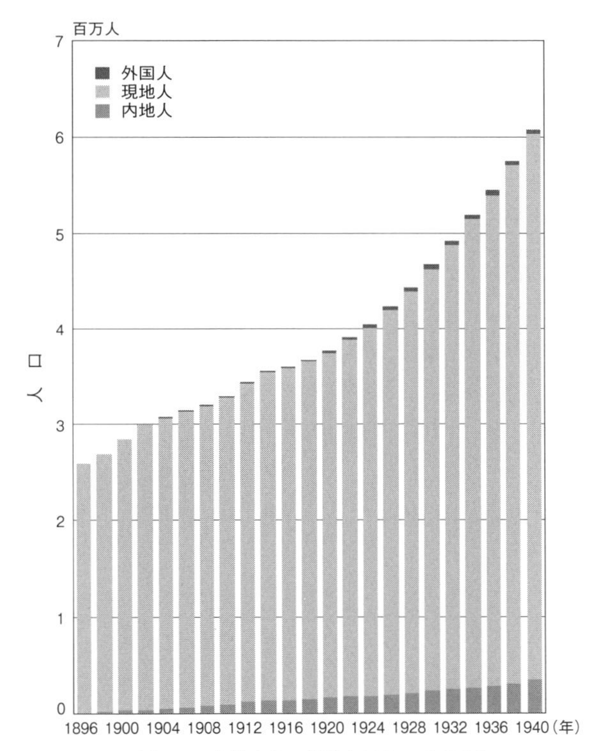

図 5-2　台湾の人口推移（1896～1940 年）
資料：『日本長期統計総覧』

着目した。いずれも日本料理に関わりの深いものであり，これらの台湾における消費量を推計することで，文化としての日本食の受容を推し量るものとした。また，あわせて酒類としてのビール，ワインも比較検討した。

Ⅱ　一人当たり生産量，消費量，移出入量からみた日本食品の受容

1．調 味 料

ここでは日本食品受容のひとつの指標として調味料に着目する。取り上げたのは醤油，味噌，食酢，味の素である。『工業統計表』に基づいて対象食品の

1920～30年代の生産量を示した図5-3からは醤油，味噌ともに生産量が漸増していることがうかがえ，食酢も一定量の生産を維持している。図5-4は『台湾貿易四十年表』による各調味料の1901年から1930年までの台湾への移入量で，醤油と食酢が一定量を保っていること，味噌の移入が1905年前後より急速に減少していることがうかがえる。同統計による味の素類についての移入量は不明であるが，移入額は1917年の77千円を皮切りに，1929年には742千円とほぼ10年で10倍に拡大し，1930年以降は1,500千円以上で推移する。1920年代後半に急速に移入を拡大している。なお，醤油や味噌は日本の伝統的な調味料といえるが，類似した調味料は台湾をはじめ東アジア各地に存在している。しかし，製法や材料などに違いがあり，完全に代替や互換のできるものではない。また，1936年に登場した「金蘭醤油」など中国の伝統的な醤油に日本の技術を加味して作り出されたものもある[4)]。このため，輸送費のかかる日本からの移入品の消費は日本食品受容の一端を示すものと考えた。

1）醤　油

図5-3に示すように当該期間の『工業統計表』にみる内地の「醤油及溜」の生産量は漸増している。また，図5-4からも概ね移入の拡大傾向がうかがえる。特に1920年代以降は順調な伸びで，1920年から30年の10年間でおよそ1.6倍の増加をみる。こうした状況下での需要量を表5-1に基づき検討する。1930年の『工業統計表』に基づく醤油及溜の生産量は約4.7百万hL（ヘクトリットル）である。これに対して，農林水産省のデータに基づく「しょうゆ情報センター」の提供する統計では生産量が6.8百万hLとなり，若干の差異が認められる。『工業統計表』に基づいた内地人の人口一人当たりの生産量は年に7.35Lとなり，「しょうゆ情報センター」の場合は10.59Lとなる。『戦前戦後の食糧事情』による同年の一人一日当たり供給量は39.1g（グラム）で，365を乗すると14.3kg/人年となる。醤油の比重を1.2とすると約11.9Lが得られる。一方，『長期経済統計　鉱工業』によると，1930年の醤油生産量のうち，工場生産分として788,870千トン（約6.6百万hL），自家醸造分として180,464千トン（約1.5百万hL）を示しており，合計で969,334千トン（約8.3百万hL）となる。これに基づくと一人当たりの生産量は12L程度が得られ，『戦前戦後の食糧事情』とほ

4)　同社ホームページ（http://www.kimlan.com/en/e_museum04.html）による。

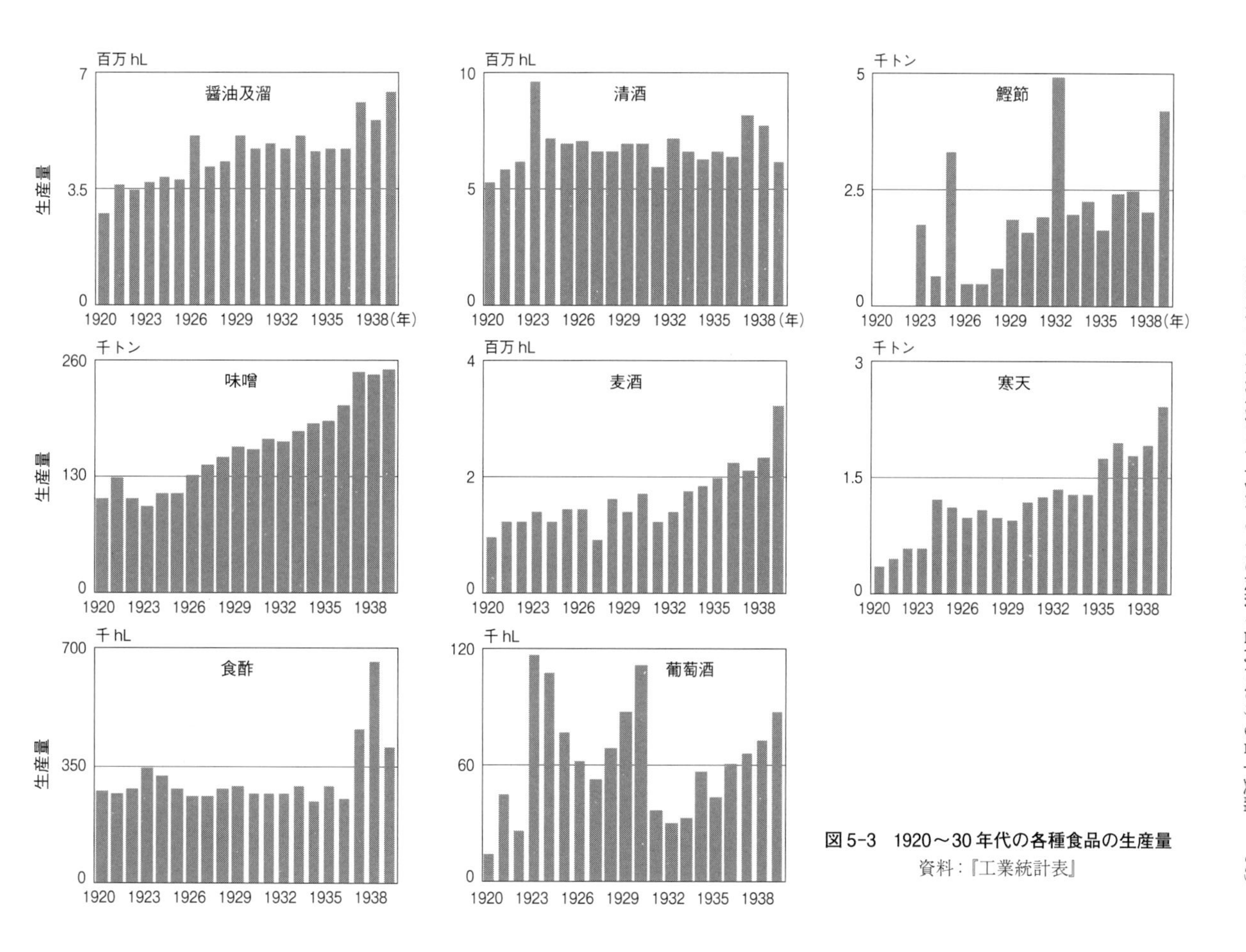

図５-３　1920～30年代の各種食品の生産量
資料：『工業統計表』

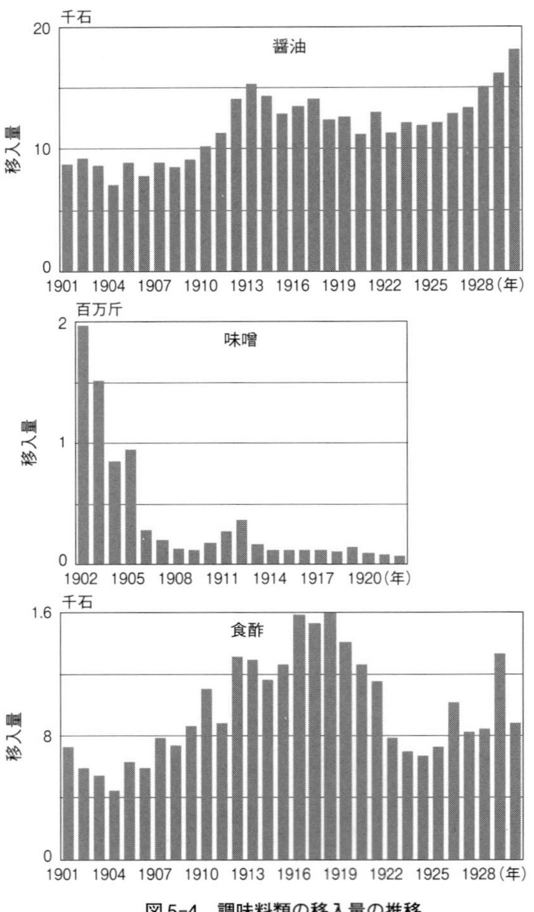

図5-4　調味料類の移入量の推移

資料：『台湾貿易四十年表』

ぼ同程度となる。ちなみに醤油情報センターによる一人当たり消費量(年間出荷量を総人口で割ったもの)は1980年代半ばまでがおよそ10L余，それ以降は漸減し，1995年に8Lを，2009年に7Lを下回り，2013年で6.2Lとされている。1930年代にもおよそ10～12L前後の水準であったと想定することができる。

一方，台湾への移出量は18千石余(1930)で，台湾の内地人の人口一人当たりでは7.8升(14L余)となる。内地の一人当たり推定消費量よりも若干多めで

表5-1　調味料の一人当たり生産量，移入量の推計

		生産量			供給可能量	内地の人口一人当たり生産量	植民地を含む人口一人当たり生産量	内地の人口一人当たり生産量	植民地を含む人口一人当たり生産量	内地の人口一人当たり生産量	一人一年当たり供給量	移入量	台湾の人口一人当たり移入量	台湾の内地人の人口一人当たり移入量
	出典	①	②**	③	④	①	①	②	②	③	④	⑤		
	年＼単位	hL	kL	千トン	千トン	L/人	L/人	kg/人	kg/人	l/人	kg/人	石***	升/人	升/人
醤油*	1930(昭5)	4,736,942	682,560	969,334	939	7.35	5.2	10.59	7.5	12.53	14.3	18,134	0.39	7.80
	1932(昭7)	4,717,965	694,656	968,406	954	7.1	5.04	10.46	7.42	12.15	14.1	19,824	0.40	8.00
	1934(昭9)	4,658,247	880,200	928,541	968	6.82	4.83	12.89	9.12	11.33	13.9	3,512,905	0.38	7.30
	年＼単位	kg		トン	千トン					kg/人	kg/人	斤		斤/人
味噌	1902(明35)											1,969,816		41.9
	1930(昭5)	159,620,389		718,391	707					11.15	10.7			
	1932(昭7)	169,704,299		774,412	763					11.66	11.2			
	1934(昭9)	189,872,976		732,687	721					10.73	10.3			
食酢	年＼単位	hL				L/人	L/人					石****	升/人	升/人
	1930(昭5)	264,268				0.41	0.29					884	0.03	0.69
		生産量			需要	内地の人口一人当たり需要量	植民地を含む人口一人当たり需要量	内地の人口一人当たり生産量	植民地を含む人口一人当たり生産量			台湾での味の素需要	台湾の人口一人当たり需要量	台湾の内地人の人口一人当たり需要量
	出典	⑥			⑥	⑥	⑥	⑥	⑥			⑥		
	年＼単位	トン			kg	g	g	g	g			kg	g	g
味の素	1934(昭9)	1,720			1,228,597	17.99	12.73	25.18	17.82			260,880	50.22	987.13
	1936(昭11)	3,120			2,011,162	28.68	20.17	44.5	31.29			482,947	88.58	1,702.28
	1938(昭13)	3,316			2,995,998	42.19	29.64	46.7	32.18			558,417	97.17	1,797.01

*工業統計表では醤油及溜

** しょうゆ情報センター(https://www.soysauce.or.jp/arekore/index.html)原資料は農林水産省食糧庁

***1934年の単位はリットル　次欄の一人当たりの数値は1升＝1.8リットルにて換算した。

**** 台湾貿易四十年表では「打(dozen)」「石」の単位が混在している。「打」を一升瓶12本として換算し合計して得られた数字である。

出典：①工業統計表，②しょうゆ情報センター，③長期経済統計，④戦前戦後の食糧事情，⑤台湾貿易四十年表，⑥昭和産業史

推移しており，内地人以外にも若干の需要が存在していたとみることができる。なお，『台湾貿易四十年表』によると台湾からの醤油の移出は大正年間から昭和初年に若干量があるものの最大で8,377升(1921年)程度でおおよそ数千升で推移する。また，輸出量は明治期に1～2千升，大正期には漸次一万升程度にまで増加，昭和期には上下があるものの数千升で推移している。1930年の移出量の18千石(1,800千升)と比べて，少量であること，輸移出には台湾の伝統的な醤油も含まれていることが類推できることなどから輸移出の影響は加味しないものとした。

2) 味　噌

図5-3，4に明らかなように当該期間の味噌の生産量は順調に増加しているが，移出量は1905年前後に急減し，1920年代には移入そのものが途絶えてしまう。この時期の味噌の需給を把握することは難しいが，『戦前戦後の食糧事情』によると1930年から1938年までの期間の一人一日当たり供給量は約30g程度で推移している。365を乗すると約11kgとなり，これを年間消費量と見立てることができる。なお，『工業統計表』による明治末の味噌の生産量は10,300,541貫で，これを当時の人口で割って得られる一人当たり生産量はおよそ0.2貫(0.75kg)程度である。ただしこれは工場で製造される味噌であり，伝統的な製法で自家生産されていた味噌は含まれない。一方，『長期経済統計』では醤油同様に味噌の生産量を工場生産分と自家醸造分にわけ，1930年の工場生産分は478,257トン，自家醸造分を240,134トンとしている。これに従うと，内地の人口一人当たり生産量は約11kgとなり，『戦前戦後の食糧事情』に基づく推計と一致する。

一方，台湾への移出量は，『台湾貿易四十年表』で最大の1902年で1,969,816斤となっている。これを当時の台湾における内地人の人口47,062人によって，一人当たりの移入量とすると41.9斤となる。1斤=600gとして25.2kgであり，上記の推計値の11kgと比較しても，1902年には台湾における内地人の人口に対しては十分と思われる味噌が移出されていたことがうかがえ，台湾社会での味噌の需要の広がりを想定できる。しかし，その後の貿易量の減少は顕著で，明らかに一人当たりの移出量は内地の供給量の11kgを下回る。これは，台湾の内地人が味噌を消費しなかったというよりも，醤油に比べて製法が簡単なこともあり，台湾での味噌製造が現地化していったことが想定される。

3) 食　酢

酢も醤油や味噌と同様に類似の調味料が台湾においても存在していたと考えるのが妥当である。図5-3，4からは国内の生産量が安定していたこと，移出量は第一次大戦の終了(1918年)までは増加を続け，その後貿易量が落ち込むものの1925年以降は回復傾向にあることが読み取れる。同様に表5-1から一人当たりの需給をみると1930年の内地の人口一人当たり生産量は0.41 L，台湾における内地人の人口一人当たりの移入量は0.69升(約1.24 L)となり，内地の一人当たり生産量を上回る。内地から移入された食酢がある程度台湾社会にも受容されていたことがうかがえる。

4) 味 の 素

味の素類の台湾への移入が1920年代後半に拡大したことは既に記述したが，1930年代の味の素の生産量と需要分布を示した図5-5からもその拡大がうかがえる。図5-5上段の生産量の変化からは，味の素の生産量が1930年代を通じて順調に拡大するものの，戦争の進行とともに生産が落ち込むことがうかがえる。同下段の需要分布からは内地での消費が6割前後を占めるものの，かなりの量が輸移出にあてられていることがうかがえる。中でも台湾の占める比率は朝鮮を上回り，特に1930年代後半の需要量は注目される。年度による差はあるものの，台湾の需要量は内地の2割前後となり，図5-1に示すように人口では内地の1/10に満たない台湾の需要の多さが顕著である。また，台湾の約4倍の人口をもつ朝鮮の需要量は概ね内地の1割以下であることと比較しても，台湾における旺盛な味の素の需要がうかがえる。

一方，表5-1からは最盛期の1938年の内地の需要量は2,995,998 kg(昭和産業史)で，これに基づいて一人当たり需要量は42.19 gとなる。なお，同年の生産量の3,316トンを母数として植民地を含む人口で除した一人当たり生産量は32.81 gである。一方で，台湾の人口一人当たりの需要量は97.17 g，台湾の内地人の人口一人当たりでは1,797.01 gと極端に多い値が得られる。これは，内地以上に台湾での味の素の消費が旺盛であることを示している。実際，味の素の社史『味の素沿革史』や『味の素グループの100年史』でも「味の素の沿革史に就いて，特に重視すべきものは，台湾島に於ける異常な売れ行きである」(味

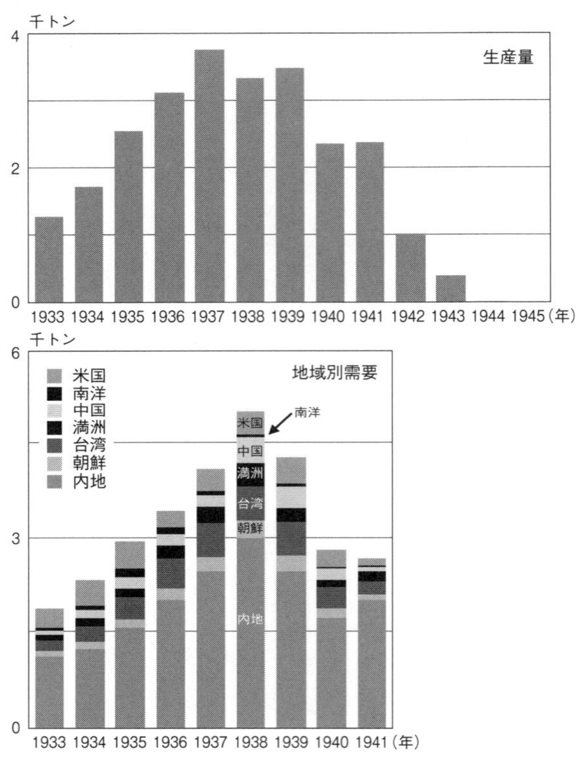

図 5-5　味の素の生産量と需要分布状況の推移

資料：『昭和産業史』

の素沿革史 p.443)，「「味の素」の海外での売り上げは急速に増大し始めた。中でも台湾の数値が群を抜いているが〜」(味の素グループの 100 年史 p.122) などとして，台湾における消費が内地をしのぐ勢いであったことが描かれている。あわせてこれらの社史では台湾での消費が一般家庭からではなく，屋台などを含めた料理店に牽引されて成長したことが指摘されている。このように味の素に関しては，戦前の台湾において内地人以外にも広く受容された調味料であったといえる。

2. 酒　類

酒類として，清酒(日本酒)に着目し，麦酒(ビール)と葡萄酒(ワイン)[5]も併せて取り上げた。清酒の台湾における普及は日本食品の受容の一断面をよく示すと考えられるからである。また，麦酒と葡萄酒の飲用の広がりをもって文化としての日本食の普及とはいえないが，台湾だけでなく当時の東アジアで広く認められた食習慣・食文化の西洋化と日本食品の広がりとを並行して検討するために採用したものである。なお，『台湾貿易四十年表』による台湾への移入量の推移を示した図5-6からは酒類各種ともに貿易量が増加傾向にあることがうかがえる。清酒に関しては年度によって統計単位が異なり，1922年までは瓶詰めのものと樽詰めのものの集計が独立しており，前者は一貫して増加，後者は減少している。しかし，1921年時点で前者の移入額は2,614,712円，後者は1,068,560円と2倍以上の開きがある。このため概ね一定程度の移入量を保ってきたとみられる。なお，1923年以降は同一の集計単位で，微増傾向が読み取れる。一方で麦酒は一貫した増加，葡萄酒も1923年に大きな落ち込みがあるものの概ね増加傾向を示している。

1）清酒(日本酒)

図5-3に示すように『工業統計表』にみる清酒の製造量は1920年代から30年代にかけては多少の変動はあるものの概ね5～6百万hL前後で推移している。この期間の国勢調査による内地人口は59,737千人(1920年)から71,933千人(1940年)と約1.2倍の増加である。これに基づいて内地の人口一人当たりの清酒の生産量を計算したのが表5-2であり，1930年で約10.8L(6升)となる。輸出量に関する十分なデータが得られなかったため推計となるが，それをやや下回る量が一人当たりの年間仕向け量となると推計される。

一方，台湾の清酒移入量は1930年で223,315ダースなどとなっており，1ダースを一升瓶12本と換算すると，台湾における内地人の人口一人当たりの移入量は一升瓶11.54本となる。この他に喜多(2009a，b)が示すように当時の台湾においても清酒の醸造がおこなわれていたことが知られており，内地からの移入量が台湾における消費をすべてまかなっていたというわけではない。こ

---

5)　戦前期の統計ではビールは麦酒，ワインは葡萄酒との表記が一般的であるため，ここでは麦酒，葡萄酒を用いた。

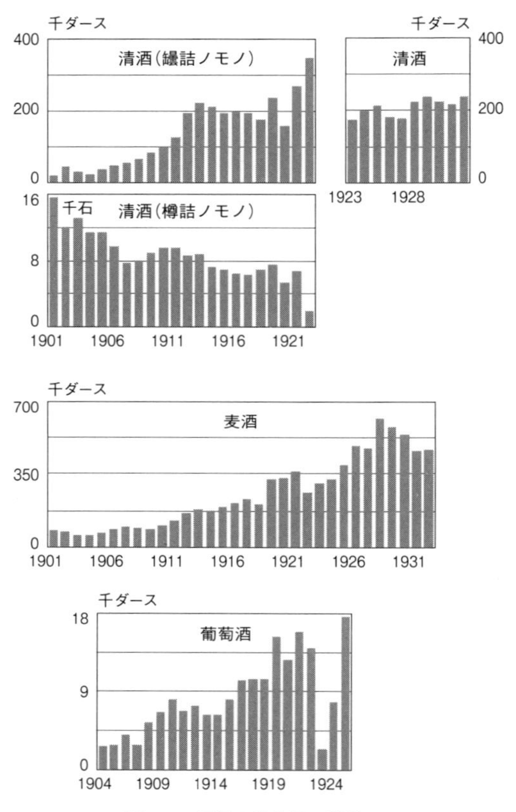

図5-6　酒類の移入量の推移
資料：『台湾貿易四十年表』

のため，台湾での内地人の人口一人当たり消費量は11.54本を多少上回る数値になると推察できる。いずれにしても台湾における内地人の人口一人当たりの移入量あるいは消費量は，内地の一人当たり生産量である10.8L(6升)を大きく上回り，清酒が台湾居住の内地人だけではなく，少なからず現地人の飲酒の対象となっていたことが推測できる。

なお，『戦前戦後の食糧事情』による1930年の清酒生産量は5,057千トン，輸出が27千トン，貯蔵の変化が33千トンで，供給可能量5,063千トンとなっている。それに基づいて，同統計では一人一日当たり供給量を37.4gとしている。

365を乗して13.651 kgとなり，1升(1.8l)を1.8 kgとすると一人当たり7.6升となる。『工業統計表』に基づく表5-2の数値を若干上回るが，台湾における一人当たり移入量には届かない[6)]。いずれにしても内地の一人当たり消費量よりも台湾の内地人の人口一人当たり消費量が大きくなっており，そこから導かれるのは清酒の飲用が台湾居住の内地人以外にも広がっていたであろうということである。

2) 麦酒と葡萄酒

1920年代から30年代にかけての麦酒と葡萄酒の生産量は図5-3に示すように，前者では増加傾向がみられ，後者でも変動があるものの1930年代以降は増加傾向がみて取れる。一方，移入は両者ともに拡大している(図5-6)。表5-2によると人口(植民地含む)一人当たりの麦酒生産量は1928年と1930年で約1升となり，1932年にはややそれを下回る。これに対して台湾への麦酒の移入量は1928年に616,974ダースとなり，633 ml壜として換算すると46,865 hLとなる。なお，台湾の人口一人当たり移入量は1.67壜，内地人の人口一人当たりでは35.1壜となる。これは前記の一人当たり麦酒生産高の約1升を大きく上回っている。ちなみに『戦前戦後の食糧事情』による麦酒の生産量は1930年に864千石，供給可能量は757千石(1,362,600 hL)となる。また，一人1日当たり供給量は5.7 gとなっており，365を乗すると2.081kg(約2L余)となり，ほぼ一人当たり生産量に近い値が得られる。

なお,『台湾貿易四十年表』において麦酒の輸入は認められず，内地からの移入および1920年に販売が開始された高砂麦酒株式会社(台北)の「高砂麦酒」が需要を支えたと考えられる。『アジア長期経済統計　台湾』によれば，台湾での麦酒の生産量は720 hL(1930年)で戦前のピーク時でも2千hL(1940年)にとどまり，需要の大部分は移入によってまかなわれたと考えられる。一方，移出は1920年代を中心に年間数十ダースにすぎず，輸出も1921～1924年に年間数万ダースの実績があるがそれ以外は2千ダース以下であり，移入量の趨勢に大きく影響するものではない。

一方，葡萄酒の場合に比較可能な数値の得られた1934年の生産量は13.6千

---

6)　『戦前戦後の食糧事情』では清酒生産量を『大蔵統計年報』における査定石数をもとに計算されている。また前年度繰り越し，輸出入も『大蔵統計年報』によっている(麦酒，葡萄酒も同様)。このため『工業統計表』に基づく数字とは差異が生じる。

表5-2 酒類の一人当たり生産量，移入量の推計

		生産量		供給可能量	内地の人口一人当たり生産量	植民地を含む人口一人当たり生産量	内地の人口一人当たり生産量	植民地を含む人口一人当たり生産量	一人一年当たり供給量	移入量	台湾の人口一人当たり移入量	台湾の内地人の人口一人当たり移入量
	出典	①	②*	③	①	①	②	②	③**	④	④	④
清酒	年＼単位	hL	石	千トン	L/人	L/人	升/人	升/人	kg/人	ダース	本/人	本/人
	1930(昭5)	6,968,099	3,851,102	5,063	10.81	7.65	5.98	4.23	13.7	223,315	0.57	11.54
	1932(昭7)	7,166,774	4,094,611	4,314	10.79	7.65	6.16	4.37	11.4	237,665	0.58	11.48
	1934(昭9)	6,295,158	4,056,263	4,500	9.22	6.52	5.94	4.2	11.6	2,864,669	0.55	10.84
麦酒	年＼単位	hL	石	千トン	L/人	L/人	升/人	升/人	kg/人	ダース	壜/人	壜/人
	1928(昭3)	1,626,616	892,892		2.6	1.85	1.43	1.02		616,974	1.67	35.1
	1930(昭5)	1,690,571	820,589	757	2.62	1.86	1.27	0.9	2.1	539,082	1.38	27.8
	1932(昭7)	1,419,961	767,239	679	2.14	1.52	1.15	0.82	1.8	462,776	1.13	22.3
葡萄酒	単位	hL	千石		L/人	L/人	合/人	合/人		ダース	壜/人	壜/人
	1934(昭9)	56,523	13.6		0.08	0.06	0.20	0.14		354,078	0.07	1.34

出典：①工業統計表，②昭和産業史，③戦前戦後の食糧事情，④台湾貿易四十年表
*原資料は酒造組合中央会調(清酒)，大蔵省調(麦酒)，寶酒造調(葡萄酒)
**同統計より得られた一人一日当たり供給量に365を乗した数値　同統計の原資料は大蔵統計年報

表5-3 水産物の一人当たり生産量，移入量の推計

		生産量(1)	内地の人口一人当たり生産量	植民地を含む人口一人当たり生産量	台湾の移入量	台湾の人口一人当たり移入量	台湾の内地人の人口一人当たり移入量	台湾の移出量(2)	台湾の移出量と内地生産量の合計(1)+(2)	内地の人口一人当たりの移出量と生産量の合計
	出典	①	①		②			②	①②	
鰹節	年＼単位	kg	g	g	斤	g	g	斤	kg	g
	1930(昭5)	1,571,286	24.4	17.3	108,066	13.9	279.1	976,618	2,157,257	33.5
	1932(昭7)	4,913,789	74.0	52.5	107,616	13.1	259.8	565,978	5,253,376	79.1
	1934(昭9)	2,274,936	33.3	23.6	131,913	15.2	299.5	634,179	2,655,443	38.9
寒天	年＼単位	kg	g	g	斤	g	g			
	1930(昭5)	1,174,513	18.2	12.9	32,909	4.2	85.0			
	1932(昭7)	1,354,054	20.4	14.5	47,910	5.8	115.7			
	1934(昭9)	1,298,808	19.0	13.5	45,696	5.3	103.7			

出典：①工業統計表，②台湾貿易四十年表
*1斤=600 gとして換算

石(昭和産業史)であり，それに基づく内地の人口一人当たり生産量は0.2合にとどまる。『工業統計表』による生産量は56,523 hLで内地の人口一人当たりでは0.08 L(0.44合)程度である。これに対して台湾の葡萄酒移入量は354,078ダースであり，台湾の人口一人当たりでは0.07本，台湾における内地人の人口一人当たりでは1.34本となる。ワインボトル1本を0.75 Lとした時，明らかに台湾における内地人の人口一人当たりの移入量は，内地の人口一人当たり生産量よりも大きいことになる。なお，日本からの移入以外にも葡萄酒は台湾へ輸入されており，『台湾貿易四十年表』によると1934年は41,129 Lとなる。このため実際の一人当たりの消費量は若干多くなると考えられる。なお，『台湾貿易四十年表』では葡萄酒の輸入量の集計単位が移入量とは異なっているため直接の比較はできないが，輸入額は移入額の1/10程度であり，概ね内地からの移入によって需要がまかなわれたと考えられる。

以上から清酒の台湾での広がり以上に麦酒や葡萄酒の飲酒が台湾社会で受け入れられていたことがうかがえる。食文化の西洋化ということもできるが，これらの麦酒や葡萄酒の多くが日本からの移入によるものであり，日本料理の広がりというよりも，日本製食品の広がりとして理解することができる。

3. 水 産 物

水産物については冒頭に示したように，穀物や野菜などの農産物と同様に，日本料理，台湾料理を問わず使用される食材である。魚やカニなどは日本でも台湾でも食されるわけであり，日本料理に特徴的な食材とはいえない。そのためここでは，日本料理に特徴的な水産物として鰹節，寒天を取り上げた。

1) 鰹　節

鰹節は日本の伝統的な食材であり，台湾や東アジアにおいても類似品は一般的ではない。『工業統計表』によれば年による変動が大きいものの概ね1920～30年代を通じた増加傾向を読み取ることができる(図5-3)。一方，図5-7からは年変動があるものの，一定の移入量を維持していることがうかがえる。調味料や酒類と同様に表5-3から需給量を推計すると，1930年の内地の人口一人当たり生産量は24.38 gとなる。生産量の年変動が大きいものの，概ね20～30 g台で推移しているものとみられる。これに対して，台湾における内地人の人口一人当たりの移入量は279.12 gとなる。内地の一人当たり生産量の10倍

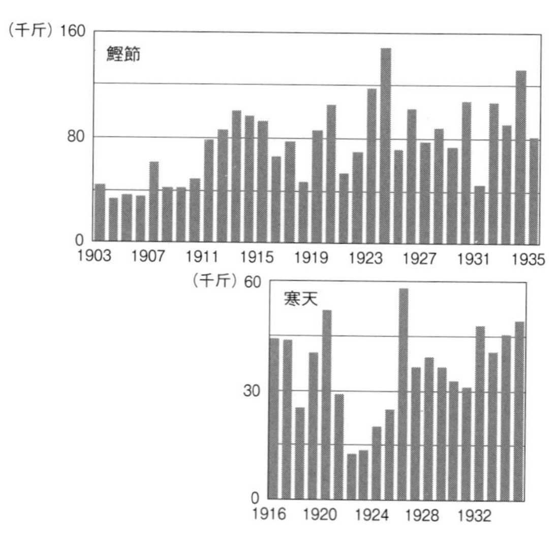

図 5-7　鰹節と寒天の移入量の推移
資料:『台湾貿易四十年表』

近い数値が得られ，内地人以外にも消費が広がっていたことがうかがえる。

一方で，この時期には台湾から日本に向けて大量の鰹節が移出されている。『台湾貿易四十年表』によれば1905年より継続的に対日移出が拡大し，1921年に百万斤を超え，ピークの1928年には1,884,384斤に達している。同年の台湾の移入量が88,069斤であるため，移入に対して20倍以上の移出量であったことがうかがえる。また1斤=600gとして換算すると，約1,131トンとなり，『工業統計表』による当時の国内生産量を上回る量である[7)]。これは除本(2005)の資料にみるように，当時の日本人漁業移民が就労した台湾の鰹節工場からの日本向け出荷によるものと考えられる。また，片岡(1984)によれば1920年代に台湾におけるカツオ漁業のピークがあり，1922年に鰹節818トン，そうだ節196トンなどの数字が挙げられている。なお，『台湾貿易四十年表』による台湾からの鰹節の輸出は数百斤，多い年で2～3千斤で，移出入に比べると極めて少ない。輸入は荒節が1928年に76千斤，1932年に33千斤という数値が認められ

7)　集計基準が異なるために単純な比較はできない。また，1930年代に入ると対日移出は減少し，内地の生産量が増える。

るものの，それ以外にはほとんど輸入実績が無く，例外的な動きと考えられる。

以上のように台湾で加工された鰹節の輸移出入も加味する必要がある。そこで，国内生産量に台湾からの移入量を加算して得たものが，表5-3右欄の数値である。この場合でも，台湾の内地人の人口一人当たりの移入量が上回っている。この他にも，台湾産の鰹節の台湾での消費，南洋諸島産の鰹節の消費なども留意する必要があり，簡単に結論することはできないが，台湾における鰹節消費の広がりの一端をみることができる。

2）寒　天

寒天も日本の伝統的な食材で江戸時代に広がったとされている。『工業統計表』によれば，1920～30年代にかけての順調な生産の伸びが確認できる（図5-3）。一方，『台湾貿易四十年表』によると移入は1920年代にやや減少するものの多くは40千斤台で推移していることがうかがえる（図5-7）。表5-3からは1930年の『工業統計表』による生産量に基づき，内地の人口一人当たりの生産量として18.2gが得られる。これに対して，『台湾貿易四十年表』に基づく移入量32,909斤から，台湾における内地人の人口一人当たり移入量は85.0gが得られた。この値は内地の一人当たり寒天生産量よりも4～5倍多くなる。ただし，寒天の輸出は1899年の210斤を端緒に，ピークの1926年には36千斤に達するなど，変動はあるものの数千斤を維持して推移している[8)]。1930年の輸出量は7,855斤であり，これを移入量の32,909斤から差し引くと台湾における内地人の人口一人当たりの仕向け量も25％程度減少することになるが，それでも内地の人口一人当たり生産量を上回る。なお，寒天の輸出の背景として，微生物培養技術の改良において寒天培地による細菌培養法が確立されたことで，国際的需要が増加したこと，主として中華料理に於ける高級食材である「燕窩（燕の巣）」の代用品として利用されたことなどが考えられる。このため，台湾での寒天の用途が，医療用や中華料理の代替食材として使用されていたともみられ，日本料理の食材としてのみ使用されたとはいえない。明確な需要量の判断はできないが，相当量の寒天が台湾に移出されていたことは指摘できる。

---

8)　図5-7の移入量ともほぼ連動した動きを示す。また，伝統的な寒天製造には冬季の低温が不可欠であり，台湾での製造が難しいことから，移入品が輸出に回されたことも考えられる。これら再輸出については明確な資料が得られていない。

一方，寒天の対日移出はほぼ皆無[9]であるが，寒天の原料である石花菜(テングサ)はまとまった量が移出されている。『台湾貿易四十年表』には変動はあるものの1900～1925年にかけておおよそ毎年30万斤前後が記録されている。同統計で石花菜の移入，輸入は認められず，輸出は1910年までに若干量が認められるが，移出量の1/5～1/10程度であり，石花菜貿易の主力は対日移出ということができる。日本に移入された石花菜の全量が寒天に加工されたわけではないであろうが，台湾での原料採取と日本への移送，加工後台湾へ寒天製品として移出という構図が存在していたことがうかがえる。

Ⅲ　台湾における日本(製)食品の受容

主として『工業統計表』と『台湾貿易四十年表』による生産量と移入量に基づいて，台湾における日本食の受容を検討した。具体的には日本料理で使用される調味料としての醤油，味噌，食酢，および味の素，酒類としての清酒，および麦酒と葡萄酒，水産物としての鰹節と寒天に着目した。これはあくまでも上記の統計に基づく推計値の検討であり，実際の需要量ではないことを断っておきたい。『戦前戦後の食糧事情』など関連する資料などで補うことに努めたものの，加味できていない要因も少なくない。安易に結論を急ぐべきではなく，さらに検討を加える必要があることを指摘した上で，現段階では以下のような知見が得られた。

まず全般的事項として，調味料，酒類，水産物の生産量と台湾への移入量に基づく比較からは，戦前の台湾社会において，これらの日本食品が内地人以外にも広がりつつあったことがうかがえる。味噌や醤油，清酒，鰹節など日本料理に特徴的な調味料や食材が内地の生産量と人口から想定される量を上回って移出されていたからである。また，日本料理のみで使用されたわけではなく，日本食と直接結びつくわけではないが，味の素や麦酒，葡萄酒，あるいは寒天などの日本製の食品も相当量が台湾に送られていたことが明らかになった。

次に各々の食品や食材の個別の特徴や留意点であるが，調味料では味の素の需要が特筆される。一人当たりでは内地を上回る旺盛な需要が認められた背景

9)　1911年に150斤のみ。

には，消費形態の違いが指摘できる。すなわち，内地では主として家庭での需要が想定されていたのに対し，台湾での需要を担ったのは屋台や食堂などの当時の外食産業であったからである。食品需要の広がりにおいてこうした内食と外食という需要の差異やその背景(外食文化や外食産業の存在とその広がり)などについても考察を深める余地がある。

酒類においては清酒以外にも麦酒や葡萄酒における需要の広がりが確認できた。これらは日本食というよりも洋食の広がりとして把握されるものであるが，台湾における麦酒や葡萄酒需要の多くが移入によって支えられおり，いわゆる日本食ではないものの日本製食品の広がりとして把握することができる。こうした動向をどのように解釈するかについての議論も待たれる。同様に水産物においても原料(カツオ，石花菜)の対日移出と製品(鰹節，寒天)の移入というパターンが認められた。おそらくは移出の多くが内地の需要にあてられたのであろうが，これらの原料からできる製品は台湾市場にも相当量が送られていたことが確認できた。このような動きの検討も深める余地がある。

以上から，戦前の内地と台湾との食料貿易については，図II①の2つの枠組みを基礎としながらも多様なパターンを持っているといえる。第1のパターンは貿易量も多く，従来の研究蓄積も多い砂糖や米に代表される資源調達型(台湾での生産と内地での消費)のものである。これに対して，第5章の検討からは，市場開拓型のパターン(内地で生産され台湾で消費)が認められ，清酒や味の素がそれに該当する。これを第2のパターンとするならば，その派生形として味噌や清酒，麦酒のように現地化され，台湾で生産され台湾で消費されるようになった日本(製)食品，さらに原料が台湾から内地に送られ，内地で加工された食品が台湾市場にも送られるという鰹節や寒天のようなケースも確認できた。何れにしても，食料資源の調達という文脈だけではない，多様なフードチェーンが当時の東アジアに構築されていたことがうかがえる[10]。

また，少なからぬケースにおいて，現地社会で日本(製)食品が受容されていることも明らかになった。今日の自由貿易を前提とした海外展開と，当時のブロック経済の下での海外展開は単純に比較できるものではない。しかし，ここ

10) それは第3章に示した多様なフードチェーンの一端を台湾において示すものであると同時に，第4章の朝鮮・満洲間の粟貿易も東アジアに構築されたフードチェーンの一端ということができる。

でみたように当時の食品製造業者らをはじめとする食品企業が市場の海外展開を模索していたことは事実である。その文脈において戦前の限られた時期かもしれないが，日本の食品企業の海外展開がアジアで受け入れられたということもできる。今日的文脈に照らし合わせるなら，その実態を把握し，当時の文脈を踏まえて分析・解釈することは，多くのアジア諸国において多様な海外事業を展開する今日の日本企業の方向性を検討する上でも，重要な観点を提供しうると考える。またその際，食品に着目することで，鉄鋼業や機械工業，化学工業の文脈に比べて，より文化的な側面を重視できることも付記したい。海外における日本(製)食品の受容は現地の食文化や当時の流行などと深い関連を持つからであり，日本の食品企業の海外進出は日本の食文化の海外進出とも読み替えることができるからである。今日の企業の海外展開の文脈においても，文化の受容という観点からのアプローチは有効である。

1937年に刊行された『経済地理学文献総覧』[1]（黒正・菊田 1937）に基づいて，戦前の経済地理学の枠組みと当時の研究動向を検討する。同書は和洋合わせて雑誌論文2,553本，書籍4,492冊を採録する大冊であり，これによることで当時の状況を把握することは可能であると考えた。その際，当時の経済地理学の枠組みは今日のそれとは同じではないという点にも配慮した。その結果，当時の産業構造を反映して，農業や農産物に関わる研究が工業や工業製品に関わる研究を凌駕していること，また，同時の国際情勢を反映してアジアや植民地に関する研究が盛んに行われていたことが明らかになった。これらはある意味当然といえるが，その一方で資源との関わりで自然地理学の成果が多く取り上げられていたこと，世界経済や国際金融など今日のいわゆるグローバル化の枠組みで取り上げられるテーマにも少なからぬ関心が寄せられていたことも指摘できる。こうした研究対象への関心だけでなく，経済地理学の枠組みやアプローチにも今日との違いが見られ，特に商業地理や商品地理の位置付けは大きく異なる。それらを古い商人地理の残滓ととらえるのではなく，産業分類に依拠する今日一般的な経済地理学の枠組みを相対化する観点として評価したい。

すでにみた1940年代までの食料の地理学の系譜と当時の状況を踏まえて，第1章に示した戦後から今日に至る農業地理学の枠組みを再検討する必要があると考えたからである。これが，本論部分とはやや趣旨の異なる論考を補論として配置した理由である。

1)　本来は『經濟地理學文獻總覽』と旧字体で表記されるが，煩雑さを避けるため文中では新字体で表記した。同講座の他の書物に関しても同様。ただし巻末の文献欄には旧字体で掲載した。

『経済地理学文献総覧』にみる戦前の経済地理学の枠組みと研究動向

Ⅰ　はじめに

この論考の目的は，戦前期の日本の経済地理学が有していた研究の枠組みを検討することから，今日の経済地理学に対する議論を提起することである。ここでいう枠組みとは，当該分野がどのような下位の分野によって構成されているのか（いたのか）ということであり，経済地理学とは何か，どうあるべきか，というような理念的な議論の展開を意図するものではない。具体的には過去に出版された文献目録を取り上げ，当時の文脈の中で経済地理学の研究対象をどのように分類，区分していたのかを分析する。いわば，当時の経済地理学のコンテンツやサブディビジョンの検討を目指すものである。

これを本書の補論として配置する背景には，第1部を通じて戦前の食料研究の渉猟を行い，戦後の研究では失われてしまったものの，今日でも十分に効果的な研究の視点がかつて存在していたことを確認できたことがある。すなわち，食料供給をどのようにして担うのかという議論や資源論，環境論に関わる分厚い研究蓄積が戦前の地理学において存在していたことである。これらは高度経済成長期以降の当該分野の議論の中では長く関心が払われてこなかったが，今日なお有効な観点を提供すると考える。例えば戦前に石田（1941）は食糧資源，食糧供給を論じる中で消費者と扶養者という観点を提示している。これは近年のフードシステム論と同じ観点でもある。筆者の取り組んできた食料研究のみならず，より広範な経済地理学の枠組みにおいて，同様の議論を提起できるのではないかと考えた。翻って，今日の経済地理学の枠組みといえば，第一次産業，第二次産業，第三次産業という産業分類による研究対象のとらえ方や研究の枠組み，下位区分といったものが一般的である。はたしてそれは戦前においても同様だったのであろうか。

そこで，具体的な分析対象として『経済地理学文献総覧』に着目して，当時の経済地理学研究の枠組みを検討する。1937年1月に叢文閣より『経済地理学講座』の別巻として刊行されたこの書物は，当時の経済地理学関係文献を網羅的に取り上げた他に類を見ない大冊であり，これによって当時の経済地理学研究の姿を捉えることができると考えたからである。

検討に先立ち，同書の刊行された時代における経済地理学に対する認識，いわば経済地理学観とでもいうべきものに触れておきたい。戦前の経済地理学と今日のそれを同じと考えるのは短絡的だからである。無論，全く異なるものであったわけではないが，時代背景を含めて決して同じではない。例えば，『経済地理学会50年史』には，商業学校，実業学校で開設されていた「商業地理(Kaufmanns-geographie)」が，「経済地理(Wirtshaftsgeographie)」登場の前史との認識が示されている(風巻 2003)ように，ここでいう「商業地理学」は，産業分類における商業という経済行為を研究する地理学という意味ではない。また，当時の地理学の学史や潮流を検討した小原の『社會地理學の基礎問題』(1936)は，地理学は一つの実践的な知識として発達したとし，商人的実践によって促進，発達したのが商業＝経済地理学としている。すなわち「各地方の商品，交通路，諸習俗等に関する知識としての商業＝経済地理学が，かの商業資本主義時代における貿易・航海・旅行などの実践的必要から，商人のための地理学ないしは商人地理学として発達したことはほとんど疑いの余地がない」という認識であり，商人的専門科学としての地理学(商人地理学)という認識が存在した。こうした認識の違いを抜きにして単純な現在との比較は困難である。以下，1920年代から30年代にかけての当該分野の書籍を通じて，当時の認識に言及したうえで，『経済地理学文献総覧』の解説を行い，引き続き各項目の具体的分析を行う。

Ⅱ 戦前の経済地理学と『経済地理学文献総覧』

1. 戦前の経済地理学と今日の経済地理学の枠組み

手にすることのできた最も古い著作は『商工地理李』(永井 1899)であった。

そこでは「商工地理学ハ主トシテ地球上生産消費ノ分布，製造鉱業ノ配置，彼此運輸交通ノ便否ヲ誨ユル者ニシテ通商貿易業ノ墨縄指針タルモノナレバ苟モ商國ノ民タルモノ須ラク之ヲ講究セザル可ラズ」とあるようにまさに商人地理的な性格がうかがえる。内容も総論として概念や商工業盛衰の原因として地形や人口，政治などに触れられるものの，多くは各洲各国ごとの地誌的記述が中心である。

時代が下って1920年代に入ると多くの著作が刊行されるようになる。『商業地理學概論』(野口 1924)では人文地理学を細分した中に経済地理学を置き，さらに経済地理学は農業地理学と工業地理学と商業地理学(Commercial Geography)からなるとしている。今日的な位置づけともいえるが，商業地理学の主要な対象は商品であるとし，第1編: 商品の生成と分布，第2編: 商品の移動と市場から構成されている。同様に『經濟地理學概論』(野口 1929)は「経済地理学」を冠する著作であるが，内容は第1編: 商品の生成と分布，第2編: 商品の移動と交通，第3編: 商品の市場と交換から構成され，前著と大きな枠組みは同じである。また，『世界産業地理要論』(左海 1925)は「産業地理」を冠するものであるが，第1章: 穀物，第2章: 澱粉食料，第3章: 牧畜，以下，蔬菜及果実，砂糖，珈琲・茶・煙草，漁業及製塩，基礎工業，林産及製紙，纖維工業，製革及護謨，機械・造船及金属加工，化学工業，窯業及鉱業，世界の資源の各章で構成されており，基本的には商品に関する各地の記述で構成されている[1)]。『世界經濟地理講話』(西田 1926)もこうした枠組みからとらえることができる。その構成は第1編: アジア州，第2編: ヨーロッパ州と州ごとの編成で，各章が国や地域別，各節が産業と交通で構成される。さらに産業が農業，水産業，工業，などの小項目に分けられ，地域別の経済地誌的な内容となっている。『日本經濟地理講話(上)』(西田 1928)は逆に，第1編: 農業，第2編: 牧畜業，以下水産業，鉱業，工業と産業ごとの編成で，その下に各地方ごとの記述がおかれる。なお，『日本經濟地理講話(下)』(西田 1929)は商業，鉄道，水運業，財政という構成で，商業と交通が農業，鉱業などの産業とは別の枠組みとして並置されている。いずれも内容は地誌的記述が中心である。『地的考察を基底とせ

1) 野口(1931)でも農業と工業に大別した上で，それぞれの生産物についての網羅的な記述がみられ，商品ごとの百科事典的な色彩を持っている。

る最新産業地理』(桑島・山崎 1924)は600ページを超える大冊であるが，原理を示した第1章は70ページ程度で，農業や工業などの産業別の記述[2)]が中心の第2章(大日本帝国産業総説)と第3章(地方産業論)が大部分を占める。『產業經濟地理講話』(大鹽 1928)も，自然事象や人口と経済の関係を述べた緒論編(1～4章)の後に鉱物や林産物，農産物などの総論編(5～15章)，日本や植民地，南洋などの地域別の構成からなる各論編(16～23章)から構成される。同様に1930年代の『世界經濟地理』(佐藤 1930a)も，世界の住民，世界の穀物，植民地生産物，世界の果物と香料，工業用農産物，世界の漁業，世界の林業，世界の鉱業，世界の工業地帯などの章から構成されており，地誌的な内容を有している。これらは商品的専門科学としての実践的な知識として発達してきた商業地理としての性格を帯びているとみることができる。さらに佐藤(1931)はまさに「商品地理」という名を冠した著作であり，農産物に始まり地下資源や工業製品まで商品別の地誌的記述で構成されている[3)]。

これに対して『經濟地理學原論』(冨田 1929)では第1編を生産論とし，自然条件や地域区分を示した上で植物性生産としての農業生産や林業生産，動物性生産，鉱物性生産の章を置く。第2編が加工編で工業を論じ，農産工業，畜産工業，林産工業，水産工業，鉱産工業，機械工業，化学工業をあげる。第3編で交易論となり，国際交易や交易路が論じられ，最後の第4編が経済と文化となる。従来の各地の商品に対する記述も有しつつ，自然環境と経済活動の関わりや文化の発達段階や文化型と文化区などの文化との関わりについての因果関係や類型に関する取り組みが見られる。同様の傾向は『經濟地理學概論』(佐藤 1930b)にも見られ，第1編で経済地理学の本質とその課題として理念的な枠組みを示した後で，第2編は環境論(一般経済地理学)とし，自然環境と経済に関する議論が収められている。続く第3編は地帯論(一般比較経済地理学)とされ，その第1章は文化階梯と経済階梯として頁が割かれている。第2章は経済地帯として主要穀物地帯，植民地生産物，砂糖，動力源，工業地帯の各節から構成され，商品ごとの地誌的記述が展開される。『經濟地理通論』(淡川 1930)

---

2) ここには商業というカテゴリーは含まれない。

3) 時代はやや下るが『最近の經濟地理學』(佐藤 1936)も具体的な世界各地の諸問題を多く通りあげており，地誌的記述ではないものの当時の世界事情を踏まえた実践的な議論の展開が認められる。

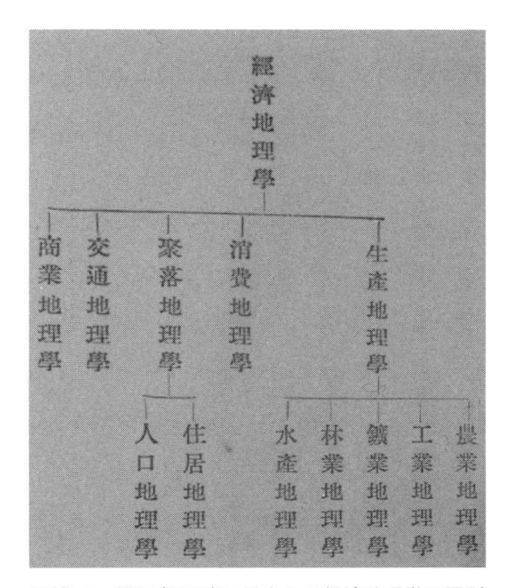

図補-1　黒正(1936)に示される経済地理学の区別
出典：黒正(1936, p 44)

においても前半で自然環境と経済の関係に多くの頁が割かれるとともに，後半は経済地帯分布として物産地帯論や産業地帯論が詳述される。これらではそれ以前に中心的であった商品・生産物の地誌的な記述だけでなく，因果関係や類型に対する指向性が一冊の中で共存しているといえる。

一方，そうした地誌的(特殊地理学)色彩がほとんどみられず，系統地理学(一般地理学)的側面の強い論考として，前記小原(1936)や黒正の一連の著作(黒正 1931 a，b，1936)がある。特に『經濟地理學總論』(黒正 1936)は本章で対象とする『経済地理学文献総覧』と同一のシリーズを構成する一冊でもあり，同一著者による著作でもある。ここではやや詳しく取り上げたい[4)]。同書では経済地理学を英米流の経済地理学とドイツ流の経済地理学に分け，前者は従来の商業地理学の変形，後者は自然と経済の相関関係または交替作用の研究であるとしている。また，経済地理学の分類として3つのタイプの分類を掲げ，第1の分類として統合経済地理学と特殊経済地理学の2区分を示している。後者の特殊経済地理学はさらに聚落地理学や生産地理学，消費地理学，交通地理学などの経済活動の形態によるものと，農業地理学，商業地理学，鉱業地理学など産業部門によるものに分けられるとする。第2の区分は経済現象の分布する地域の広狭による分類で，世界経済地理，東洋経済地理，日本経済地理などにわけられるとして

4)　『經濟地理學總論』(黒正 1936)の記述と「經濟地理學概論」(黒正 1931 a)『日本經濟地理學第一分冊』(黒正 1931 b)の記述は重なるところが多く，ここで取り上げる経済地理学の位置付けも1931年の著作の時点で言及されている。また，その後に出版された『經濟地理學原論』(黒正 1941)も骨格はほぼ同じである。なお興味深いのは「經濟地理學概論」(黒正 1931 a)は改造社の經濟学全集の『商業學』の巻に収められていることであり，同巻には小田内通敏「聚落地理」，佐藤弘「商品地理」が，野村兼太郎「世界商業史要」や藤本幸太郎「保険論」とともに収録されており，当時の地理学が商業学の枠組みに位置付けられていることがうかがえる。

いる。さらに第3の分類として第1の分類と第2の分類を交錯させたものが示される。例えば世界農業地理学，日本農業地理学などが示されている。その上で「経済地理学の本質に従って組織的に区別」したものが図補-1に示される模式図である。ここで商業地理学は生産地理学には組み込まれていない。

また，「商業地理学は経済地理学の一部門としては最も早く発達したけれども，学としての経済地理学における地位は全く二次的のものであって，他の四基本形態[5]によって規定せらるるものである」，「科学的厳密さよりいえば，商業地理学は経済地理学より除去すべきものであろう。少なくとも経済地理学と併立すべき特殊の地理学といふべきである」としている（黒正 1936：pp.44-45）。一方，前述の小原（1936：p.2）は地理学的学科の種類・類型として，「地理学一般をまず特殊地理学（地誌学）と一般地理学に大別し，後者の中に，数理地理学，地形学，気候学，海洋学，生物地理学，人文地理学を，この人文地理学の中に，政治地理学，経済地理学ならびに狭義の人文地理学をそれぞれ分類し，さらに経済地理学をば交通地理学と狭義の経済地理学（生産，商業ならびに消費地理学）とに，狭義の人文地理学をば人類地理学，居住地理学及び人口地理学等にそれぞれ細分するやり方である」としている。黒正の図補-1と同じではないが，経済地理学を細分して生産と消費，および商業を並置していることは共通している。また，『經濟地理學概説』（佐藤・國松 1935）は学生用の教科書としてまとめられたもので図表もふんだんに取り入れられた著作であり，明快ですっきりとした好著であるが，その中で経済地理学は交通地理学と狭義の経済地理学に分けられ，後者はさらに生産，商業，消費に3分されている。図補-1とも通じる部分がある。何れにしても，当時の文脈における商業地理は経済地理学の一部門，あるいは産業の一部門という今日の位置付けとは異なる背景を持っていたことを指摘しておきたい[6]。すなわち，生産（産業）と消費を媒介するものとしての商業や交通の位置付けである。

これに対して，今日の経済地理学で一般的に用いられる枠組みを経済地理学会が1960年代より刊行を継続してきた『経済地理学の成果と課題』（第I〜VII

---

5) 四基本形態とは生産，消費，聚落，交通を指している。

6) なお，これ以降の成果として『地域の經濟理論』（伊藤久秋 1940），『經濟地理學序説』（小島 1940），『新經濟地理總論』（国松 1941），『經濟地理』（江澤 1942）などがあり，江澤は「経済地理学とは一言で云えば資源に関する学問である」とするなど，やや異なる経済地理学観がみとめられるが，ここでは『経済地理学文献総覧』以降のものについては言及しない。

集まで)の章構成から把握したい[7]。無論，経済地理学とその下位区分に関して明確に規定された枠組みがあるわけではないが，当該期間の経済地理学の成果を渉猟した同書の章構成によって，おおよその枠組みを把握することは妥当であると考えた[8]。表補-1は，第I～VII集までの目次を示したものである。項目区分が常に同じわけではないものの，経済地理学の下位区分としての一定の枠組みを見出すことができる。すなわち，7集全てで，方法論や理論に関する章，産業別の章，海外地域研究を扱った章が認められる一方，地域問題や地域政策，都市，人口，地理教育などでは章が設けられているものとそうでないものがある。海外研究は第I集では割り当てが少ないものの，その他では概ね1割程度のページ数を保っている。理論や方法論を扱った章については差があるものの，概ね1割程度を占め，第I集が最も多く2割以上を占める。一方，産業別に構成された章はかなりの比率を占め。第II集，第IV集，第V集では全頁数の4割を占めるほか，第VI集では業績一覧がないもののほぼ5割近い頁数を占めている。今日の経済地理学の分類の枠組みとしては，理論や方法論，農業や工業など対象とする経済事象によるもの，都市や農村，日本や世界など対象とする地域によるものの3つに分けた場合，産業別の観点が大きな比重を占めているといえる。戦前のそれとの大きな違いは，商業がいずれも第三次産業として位置付けられ，戦前のような経済地理と並置されるような枠組みとしては認識されていないことである。また，生産地理学，消費地理学あるいは狭義の経済地理学と並置される項目としての交通地理学という認識も表補-1の枠組み中には存在しない。交通地理学はサービス産業や第三次産業の一項目として扱われている[9]。分析に先立って，こうした認識の違いを踏まえておきたい。

2. 叢文閣経済地理学講座『経済地理学文献総覧』

具体的な検討対象とする『経済地理学文献総覧』(口絵写真14上)は叢文閣の『経済地理学講座』の別巻として企画されたもので，黒正巖(1895-1949)(口絵写

7) 1967年に刊行された『経済地理学の成果と課題』は『第I集』が付されているわけではないが，便宜的に第I集とした。第1章注30も参照。

8) 『人文地理』の学界展望では1981年までは農牧林業，水産業，……，1982年～2000年は第一次産業，第二次産業……，2001年以降は農林業，漁業……となっている。何れにしても産業別の分類に沿った下位区分である。

9) 第I集，第II集では商人地理や古い文脈の商業地理を踏まえた交通地理についての言及が認められるものの，それ以降の今日の経済地理学の枠組みと戦前のそれには大きな違いがあることを指摘しておきたい。

表補-1　経済地理学の成果と課題各集の目次項目と頁数

集	章		頁　数	（%）	カテゴリー	刊行年と総頁数
Ⅰ	序	経済地理学の新しい動向—総括的展望—	19	7.9	展	1967
	1	経済地理学方法論—環境論・地域論を中心に—	6	2.5	理	242p
	2	立地論・地域政策	13	5.4	理・問	
	3	地域開発論	11	4.5	理	
	4	資源論・災害論	7	2.9	理	
	5	農林業	12	5.0	産	
	6	水産業	8	3.3	産	
	7	鉱・工業	22	9.1	産	
	8	商業・貿易・交通	8	3.3	産	
	9	村落・都市	8	3.3	都	
	10	政治・社会	6	2.5		
	11	人口・労働	7	2.9	都	
	12	海外地域研究	8	3.3	海	
	13	地理教育	5	2.1	教	
		業績一覧	99	40.9		
Ⅱ	序	経済地理学会20年の回顧	15	3.8	展	1977
	1	経済地理学の理論と動向	33	8.3	理	396p
	2	第1次産業	68	17.2	産	
	3	第2次産業	50	12.6	産	
	4	第3次産業	46	11.6	産	
	5	都市	13	3.3	都	
	6	人口	14	3.5	都	
	7	地域開発	28	7.1	問	
	8	海外研究	39	9.8	海	
		業績一覧	87	22.0		
Ⅲ	序	経済地理学会大会30年の回顧	10	3.3	展	1984
	1	経済地理学の理論と動向	46	15.0	理	307p
	2	第1次産業	33	10.7	産	
	3	第2次産業	23	7.5	産	
	4	第3次産業	38	12.4	産	
	5	都市	13	4.2	都	
	6	人口	10	3.3	都	
	7	地域問題	15	4.9	問	
	8	海外研究	37	12.1	海	
	9	地理教育	7	2.3	教	
		記念座談会	24	7.8		
		業績一覧	48	15.6		

表補-1　つづき

集	章		頁　数	(%)	カテゴリー	刊行年と総頁数
Ⅳ	序	1980年代の構造変化と地域構造	4	1.1	展	1992
	1	地域の変化と経済地理学の軌跡	27	7.4	展	364p
	2	地域問題と地域構造の変化	43	11.8	問	
	3	第2次産業の変化と地域構造	44	12.1	産	
	4	第3次産業の変化と地域構造	49	13.5	産	
	5	第1次産業の変化と地域構造	52	14.3	産	
	6	経済地理学の海外研究	50	13.7	海	
	7	経済地理学の理論研究	55	15.1	理	
	補	経済地理学と地理教育	14	3.8	教	
		業績一覧	23	6.3		
Ⅴ	1	経済地理学の方法	42	10.4	理	1997
	2	地域・環境問題と地域政策	35	8.7	問	403p
	3	農林水産業の地域編成	63	15.6	産	
	4	工業生産空間の再構築	53	13.2	産	
	5	商業・サービス産業・情報産業の成長	53	13.2	産	
	6	人口と地域就業構造	27	6.7	都	
	7	都市システムと生活活動空間	24	6.0	都	
	8	海外地域研究	53	13.2	海	
		業績一覧	52	12.9		
Ⅵ	1	経済地理学の方法	32	11.9	理	2003
	2	国土構造と地域問題	31	11.5	問	270p
	3	第1次産業	56	20.7	産	
	4	第2次産業	43	15.9	産	
	5	第3次産業	33	12.2	産	
	6	都市	45	16.7	都	
	7	海外研究	29	10.7	海	
		業績一覧				
Ⅶ	1	経済地理学の方法	14	3.6	理	2010
	2	地域問題と政策・運動	24	6.3	問	384p
	3	農林水産業と食料	26	6.8	産	
	4	製造業	26	6.8	産	
	5	サービス産業	42	10.9	産	
	6	人口と居住	44	11.5	都	
	7	海外地域研究	46	12.0	海	
	8	日本の諸地域	56	14.6		
	9	特論	20	5.2		
		業績一覧	85	22.1		

注：百分比は当該書籍の全ページ数に対する比率。
　カテゴリー欄の記号は次の通り。展：展望，理：理論や方法論，産：産業部門別，問：地域問題・政策，都：都市・人口等，教：地理教育，海：海外研究，無印：その他

真14下)と菊田太郎(1903-1980)の共著になる。黒正は京都帝国大学や旧制第六高等学校などで教鞭をとった経済地理学者で，菊田も京都帝国大学に学び，その後昭和高等商業学校(現・大阪経済大学)などで教鞭をとった経済地理学者である。黒正の業績については全7巻の著作集(黒正巌著作集編集委員会 2002)があり，近年では加藤による評価もみられる(加藤 2011，2012，2013)。なお，著作集第5巻が『経済地理学の研究』とされており，他の巻は百姓一揆の研究や岡山藩の研究など経済史を中心にまとめられている。同巻には黒正(1941)と『歴史と地理』に掲載された論文1編，『地理と経済』に掲載された講演録が収録されている。菊田の業績は『大阪経大論集』第98号(1974年)が菊田太郎教授退職記念号となっており，年譜と著作目録がまとめられている。また，岡田(2013)には要領よく略歴がまとめられている(黒正はpp. 14-20，菊田はpp. 266-272)。

まず，叢文閣の経済地理学講座(口絵写真13下)について触れておきたい。同講座については刊行当時の画期的，網羅的な成果であったことが，金田昌司，川島哲郎らによって語られている[10)]。その中でも「『経済地理学講座』18巻」とされているが，実際に18巻であったわけではない。図補-2は同講座の第11回配本分に当たる『経済地理学文献総覧』の巻末にあるシリーズ一覧で，ここからは第9巻の『工業経済地理』に加え，第19巻として『続工業地理(1)』，第20巻として『続工業地理(2)』が刊行されており，このまま計画通りに刊行されれば全20巻に達するものであった。ただし，第9回配本の『続工業経済地理(1)』の巻末の一覧では，全18巻としてのシリーズ一覧が掲載されており，巻末一覧に全20巻のシリーズが掲載されるのは第10回配本の『続工業経済地理(2)』以降である。このことから当初は18巻として計画されていたことがうかがえる。しかし，実際に刊行されたのは表補-2に示す12巻であり，全巻が計画通りに刊行されたわけではない。

この一連のシリーズの別巻としてまとめられたのが『経済地理学文献総覧』となる。本書は2部構成となっており，第1部の「和漢書の部」が478頁，第2部の「洋書の部」が320頁を擁し，「序文」の2頁，「例言」の2頁，「目次」の33

10) 経済地理学会創立30周年記念座談会の記事は『経済地理学の成果と課題　第III集』の235-257頁。当該箇所は242頁である。

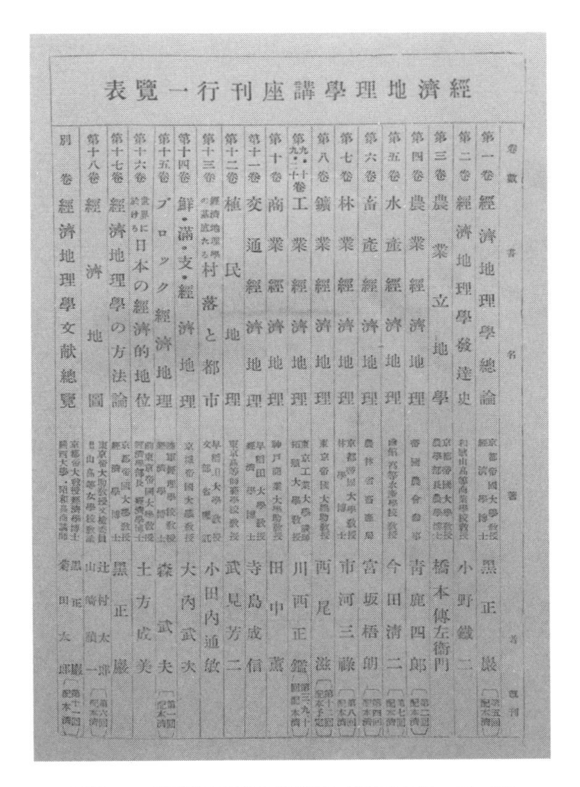

經濟地理學講座刊行一覽表

巻数	書名	著者	既刊
第一巻	經濟地理學總論	京都帝國大學教授 經濟學博士 黒正巖	（第五回配本濟）
第二巻	經濟地理學發達史	和歌山高等商業學校教授 小野鐵二	
第三巻	農業立地學	京都帝國大學教授 農學部長 農學博士 橋本傳左衛門	
第四巻	農業經濟地理	帝國農會參事 青鹿四郎	（第二回配本濟）
第五巻	水產經濟地理	函館高等水產學校教授 今田清二	（第七回配本濟）
第六巻	畜產經濟地理	農林省畜產局 宮坂梧朗	（第四回配本濟）
第七巻	林業經濟地理	京都帝國大學教授 林學博士 市河三祿	（第八回配本濟）
第八巻	鑛業經濟地理	東京帝國大學助教授 西尾滋	（第十二回配本予定）
第九・二十巻	工業經濟地理	東京工業大學講師 拓殖大學教授 川西正鑑	（第三、九、十回配本濟）
第十巻	商業經濟地理	神戸商業大學助教授 田中薫	
第十一巻	交通經濟地理	早稲田大學教授 經濟學博士 寺島成信	
第十二巻	植民地理	東京高等師範學校教授 武見芳二	
第十三巻	經濟地理學の基底たる村落と都市	早稲田大學教授 文部省囑託 小田内通敏	
第十四巻	鮮・滿・支・經濟地理	京城帝國大學教授 大内武次	
第十五巻	ブロック經濟地理	海軍經理學校教授 森武夫	（第一回配本濟）
第十六巻	世界に於ける日本の經濟的地位	前東京帝國大學教授 經濟學博士 土方成美	
第十七巻	經濟地理學の方法論	京都帝國大學教授 經濟學博士 黒正巖	
第十八巻	經濟地圖	東京帝大助教授 文檢委員 辻村太郎／山崎禎一郎	（第六回配本濟）
別巻	經濟地理學文獻總覽	京都帝大教授 經濟學博士 黒正巖／關西大學・昭和高商講師 菊田太郎	（第十一回配本濟）

図補-2　『経済地理学文献総覧』巻末のシリーズ一覧

頁をあわせて都合800頁を超える大冊である[11]。採録する文献は膨大で，第1部（和漢書の部）では1,881編の論文と2,784冊の書籍（以下1,881+2,784のように表記），第2部（洋書の部）では672+1,708が採録され，都合2,553+4,492もの文献が収録されている。その期間は1879（明治12）年から1935（昭和10）年にわたり，特に1920年代半ば以降は毎年250本を超える和漢書文献（図補-3），100本を超える洋書文献が採録されている[12]。同書に採録された文献によって戦前の経済地

11）前掲10）の座談会において，川島が本シリーズを指して「バルキー（bulky）な叢書」と評したように，『経済地理学文献総覧』も分厚い書籍に仕上がっている。

12）菊田による例言に「最近の文献に重きを置き，古い文献は重要なもののみに限定した」とあるように，ここで，同書の刊行年に近い文献の採録が多くなっているのは当然であり，採録された文献数の多寡と実際に刊行された文献の数は同じではない。

表補-2　叢文閣経済地理学講座の刊行状況

巻　数	書　名	配本回	発行年
第1巻	経済地理学総論	5	1936
第2巻	経済地理学発達史		
第3巻	農業立地学		
第4巻	農業経済地理	2	1935
第5巻	水産経済地理	7	1936
第6巻	畜産経済地理	4	1936
第7巻	林業経済地理	8	1936
第8巻	鉱業経済地理	12	1937
第9巻	工業経済地理	3	1935
第10巻	商業経済地理		
第11巻	交通経済地理		
第12巻	植民地理		
第13巻	経済地理学の基礎たる村落と都市		
第14巻	鮮・満・支・経済地理		
第15巻	ブロック経済地理	1	1935
第16巻	世界に於ける日本の経済地理		
第17巻	経済地理学の方法論		
第18巻	経済地図	6	1936
第19巻	続工業経済地理1	9	1936
第20巻	続工業経済地理2	10	1936
別　巻	経済地理学文献総覧	11	1937

注：煩雑さを避けるため新字体で表記した。

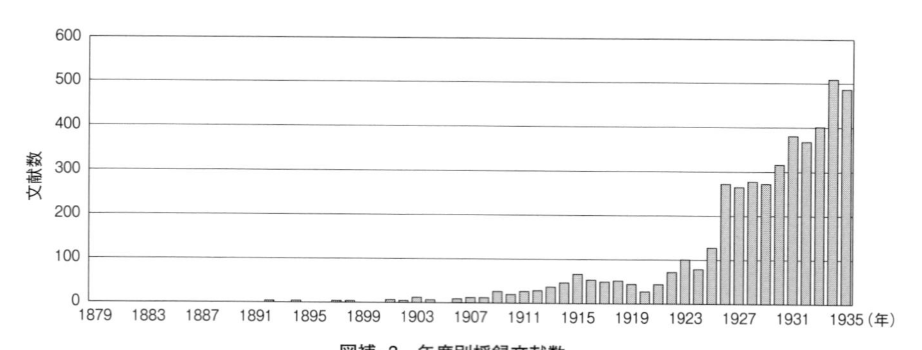

図補-3　年度別採録文献数

注：論文と書籍を合算した数値。

理学を概括すること，少なくとも分野ごとの文献数という量的な側面から，当時の研究の傾向や潮流を把握することが可能と考えた。

なお，本書に採録された文献は，第1部(和漢書の部)，第2部(洋書の部)ともに共通する5つの階層による項目区分に分類される。最も大きな区分が「A, B, C, ……」とアルファベットで区分される項目で第1部, 第2部ともにAからLまでの12の大項目からなる。これに次ぐのが「I, II, III, ……」とローマ数字による区分で各大項目が3から6程度に細分される。その次の階層は「a, b, c, ……」と小文字のアルファベットによる区分,「1, 2, 3, ……」とアラビア数字による区分と続き, 最も小さな項目が「イ, ロ, ハ, ……」というカタカナによる区分である。これらにより「和漢書の部」は最大243項目に,「洋書の部」は最大165項目に細分されている。

なお, 各項目での文献の重複についてであるが, 菊田による例言では「利用上の便宜を主眼とし, (中略)それぞれの項に重複採録した」とあるように文献の重複が認められる。例えば, 藤井茂「オッタワ協定と英國の貿易」國民經濟雜誌56-3昭和9はI世界経済・国際経済・植民地・貿易・国際金融, I世界経済・国際経済・植民地, fオータルキー・ブロック経済・オッタワ会議と同II貿易, a一般の項目とに重複して採録されている[13]。他方,「馬來半島の林產物」南洋協会　南洋經濟叢書8大正11はH商業地理・商品学, II商品学, d林産物の項目に掲載されるが, L世界地誌・世界経済地理・世界経済事情, III亜細亜州, d東南亜細亜・馬来群島には掲載されていない。商品を扱った論文と判断し, 地域を扱った論文とは判断していないことがうかがえる。同様に, 田中忠夫『支那農業經濟の諸問題』學藝社 昭和10やマヂャール著・井上照丸訳『支那農業經濟論』學藝社 昭和10などはG産業地理, II農業地理, e各地農業の項にふくまれ, 田中忠夫『北支那經濟概論』學藝社 昭和10はL世界地誌・世界経済地理・世界経済事情, III亜細亜州, c支那, 3支那各地地誌・経済事情に収められるなど, 農業を冠するものは前者に, 一般的な経済を冠するものは後者に分類されている。総じて, 重複採録された文献数は決して多くはなく, 上記のように区分されて採録されていることから, 文献の内容やタイトルに従い, 論述された内容が何に焦点を当てたものかによって, 丹念に仕分けられたことがうかがえる。なおここで掲げる文献数は重複をそのままカウントしている。

この書物が世に出た1937年は7月の盧溝橋事件に端を発する日中戦争が始

13) 多くの階層からなる章や節のタイトルの連続による混乱を避けるため, これ以下では章節等のタイトルを示す場合は下線を付した。

表補-3 大項目別文献数

第一部 和漢書の部	文献数		同百分比		文献数（論文＋書籍）	同百分比
	論文	書籍	論文	書籍		
A 書誌	19	49	1.0	1.8	68	1.5
B 辞書・事彙・年鑑・統計	9	119	0.5	4.3	128	2.7
C 叢書・論文集	0	83	0.0	3.0	83	1.8
D 地理通論・人文地理・政治地理	77	53	4.1	1.9	130	2.8
E 經濟地理	636	276	33.8	9.9	912	19.5
F 交通地理	137	90	7.3	3.2	227	4.9
G 產業地理	478	325	25.4	11.7	803	17.2
H 商業地理・商品學	122	205	6.5	7.4	327	7.0
I 世界經濟・国際經濟・植民地・貿易・国際金融	146	121	7.8	4.3	267	5.7
J 地圖論・地圖・圖表	9	68	0.5	2.4	77	1.7
K 日本地誌・日本經濟地理・日本經濟事情	104	1,098	5.5	39.4	1,202	25.8
L 世界［地誌・經濟地理・經濟事情］	144	297	7.7	10.7	441	9.5
総 計	1,881	2,784	100.0	100.0	4,665	100.0

まった年でもあり，国際情勢も差し迫った状況にあった。1929年にはじまる世界恐慌，1930年から31年にかけての昭和恐慌，1932年の満洲国の建国や5・15事件，1933年の国際連盟脱退，1936年の2・26事件などである。こうした状況下で，経済地理学研究の関心は何を志向したのだろうか。

Ⅲ 目次項目からみた戦前における経済地理学の枠組み

表補-3は和漢書部門（第1部）における大項目（A～L）ごとの文献数を示したものである。概ね，A～CおよびJ項目が書誌的な内容，D～Hが各研究分野による項目区分，KとLが地域による項目区分といえ，Iは両者に含まれない世界的な事象による項目区分といえる。今日では一般的な農業や工業，あるいは第一次産業，第二次産業という研究対象による区分はこの大項目には見られず，人文地理，政治地理，経済地理，交通地理などの研究分野による項目立てがなされる。その上で研究対象は各研究分野の下位区分として取り上げられる。例えば，E経済地理には鉱産資源や農産資源，林産資源の項目があり，G産業地理には農業地理，林業地理，鉱業地理などの項目，H商業地理・商品学には農産物，牧産品，林産物などの項目が立てられる。今日の項目区分に従えば，理論・方法論の枠に経済事象が取り込まれているともいえるが，その一方で経済地理，産業地理，商業地理が並置され，それぞれが別の枠組みとして認識されている。その背景には，前章に示したような当時の経済地理学に関する認識(図補-1)が存在していると考えられ，むしろ前記の黒正の3つの分類に依ることでよく理解できる。すなわち，彼の第1の分類に従えば，Dはより包括的な項目で，Eがその一部門としての経済地理，F，G，Hはその下位区分，KとLは第2の分類に従った項目と見ることができる。

このうち最も大きなボリュームを誇るのがK 日本地誌・日本経済地理・日本経済事情で，書籍の形で採録されたものを中心に1,000件以上となる。これに次ぐのがE 経済地理，G 産業地理で，雑誌論文と書籍を合わせて800件以上に上る。L 世界(地誌・経済地理・経済事情)，H 商業地理・商品学，I 世界経済・国際経済・植民地貿易・国際金融は雑誌論文と書籍を合わせて200～500件程度，それ以外の項目は100件内外およびそれ以下となる(表補-3)。以下，大項目ごとに検討を加えたい。

A 書誌

この項目はI 一般，II 地理，III 経済，IV 地誌の4つに区分され，各分野の資料目録や出版目録が並ぶ。なお，a，b，cからなる下位区分は存在せず，採録された文献数は19+49で，本書に採録された全和漢書文献に占める割合は数%程度である[14)]。

B 辞書・事彙・年鑑・統計

この項目は，I 辞書・事彙と，II 年鑑，III 統計に3区分され，Iはa 一般，b 地理，c 経済などさらに6分類され，各種辞典や百科事典が採録されている。IIも同様にa 一般，b 日本，c 世界・各国に3分割され，経済年鑑や労働年鑑のほか各国年鑑などが，IIIはa 一般，b 人口統計に2分割され，国勢調査をはじめとする統計類が並ぶ。採録数は9+119で書籍の本数が多いものの，全体に占める比率は数%である。

C 叢書・論文集

この項目はタイトル通りI 叢書とII 論文集に区分され，双方ともにa 地理，b 経済の下位区分を持つ。I 叢書として取り上げられるのは，『古事類苑』と

14) 以下，本章で示す百分比は注記のない限り，「和漢書の部」に採録された全ての文献数(1,881+2,784)を母数とする。

満鉄調査課による『露亞經濟調査叢書』,『志賀重昂全集』, 日本評論社による『社會經濟體系』や『現代產業叢書』, 改造社による『經濟學全集』の各巻である。また, II 論文集としては『地理學年報』や『地理論叢』『大塚地理學會論文集』などのいわゆるジャーナル類が採録されている。採録数は0+83で, 全体の3%である。

以上A, B, Cの3項目で書誌を中心とした一つのカテゴリーを構成しているといえる。後述のJ 地図論・地図・図表もこれに束ねられる。

D 地理通論・人文地理・政治地理

この項目はI 地理通論, II 地理学史, III 人文地理学, IV 政治地理の各項目からなり, II 人文地理はさらにa 通論, b 人文地理特論, c 文化景観, d 郷土地理に区別される。採録数は77+53で全体の数%に留まる。I 地理通論では山崎直方の『時代と地理學』山崎直方論文集 昭和6,『國民教育に於ける地理學』同前など, 地理学を冠した11+3が収められ, II 地理学史では藤田元春の『日本地理學史』刀江書院 昭和7をはじめ, 測量史など9+5があがる。IIIa 人文地理学通論では「人文地理学」を関する4+23, IIIb 人文地理特論では『氣候と文明』中外文化協會 大正11や『地勢と文化』古今書院 昭和7など6+3, IIIc 文化景観では辻村太郎の「文化景觀の形態學」地理學評論6-7 昭和5や國松久彌の『人文地理學と文化景觀』共立社 昭和5など11+2, IIId 郷土地理では小田内通敏の『郷土地理研究』刀江書院 昭和7をはじめ1+13が収録されている。最後にIV 政治地理では矢津昌永の『日本政治地理』丸善 明治34をはじめ34+9が取り上げられている。

E 経済地理

この項目はI 一般, II 経済の自然条件, III 経済と人文現象の3つに区分され, 表補-4に示されるようにさらに細かに分類される。採録数は636+276となり, 全論文数の34%, 全書籍数の10%をしめる。しかし, 今日の分類の枠組みの中で中心を占める産業別の観点はここには含まれず, 後述する産業地理の項目に相当する。Ia 通論ではすでに言及した『日本經濟地理學 第一分冊』(黑正 1931b),『経済地理學原論』(冨田 1929),『経済地理學概論』(佐藤 1930b)などが採録され, Ib 経済地理本質論・方法論とIc 経済地域では雑誌論文が中心である。しかしながら, Iの合計は37+22に留まる。

表補-4　大項目「E経済地理」における小項目別文献数

項　　目							論文数	書籍数
Ⅰ 一般								
a	通論						7	18
b	経済地理本質論						24	3
c	経済地域						6	1
Ⅱ 経済の自然條件								
a	地形・地質・土性　附，鉱泉						21	12
b	土地・地価						6	2
c	土地の開發・改良						8	4
d	水利・水道・灌漑・排水						23	16
e	気象・気候						18	9
f	災異						4	17
g	動植物						4	8
h	資源	1	一般	イ	一般		3	1
	〃		〃	ロ	世界の資源		2	2
	〃		〃	ハ	日本の資源		4	3
	〃		〃	ニ	満蒙の資源		4	12
	〃		〃	ホ	其の他諸国の資源		6	5
	〃	2	動力資源	イ	一般		4	0
	〃		〃	ロ	水力・風力		3	2
	〃	3	鉱産資源	イ	一般		23	3
	〃		〃	ロ	石炭		8	7
	〃		〃	ハ	石油		16	4
	〃		〃	ニ	鐵		4	4
	〃		〃	ホ	其の他の鑛産資源		3	1
	〃	4	農産資源				2	5
	〃	5	林産資源				8	7
	〃	6	水産資源				0	4
Ⅲ 経済と人文現象								
a	人種・民族　附，疾病						14	7
b	人口	1	一般				59	9
	〃	2	人口問題・食糧問題				20	8
	〃	3	人口と聚落・都市人口				27	0
c	国内移住						27	0
d	移植民						40	27
e	開拓						10	8
f	住居・住家						14	5
g	聚落	1	一般				87	11
	〃	2	都市				98	15
h	生活・労働	1	生活				4	9
	〃	2	労働				12	20
	〃	3	移動労働　附，家畜移動				13	7
計							636	276

特徴的なのはII 経済の自然条件とIII 経済と人文現象である。前者には地形や水文，気象・気候など自然地理学を中心に174+128，後者には人口移動を含めた人口地理や都市地理，集落地理など425+126が取り上げられる。例えば，IIa 地形・地質・土性で筆頭に挙げられるのは東木龍七『初等經濟地形學』古今書院 昭和6であり，他にも田中館秀三「東北地方人口密度の地形學的分析」地學雑誌494-496 昭和5などがある。当時の人文地理と自然地理の未分化な状況や商品地理的な背景を指摘できる。その一方，商工省地質調査所『日本地質鑛産誌』東京地学協会 昭和7，大村一藏『石油地質學通論』岩波書店 昭和9など，極めて自然地理学的色彩の濃い物も含まれる。特に鉱産物など地下資源に関する関心が高いこと，また，水利，気候や気象などは農産資源との関連で解釈することができる。その背景には黒正がドイツ流の経済地理学が自然と経済の相関関係または交替作用の研究であるとしたように，経済地理学の大きなテーマとして経済活動と自然との関係が挙げられていたという当時のトレンドを指摘できる。その文脈の元で，II 経済の自然条件では地形や土地，水利，気候などの項目と資源が並置され，資源の下位項目に石油や石炭などの鉱産資源とともに，農産資源，林産資源，水産資源が並ぶ[15)]。実際，IIh 資源の項目は90+60とIIの半分を占め，当該分野における資源論的なアプローチの蓄積をみることができる[16)]。

一方，IIIはE項目の中でも3分の2を占める文献数を擁する。分けても多いのはIIIg 聚落の185+26で，中でもIIIg2 都市は98+15と突出する。これに次ぐのがIIIb 人口の106+17で，IIIb1 一般が59+9，IIIb2 人口問題・食糧問題が20+8，IIIb3 人口と聚落・都市人口が27+0となる。また，IIId 移植民の40+27，IIIc 国内移住の27+0も一定の文献数を持つ。ここに収納される文献は今日の文脈では人口地理学や都市地理学と称されるものである。しかしながら図補-1にみるようにそれらは広義の経済地理学を構成する5つの要素のひとつと位置付けられている。

15）例えば，名和統一「日本の原棉問題」經濟時報7-5昭5などはこの農産資源の項目にあげられている。また，人口や聚落およびその下位区分としての都市などもE項目に含まれる。

16）石田(1941)あるいは江澤(1942)など経済地理学のテーマとして積極的に資源論を掲げた著作が登場するのはやや時間が経過してからである。

F 交通地理

この項目はI 一般，II 陸上交通，III 水運，IV 航空，V 通信に5区分され，さらにI 一般がa 通論(34+13)，b 運賃(2+3)，c 都市と交通(8+5)に，II 陸上交通が，a 道路(9+3)，b 鉄道(18+16)，c 自動車(5+2)に分かれ，III 水運はa 海運・水路(5+9)，b 港湾(29+28)，c 河川交通(8+2)，d 運河(10+1)に細分されている。これにIV 航空(5+7)，V 通信(4+1)を含めて，採録数は137+90で全体の5％前後である。陸上交通では鉄道，水運では港湾に関する研究成果の多いことが特徴である。当時の輸送の主力を担った鉄道輸送と，陸上交通と海上交通の結節点となる港湾への関心の高さがうかがえる。

Fの採録数は決して多くはないものの，先にみた当時の認識においては交通地理学は生産や産業の地理学と並置される項目であり，決してそれらの下位区分とは位置付けられない。今日サービス産業の一つと把握されるのとは異なる枠組みを持っていることに留意する必要がある。

G 産業地理

今日の経済地理学の枠組みにおいて，主要な軸を構成するのが産業分類に基づく区分であることはすでに触れたが，それに対応するのがこの項目ともいえる。II 農業地理，III 林業地理，IV 鉱業地理，V 水産地理，VI 工業地理で構成されるが，商業地理はここには含まれず，H 商業地理・商品学として別に大項目が立てられる[17]。採録数は478+325にのぼり，全論文数の25％，全書籍数の12％をしめる。当該項目の内訳は表補-5にみるようにII 農業地理が213+143とかなりの部分を占め，150+86のVI 工業地理がそれに次ぐ。II 農業地理の内訳ではf 各種農業(84+51)と最も多く，次いでe 各地農業(55+28)が多くを占める。f 各種農業の内訳で多いのは3 特用作物の栽培で25+20，次いで2 蔬菜・果実の栽培の24+8となり，1 米作・穀作(18+6)が多いわけではない。なお，特用作物とは砂糖や茶が中心になるが，棉，キンマ，干瓢などもこのカテゴリーに含まれている。一方，VI 工業地理ではc 繊維工業が34+20と最大になる。工業の部門別でこれに次ぐのがh 食料品工業の11+7で，d 金属・機械工業は8+8，f 化学工業は8+4にとどまる。特用作物と繊維工業，食料品工業への関

17) いわゆる生産部門に関わる地理学という意味での産業地理である。そこには産物・商品の交換・交易に関わる部門(商業地理・商品学)は含まない。図補-1参照。

表補-5　大項目「G産業地理」における小項目別文献数

項　　目		論文数	書籍数
Ⅰ　一般		17	38
Ⅱ　農業地理			
a　一般		3	3
b　農業と地理的条件		18	3
c　耕地・耕地改良		8	10
d　農業立地・農業経営		28	10
e　各地農業		55	28
f　各種農業	1　米作・穀作	18	6
〃	2　蔬菜・果実の栽培	24	8
〃	3　特用作物の栽培	25	20
〃	4　蚕業	7	6
〃	5　牧畜・家禽	10	11
Ⅲ　林業地理		18	26
Ⅳ　鉱業地理			
a　一般		16	21
b　石炭		12	8
c　石油		16	3
d　金属鉱業		5	3
Ⅴ　水産地理			
a　一般		20	15
b　漁撈		19	13
c　養殖		4	3
d　製塩		5	4
Ⅵ　工業地理			
a　一般	1　通論	27	7
〃	2　工業の地方分散，農村工業，後進国の工業化	28	2
〃	3　各地工業	10	26
b　電氣・瓦斯工業		4	7
c　繊維工業	1　一般	3	2
〃	2　綿業	14	5
〃	3　製絲・絹・人絹工業	15	6
〃	4　羊毛工業	2	4
〃	5　莫大小(メリヤス)工業	0	3
d　金属・機械工業		8	8
e　窯業		8	1
f　化學工業		8	4
g　製紙業		5	0
h　食料品工業		11	7
I　其の他の工業		7	4
計		478	325

心の高さは当時の軽工業が主力であった日本の工業の内実を反映したものということができる[18]。

H 商業地理・商品学

この項目はI 商業地理，II 商品学に分かれ，表補-6にみるように採録文献122+205(全体の5～10%程度)のうち，I 商業地理は37+47，II 商品学は85+158となり，大部分が後者で占められる。ただし，前記のように当時の商業地理や商品学に対する認識は今日の商業地理学に対する認識とは異なり，それ以前にあった商人地理学や経済地誌的な色彩が強いものである。その上で，I 商業地理はa 一般，b 配給組織・市場，c 商業圏・貨物集散，d 商業立地，e 各地商業，f 金融市場から構成され，bとcの項目に多くの研究蓄積が見られる。他方，II 商品学で最大のボリュームを持つのがb 農産物の49+48で，c 牧産品(8+22)とd 林産物(3+9)，f 水産物(3+7)を合算すると63+86となり，II 商品学に採録された論文数の7割以上，同書籍数の5割以上とかなりの部分を占める。これに対してe 鉱産物は10+8，g 工業製品は9+34にとどまり，両者を合わせても，全体の2割程度である。これはG 産業地理における工業地理の文献数と比較しても極めて少数である。また，工業製品もほとんどが1 繊維製品や2 窯業製品，3 食料品で占められる一方，電気機械工業や重化学工業部門のカテゴリーは存在せず，4 其の他の工業製品としてまとめられる。なお，商品としての農産物は農業，牧産品は畜産業，林産物は林業と置き換えることで，今日の産業別の区分に読み替えることができるが，これらも前項に示したように当時の産業構造を反映したものといえる。

このように当該項目は今日の枠組みの中では産業別の区分の中に位置付けることができるかもしれないが，商品学の区分にあげられる文献はそれ以前の時期の商人地理の流れをくむ経済地誌的な色彩の強いものが多く挙げられていることも事実である。例えば，鉄道省運輸局や日本銀行調査局をはじめとした各省庁の調査報告などである。これらは，今日の農産物を取り上げた論文と同じとはいいかねる。当該項目にはこのような側面のあることもあわせて指摘しておきたい。

---

18) 1935年当時の「産業別内地人有業者数」は第一次産業約15.0百万人，第二次産業約6.6百万人，第三次産業約10.0百万人となる。

表補-6 大項目「H商業地理・商品学」における小項目別文献数

項目			論文数	書籍数
I 商業地理				
a 一般			3	3
b 配給組織・市場			10	23
c 商業圏・貨物集散			14	5
d 商業立地			6	3
e 各地商業			2	9
f 金融市場			2	4
II 商品学				
a 一般			3	30
b 農産物	1 農産食料品	イ 米	9	11
〃	〃	ロ 麦類・小麦粉	3	5
〃	〃	ハ 雑穀	1	4
〃	〃	ニ 大豆 附，落花生	6	4
〃	〃	ホ 野菜・果実	4	1
〃	2 農産嗜好品		7	7
〃	3 農産繊維原料		15	13
〃	4 其の他の農産物		4	3
c 牧産品 附，毛皮	1 一般		3	6
〃	2 牧産食料品		1	3
〃	3 牧産繊維原料		3	8
〃	4 皮革・毛皮・獣骨		1	5
d 林産物			3	9
e 鑛産物 附，土石			10	8
f 水産物			3	7
g 工業製品	1 繊維製品		5	14
〃	2 窯業製品		1	5
〃	3 食料品		1	7
〃	4 其の他の工業製品		2	8
計			122	205

I 世界経済・国際経済・植民地・貿易・国際金融

この項目はI 世界経済・国際経済・植民地とII 貿易，III 国際金融・国際金融市場・対外投資に分割され，Iはさらにa 世界経済(4+21)，b 国際経済(6+8)，c 世界に於ける主要国民経済(6+4)，d 植民地(8+8)，e 帝国主義(16+16)，f オータルキー・ブロック経済・オッタワ会議[19](45+9)，g 後進国の工業化(4+2)に，同様にIIはa 一般(23+16)，b 関税・貿易制限(6+11)，c 海外市場(8+11)に細分される。IIIは単独項目で20+15を擁する。採録本数は合計146+121で全体の

19) オッタワ会議とは1932年7月から8月にかけてカナダのオタワで開催された大英帝国経済会議(British Empire Economic Conference)のことであり，オタワ協定が結ばれる。連邦内の特恵関税によりブロック経済を進展させたとされている。

5%前後である。

ここで，III 国際金融・国際金融市場・対外投資は今日でも非常に関心の高いトピックスでもあるが，戦前においてもこうした項目が挙げられていたことは興味深い。例えば，西村勝太郎『紐育金融市場研究』大同書院 昭和6や小野鐵二「米國對外投資の地理的分布」地理論叢2 昭和8，服部文四郎「日本の国際金融」經濟學全集42 昭和5など，そのままのタイトルが今日でも違和感なく受け入れられるような文献が並んでいる。

J 地図論・地図・図表

この項目はI 地図論，II 経済地図，III 一般地図，IV 図表に4区分され，さらにII 経済地図がa 一般，b 自然地図，c 人文地図，d 交通地図，e 産業地図に4区分される。採録本数は9+68で全体では数%に留まる。I 地図論には測量や表現法などに関する文献が，II 経済地図以降には文献ではなく，「大日本帝國地質圖百萬分一」農商務省地質調査所 明治32など地図そのものが多く取り上げられている。

K 日本地誌・日本経済地理・日本経済事情

この項目は今日の枠組みに従うと「日本の諸地域」に相当するといえる。I 一般，II 各地地誌・地方誌・各地経済事情，III 外地からなる。IIはさらにa，b，c区分として地方別，さらに下位の1，2，3区分として府県別に細分されるほか，IIIはa 樺太，b 台湾，c 朝鮮，d 関東州，e 南洋諸島で構成される。採録数は104+1,098と書籍が大きなボリュームを持ち，全書籍数の40%に相当する（対して論文は全論文数の5.5%）。その内訳は表補-7にみるように府県別では東京が7+78と他を凌駕する。内地でこれに次ぐのが大阪の1+47や愛知の2+41であるが，朝鮮は8+50とそれを上回る研究蓄積が見られる。なお，台湾は3+21で，これは内地の47道府県の平均値，1.7+20.6をやや上回る。植民地に対する少なからぬ関心をみることができる。上記のように当該項目が大項目中で最大のボリュームを持つが，その背景には商人地理的な伝統を色濃く残す経済地誌的記述が一般的であったという当時の状況を指摘することができる。

L 世界（地誌・経済地理・経済事情）

この項目は今日の枠組みに従うと「海外地域研究」に相当するといえる。採録数は144+297で全体の10%程度に相当する。上記のKと比べると，同様の

表補-7　大項目「K日本地誌・日本経済地理・日本経済事情」における小項目別文献数

項　目	論文数	書籍数
Ⅰ　一般		
a　日本地誌	0	14
b　日本経済地理	0	4
c　日本経済事情	0	12
Ⅱ　各地地誌・地方史・各地経済事情		
a　北海道	5	35
b　東北区　1　一般	0	6
〃　2　青森県	0	7
〃　3　岩手県	0	10
〃　4　宮城県	0	24
〃　5　秋田県	2	9
〃　6　山形県	1	20
〃　7　福島県	0	26
c　関東区　1　一般	0	1
〃　2　茨城県	0	16
〃　3　栃木県	0	18
〃　4　群馬県	1	13
〃　5　埼玉県	3	15
〃　6　千葉県	5	16
〃　7　東京府	7	78
〃　8　神奈川県	4	18
d　北陸区　1　新潟県	5	26
〃　2　富山県	2	22
〃　3　石川県	0	21
〃　4　福井県	0	15
e　東山区　1　山梨県	2	18
〃　2　長野県	4	31
〃　3　岐阜県	1	29
f　東海区　1　静岡県	9	37
〃　2　愛知県	2	41
〃　3　三重県	1	13
g　近畿区　1　一般	1	2
〃　2　滋賀県	1	17
〃　3　京都府	3	33
〃　4　大阪府	1	47
〃　5　兵庫県	1	35
〃　6　奈良県	0	8
〃　7　和歌山県	2	15
h　中国区　1　鳥取県	0	12
〃　2　島根県	1	17
〃　3　岡山県	1	27
〃　4　廣島県	3	18
〃　5　山口県	0	17
i　四国区　1　一般	1	0
〃　2　徳島県	0	23
〃　3　香川県	3	8
〃　4　愛媛県	0	11
〃　5　高知県	0	6
j　九州区　1　一般	0	2
〃　2　福岡県	3	20
〃　3　佐賀県	0	10
〃　4　長崎県	5	13
〃　5　熊本県	0	13
〃　6　大分県	0	17
〃　7　宮崎県	0	4
〃　8　鹿児島県	0	17
〃　9　沖縄県	2	20
Ⅲ　外地		
a　樺太	5	10
b　台湾	3	21
c　朝鮮	8	50
d　関東州	1	3
e　南洋諸島	5	7
計	104	1,098

地誌や経済事情を取り扱っているものの，書籍の比率は低く，論文の比率が高いことが特徴である。内訳は表補-8にみるようにアジアに関する採録数が多く，関心の高さがうかがわれる。特にb 満洲，それに次ぐc支那の研究の多さが特徴的である。アジア以外では，ヨーロッパ(ロシアを除く)や北米，南米に関するものが論文・書籍共に10本以上で一定の蓄積が見られる。特にその中でも南米の研究が頭一つ抜けており，関心の高かったことがうかがえる。当時，南米への移民が相当数に登っていたことなどがその背景として想定できる

表補-8　大項目「L世界［地誌・経済地理・経済事情］」における小項目別文献数

項　目			論文数	書籍数
Ⅰ　一般				
a　世界の地誌			0	13
b　世界経済地理			0	8
c　世界経済事情			0	9
Ⅱ　太平洋・南洋・英帝国・露西亜				
a　太平洋			1	2
b　南洋			0	7
c　英帝国			0	2
d　露西亜			4	13
Ⅲ　亜細亜洲				
a　亜細亜露西亜			5	10
b　満洲　附，蒙古	1	満蒙地誌	2	13
〃	2	満蒙事情	0	14
〃	3	満蒙経済事情	5	30
〃	4	満蒙各地	18	20
〃	5	満洲問題・満蒙と日本	17	19
c　支那	1	支那地誌	0	8
〃	2	支那經濟地理・支那經濟事情	5	17
〃	3	支那各地	12	13
〃	4	支那問題	7	7
d　東南亜細亜・馬来群島			8	28
e　印度			5	3
f　近東			3	2
Ⅳ　阿弗利加洲			7	5
Ⅴ　欧羅巴洲			13	12
Ⅵ　北亜米利加洲			14	15
Ⅶ　南亜米利加洲				
a　一般			5	3
b　東南米(ブラジル・ウルグアイ・パラグアイ・アルゼンチン)			6	18
c　西南米			1	2
Ⅷ　太平洋　附，南極地方			6	4
計			144	297

が，移民研究に関する文献が多いわけではない。また，Kの植民地研究をはじめ，中国大陸，東南アジアを中心とした東アジアへの関心の高さを指摘できる。戦後も注目されることになる名和(1937)の三環節論では大きく対欧米貿易，対英帝国貿易，対植民地・東アジア貿易の3つが示されるが，決して欧米やイギリス植民地の研究が盛んに行われていたわけではない。

ここで，図補-4は一定程度以上の文献数がある1925年以降の大項目別の文献数の推移を示したものである。上述のようにEやGの項目が中心的な位置を

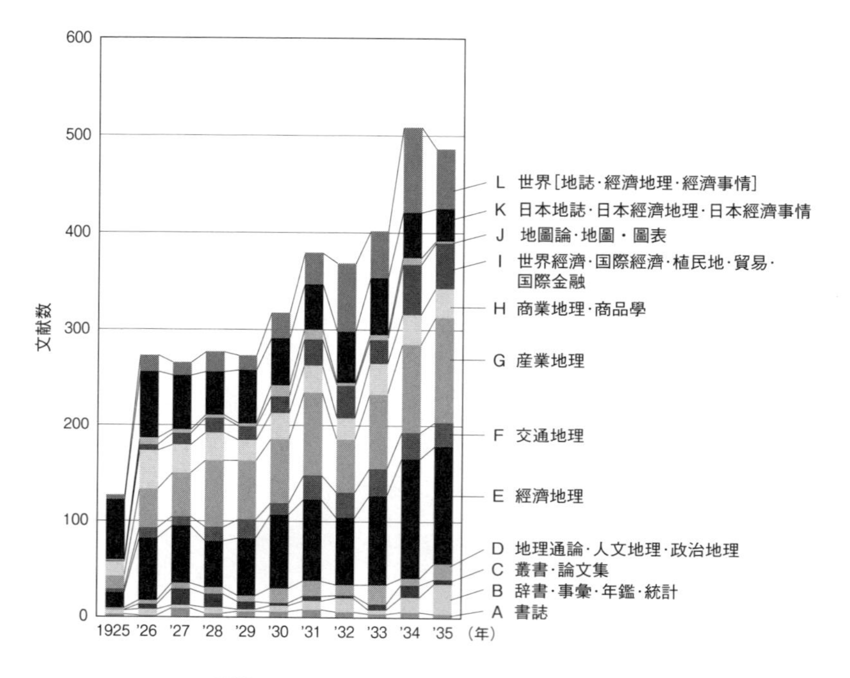

図補-4　大項目別文献数の推移(1925～1935年)

占めることは期間を通じて概ね当てはまる。期間を通じた変化がみられるのがKとLの項目である。1925年には文献数のほぼ半数をKが占めているものの，その比率は1926年以降大きく縮小し，1930年代に入るとKに変わってLが多くの文献数を占めるようになる[20]。1925年のKが過半を占めるという背景には当時の商人地理的背景があったということができるが，1930年代以降のLの拡大は顕著で，一言でいうなら日本地誌から世界地誌へという関心の変化を指摘できる。この時期に経済地理学がひろく海外に目を向け始めたということもできるが，その中心は表補-8にみるようにアジア，特に満洲であった。

20) 1924年以前も1925年と同様にKが採録文献数の過半を占めている。

Ⅳ　まとめ

1937年に刊行された『経済地理学文献総覧』に掲載された文献を通じて，戦前の経済地理学の枠組みと研究動向を検討した。黒正の描く戦前の経済地理学の枠組みは今日のそれとは決して同じではない。今日一般的な産業別分類を前提にした区分ではなく，生産と消費を対概念とし，両者に介在する商業や交通，それが展開する場としての集落(聚落)というような枠組みが存在した(図補-1)。また，商人地理学や商品地理学あるいは経済地誌的な影響が色濃く残っていたことも指摘できる。前者についてはD，E，F，G，Hの各項目の構成，後者についてはK項目に関わる膨大な文献採録数にみてとることができる。

例えば，G産業地理やH商業学・商品学の採録文献では農業や農産物，あるいは工業においても軽工業とその製品に関するものが中心で，今日との産業構造の違いがうかがえる。その一方，I項目における世界経済や国際経済，国際金融などは今日に勝るとも劣らない関心をみてとることができる。L世界におけるアジア，K日本地誌・日本経済地理・日本経済事情における植民地への関心の高さを含めて，これらの点は当時の日本の経済的な位置や情勢を反映したものと解釈できる。その一方，生産と消費が対になり，そこに商品が介在するというような経済地理学の枠組み(図補-1)と，今日一般的な第一次，第二次，第三次という産業分類に基づく枠組みの違いは，時代背景からだけでは解釈できない。むしろ，こうした下位区分の枠組みの再評価があって良いと考える。農業，水産業，鉱業，工業など生産に関わる部門と，そこから得られた産物・商品の交換・交易に関わる商業や貿易，交通に関わる部門，集落や人口を含めた消費に関わる部門に分けるような分類の再評価である。

今日の枠組みでは小売や卸売りなどの商業のみならず，サービス業から観光業，交通，情報通信など多くのカテゴリーが第三次産業に含まれてしまう。そういう分類なのだといわれればそうかもしれないが，効果的に研究対象を把握する上で，他の枠組みがあってもよい。例えば，フードシステム論は農業(第一次産業)や食品製造業(第二次産業)，食品小売業(第三次産業)などという分野横断的枠組みから理解するよりも，商品として理解したほうが明瞭である。同

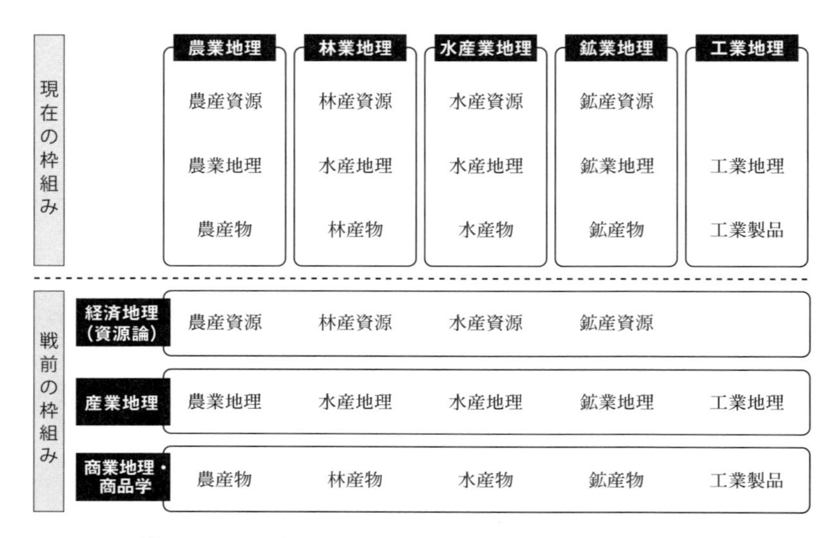

図補-5　現在の経済地理学の枠組み（上段）と戦前（黒正）の枠組み（下段）

様に，商品連鎖（commodity chain）や価値連鎖（value chain）などの概念も各々の産業に立脚点を置く観点よりも，商品に焦点を当てる観点により近い。こうした点は，時代状況から解釈できるものというよりも，時代状況の違いを超えて今日でも通用する観点として評価することができる。例えば，産業研究ではなく商品研究とすることで可能になること，あるいは産業研究と商品研究を分離することで可能になること，生産と消費を対概念としその媒介項として商品や商業，交通を位置づけるという枠組みからみえてくるものがあるのではなかろうか。例えば，国内に存在しない資源の調達や資源の確保という論点を掲げる時，あるいは海外市場への商品の投入や海外市場での需給動向という観点に立った時，今日一般的な産業別による経済地理学の下位区分が決して効果的とは言えないであろう。むしろ図補-1のような枠組みに有効な視点を求めることができる。

無論，今日の経済地理学の枠組みと，黒正の描く枠組みで取り上げる対象が異なるわけではない。取り上げ方，取り上げる枠組みが異なるのである。この点を模式的に示したものが図補-5である。図中明朝体で示したのが研究対象として示したものである。研究対象が現在と戦前（黒正の枠組み）で異なるわけではないが，それをどのような枠組みで理解するのかという観点が異なる。現在の枠組みが各産業分類に資源論も商品学も含めてしまうのに対して，『経済地理学文献総覧』に示されるそれはむしろ資源論や商品学という枠組みがより上位に配置される。ここで，どちらが優れているのかという議論をするつもりはない。例えば，第1部で論じた石田編著(1941)の環境論，地域論，資源論という経済地理学の3つの枠組みに従えば，地域論としての展開を目指す上では現在の枠組みは有効であろう。ただし，環境論や資源論として把握しようとする際にはそれが唯一の方法ではない。図補-5下段に示されるようなアプローチが少なからぬポテンシャルを有していると考える。その際，下段に示されるアプローチは決して新しいものではない。失われたアプローチであることに留意したい。むしろ，なぜそれをなくしてしまったのかにもう少し意識的でありたい。

学史上の商人地理や商業地理は，商人や商業活動上に必要な知識をもたらすもので，地誌的な記述が主体になっていた。あるいは揶揄表現として「地名・物産の地理」と言われることもある。ただし，「地名・物産の地理」を一概に否定できるものではない。ネット上に地理情報が溢れかえる今日とは異なる20世紀初めの段階で，それが果たした役割は尊重されるべきである。また，そこに存在した研究対象をとらえる観点，例えば商品に着目する対象のとらえ方や自然地理学との連結などは今日一般的な経済地理学の枠組みを相対化する観点として評価したいのである。

文献・資料

文　献

青鹿四郎　1935.『農業經濟地理』叢文閣.

安藝皎一　1952.『日本の資源問題』古今書院.

淺香幸雄　1946.『食物の地理』愛育社.

荒木一視　1995. フードシステム論と農業地理学の新展開. 経済地理学年報 41：100-120.

荒木一視　1997. わが国の生鮮野菜輸入とフードシステム. 地理科学 52：243-258.

荒木一視　1999. 農業の再生と食料の地理学. 経済地理学年報 45：265-278.

荒木一視　2002.『フードシステムの地理学的研究』大明堂.

荒木一視・高橋　誠・後藤拓也・池田真志・岩間信之・伊賀聖屋・立見淳哉・池口明子　2007. 食料の地理学における新しい理論的潮流――日本に関する展望――. *E-journal GEO* 2：43-59.

荒木一視　2008. 食料自給とフードセキュリティ. 地理 53(7月号)：64-70.

荒木一視　2012a. 食料資源とフードチェーン. 中藤康俊・松原宏編著『現代日本の資源問題』25-46. 古今書院.

荒木一視　2012b. フードレジーム論と東アジアの農産物貿易. エリア山口 41：52-62.

荒木一視編　2013.『食料の地理学の小さな教科書』ナカニシヤ出版.

荒木一視　2014. フードレジーム論と戦前期台湾の農産物・食料貿易――米移出に注目した第1次レジームの検討――. 山口大学教育学部研究論叢 63(第1部)：31-49.

荒木一視　2015. 戦前期朝鮮半島の食料貿易と米自給――主要税関資料による検討――. 山口大学教育学部研究論叢 64(第1部)：15-29.

荒木一視　2016. 戦前期フィリピンの農産物・食料貿易に関する一考察. エリア山口 45：29-43.

荒木一視　2017. 日本の食糧政策と経済地理学. 伊東維年編著『グローカル時代の地域研究』240-152. 日本経済評論社.

淡川康一　1930.『經濟地理通論』弘文堂書房.

生野眞直　1949. 蔬菜栽培の適地適作主義について. 社會地理 16：24-27.

池田正友　1942. 比律賓地誌. 地理學研究 1：218-241.

池田善長　1942. 支那畜産業の東亞における資源經濟地理學的地位. 地政學 1(12)：35-52.

石井素介 1967. 第4章 資源論・災害論. 経済地理学会編『経済地理学の成果と課題』52-58. 大明堂.
石井雄二・川久保篤志・若本啓子・中川秀一・堤 研二 2003. 第3章 第1次産業. 経済地理学会編『経済地理学の成果と課題 第VI集』54-119. 大明堂.
石田龍次郎 1928. 臺灣產米に就いて――その經濟地理學的變動の記述と説明――. 地理學評論 4:1-14.
石田龍次郎 1929. オーストラリヤ政策の批判. 地理學評論 5:73-75.
石田龍次郎編著 1941.『資源經濟地理 食糧部門』中興館.
石田龍次郎編著 1942.『資源經濟地理 原料部門』中興館.
石田龍次郎・藤井英夫編著 1943.『資源經濟地理 地圖と統計』成美堂書店.
石田龍次郎 1947.『食糧の東西――經濟地理――』矢島書房.
石原照敏・大崎 晃 1977. 第2章 第一次産業. 経済地理学会編『経済地理学の成果と課題 第II集』51-118. 大明堂.
井関弘太郎・北村修二 1983. 東海地震と中期的食料問題. 農業研究会編『日本農業再生の条件』139-157. 大成出版社.
伊藤郷平・田辺健一・上島正徳・浮田典良 1957.『人文地理ゼミナール 経済地理 I 農業・牧畜・林業』大明堂.
伊藤郷平・浮田典良・山本正三編 1977.『人文地理ゼミナール 新訂経済地理 I 農業・牧畜・林業』大明堂.
伊藤兆司 1933.『農業地理學』古今書院.
伊藤兆司 1937.『植民地農業――經濟地理的研究――』叢文閣.
伊藤兆司 1940.『植民地農業――經濟地理的研究――』叢文閣.
伊藤知晄 1942. アンダマン列島地誌. 地理學研究 1:297-302.
伊藤久秋 1940.『地域の經濟理論』叢文閣.
今田溝二 1936.『水産經濟地理』叢文閣.
岩崎正弥 2008. 悲しみの米食共同体. 池上甲一・岩崎正弥・原山浩介・藤原辰史『食の共同体 動員から連帯へ』ナカニシヤ出版, 15-69.
入江敏夫 1949. わが國の米作に關する二三の地域的考察. 社會地理 17:14-15.
岩間信之編 2011.『フードデザート問題――無縁社会が生む食の砂漠――』農林統計協会.
岩間信之編 2017.『都市のフードデザート問題――ソーシャル・キャピタルの低下が招く街なかの「食の砂漠」――』農林統計協会.
上野福男 1949. 高冷地の開拓. 新地理 3(2/3):42-62.
上野福男 1971. 農業地理学研究とその推進. 地理学評論 44:231-233.
宇賀籌德 1943. 米國の農業と抗戰力. 地理學研究 2:170-191.
牛山敬二 1980. 第一次大戦以前の日本の農産物貿易と農村. 農業綜合研究 34(3):

1-84.
内田寛一　1942a. 南方政治經濟地理上の諸課題(上). 地理學研究 1：115-127.
内田寛一　1942b. 南方政治經濟地理上の諸課題(下). 地理學研究 1：384-394.
内村良英　1950. わが国食料需給の構成について. 農業綜合研究 4(臨時増刊)：72-116.
江澤讓爾　1942.『經濟地理』研究社.
江波戸昭　1967. 第5章　農林業. 経済地理学会編『経済地理学の成果と課題』59-70. 大明堂.
江原絢子・東四柳祥子　2011.『日本の食文化史年表』吉川弘文館.
大河内一男著者代表　1966.『東京大学公開講座 8 食糧』東京大学出版会.
大鹽龜雄　1928.『產業經濟地理講話』白揚社出版.
太田更一　1952.『日本の食糧及び土地資源問題』古今書院.
大豆生田　稔　1982. 一九二〇年代における食糧政策の展開——米騒動後の増産政策と米穀法——. 史學雜誌 91：1552-1585.
大豆生田　稔　1984. 1930年代における食糧政策の展開——昭和恐慌下の農業政策に関する一考察——. 城西経済学会誌 10(2)：37-75.
大豆生田　稔　1993a. 戦時食糧問題の発生——東アジア主要食糧農産物流通の変貌——. 大江志乃夫・浅田喬二・三谷太一郎・後藤乾一・小林英夫・高崎宗司・若林正丈・川村湊編『岩波講座 近代日本と植民地 5 膨張する帝国の人流』177-195. 岩波書店.
大豆生田　稔　1993b.『近代日本の食糧政策——対外依存米穀供給構造の変容——』ミネルヴァ書房.
大呂興平　2012. 輸入自由化後の豪州牛肉生産をめぐる日本企業の進出と撤退. 地理学評論 85：567-586.
岡崎文規　1947. 現下の人口問題. 新地理 1(2)：1-9.
緒方敏郎　1938a. 戰時食糧に就て(1). 日本釀造協會雜誌 33：950-955.
緒方敏郎　1938b. 戰時食糧に就て(2). 日本釀造協會雜誌 33：1050-1053.
緒方敏郎　1938c. 戰時食糧に就て(3). 日本釀造協會雜誌 33：1166-1169.
岡田俊裕　2006.『地理学者の戦時期著作目録』和田書房.
岡田俊裕　2013.『日本地理学人物事典　近代編 2』原書房.
岡部牧男編　2008.『南満洲鉄道会社の研究』日本経済評論社.
岡本兼佳　1963.『農業地理学』名玄書房.
小川　徹　1941. 世界に於ける米の生產・消費及び流動狀況の數量的概觀(1925-1938). 東亞研究所報 8：1-48.
小川　徹　1942. 東亞における米の需給. 地理學研究 1：590-600.
小倉　眞・伊藤貴啓・菊池俊夫・西野寿章・井村博宣　1997. 第3章　農林水産業の

地域再編．経済地理学会編『経済地理学の成果と課題　第Ⅴ集』78-140．大明堂．
小原敬士　1936．『社會地理學の基礎問題』古今書院．
籠谷直人　2000．『アジア国際通商秩序と日本』名古屋大学出会．
風巻義孝　2003．学会設立前史――社会科学への位置づけの探求――．経済地理学会学会史編纂委員会編『経済理学会50年史』2-11．経済地理学会．
春日　豊　2010．『帝国日本と財閥商社』名古屋大学出版会．
片岡千香之　1984．戦前の南方カツオ・マグロ漁業，西日本漁業経済研究 25，33-47．
加藤和暢　2011．黒正巌の地域的編制論―戦前期日本における経済地理学研究の到達点―．人文・自然科学研（釧路公立大学紀要）23：45-72．
加藤和暢　2012．黒正巌の地域的編制論(II)．人文・自然科学研究（釧路公立大学紀要）24：15-33．
加藤和暢　2013．黒正巌の地域的編制論(III)．人文・自然科学研究（釧路公立大学紀要）25：37-48．
河合和男　1985．『朝鮮における産米増殖計画』未来社．
川喜多二郎　1949．カロリー計算による土地生産力の量的表現――主として日本列島の場合――．社會地理 19：6-10．
川田三郎　1939．カメルンの原生林と其のドイツ經濟に對する意義．地理學評論 15：74-74．
川田三郎　1942．ビルマ地誌．地理學研究 1：200-217．
川田三郎　1943．臺灣に於ける土地利用．地理學評論 19：315-330．
河田嗣郎　1924．食糧問題と朝鮮の米作．經濟論叢（京都帝國大學經濟學會）19：878-907．
川西正鑑　1935．『工業經濟地理』叢文閣．
川野重任　1941．『臺灣米穀經濟論』有斐閣．
川端基夫　2011．『アジア市場を拓く――小売国際化の100年と市場グローバル化――』新評論．
川端基夫　2016．『外食国際化のダイナミズム』新評論．
河東竫弘　1990．『戦前日本の米価政策史研究』ミネルヴァ書房．
川村得三編　1941．『蒙疆經濟地理』叢文閣．
木内信藏　1940．滿洲諸都市の民族構成　日本人人口を中心として．地理學評論 16：182-201．
菊島馨八郎　1949．戰後我國開拓地の營農實績．社會地理 23：6-9．
喜多常夫　2009a．お酒の輸出と海外産清酒・焼酎に関する調査(1)．日本醸造協会誌 104(7)，531-545．
喜多常夫　2009b．お酒の輸出と海外産清酒・焼酎に関する調査(2)．日本醸造協会誌 104(8), 592-606.
北村修二　1980. 木曽川下流域における高度成長期以降の農業・農民層動向. 人文地理 32：123-136.
北村修二　1982. 農家の兼業からみた日本農業の地域構造. 地理学評論 55：739-756.
北村修二　1987a. 就業形態からみたわが国の地域構造：農家の兼業化および農業経営の地域構造をめぐって. 経済地理学年報 32：117-129.
北村修二　1987b. 農家および農民層の流出動向からみたわが国の地域構造とその成立要因. 地理学報告 65：1-17.
北村修二　1989. 地域経済と国際化. 愛知教育大学地理学報告 68：121-129.
木山　実　2009.『近代日本と三井物産──総合商社の起源──』ミネルヴァ書房.
國松久彌　1937.『最近の滿洲國地誌』古今書院.
國松久彌　1938.『新支那地誌』古今書院.
國松久彌　1941.『新經濟地理總論』柁谷書院.
久保文克編著 糖業協会監修　2009.『近代製糖業の発展と糖業連合会──競争を基調とした協業の模索──』日本経済評論社.
窪谷順次　1956. 世界の肥料需給と農業生産. 農業綜合研究 10(2)：319-330.
栗原籐七郎　1944.『世界農業地理』明文堂(発売所：産業圖書株式會社, 配給元：日本出版配給株式會社).
黒野白鵬・鷲田健二　1935a. 滿洲の產業事情(1)日本醸造協會雜誌 30：58-62.
黒野白鵬・鷲田健二　1935b. 滿洲の產業事情(2)日本醸造協會雜誌 30：156-157.
黒野白鵬・鷲田健二　1935c. 滿洲の產業事情(3)日本醸造協會雜誌 30：254-256.
黒野白鵬・鷲田健二　1935d. 滿洲の產業事情(7)日本醸造協會雜誌 30：714-722.
桑島安太郎・山崎清一郎　1924.『地的考察を基底とせる最新產業地理』弘成舎.
黑正　巖　1931a. 經濟地理學概論. 經濟學全集第38巻『商業學(下)』127-206. 改造社.
黑正　巖　1931b.『日本經濟地理學　第一分冊』岩波書店.
黑正　巖　1936.『經濟地理學總論』叢文閣.
黑正　巖　1941.『經濟地理學原論』日本評論社.
黑正　巖・菊田太郎　1937.『經濟地理學文獻總覽』叢文閣.
黒正巌著作集編集委員会　2002.『黒正巌著作集(全7巻)』思文閣.
小島榮次　1940.『經濟地理學序說』時潮社.
小杉　毅　1984. 中藤康俊著『現代日本の食糧問題』(書評)経済論集(関西大学) 34：57-64.
後藤拓也　2002. トマト加工企業による原料調達の国際化──カゴメ株式会社を事例に──. 地理学評論 75：457-478.

後藤拓也　2004. 日本商社による鶏肉調達の国際的展開と調達拠点の形成. 人文地理 56：531-547.
後藤拓也　2011. 日本のアグリビジネスによる海外進出の空間的パターン──食品企業を事例に──. 人文科学研究(高知大学) 17：15-28.
小林幾次郎　1939.『支那の經濟と資源』時潮社.
小船　清　1949. 日本の土地開拓. 地學雜誌 57：9-13.
駒井徳三　1912.『滿洲大豆論』カメラ會.
西東秋男　1983.『日本食生活史年表』楽游書店.
左海猪平　1925.『世界產業地理要論』内外出版株式會社.
坂本英夫　1987.『農業地理学』大明堂.
坂本雅子　2003.『財閥と帝国主義──三井物産と中国──』ミネルヴァ書房.
桜井　豊　1980. 解題. 近藤康夫編『昭和前期農政経済名著集 19　畜産経済地理　宮坂梧朗』3-24. 農山漁村文化協会.
佐々木　喬監修　1942.『東亞の農業資源』地人書館.
佐佐木彥一郎訳　1928. 支那の農業經濟地理(ベーカー著). 地理學評論 4：864-876.
佐田弘治郎編　1927.『滿洲粟の鮮内事情』南滿洲鐵道株式會社庶務部調查課.
佐藤敬二　1940. 北支・蒙疆の造林. 地學雜誌 52：541-567.
佐藤　仁　2011.『持たざる国の資源論』東京大学出版会.
佐藤貞次郎・竹内正巳　1934.『滿蒙資源論』日本評論社.
佐藤　弘　1930a.『世界經濟地理』千倉書房.
佐藤　弘　1930b.『經濟地理學概論』古今書院.
佐藤　弘　1931. 商品地理. 經濟學全集第 38 巻『商業學(下)』407-554. 改造社.
佐藤　弘　1936.『最近の經濟地理學』古今書院.
佐藤　弘・國松久彌　1935.『經濟地理學概説』三省堂.
佐藤　弘　1939a.『時局と地理学』古今書院.
佐藤　弘　1939b.『經濟ブロックと大陸』古今書院.
佐藤　弘　1951.『経済地理』新紀元社.
清水貞俊　1968. 日本の近代化過程における貿易構造の変化. 立命館経済学 16：45-71.
清水良平　1962. 我が国における輸入原料農産物の需要とその将来予測──牛脂を例として──. 農業綜合研究 16(3)：57-116.
シュパング, C.W. 石井素介訳　2001. カール・ハウスホーファーと日本の地政学──第一次世界大戦後の日独関係の中でハウスホーファーのもつ意義について──. 空間・社会・地理思想 6：2-21.
シュローサー, E., ウィルソン, C. 著, 宇丹貴代実訳　2007.『おいしいハンバーガーのこわい話』草思社.
白浜兵三 1971. わが国における農業地理学研究に対する若干の批判と提言――農業地理研究委員会中間報告――. 地理学評論 44：234-240.
進藤賢一 1985. 国際化と肉牛生産地域の変化――大規模畜産基地, 北海道を中心に――. 経済地理学年報 31：271-292.
新福大建 2012. 製糖連合会の活動. 松田吉郎編著『日本統治時代台湾の経済と社会』晃洋書房, 21-34.
西水孜郎 1936. 朝鮮の農村に於ける土地利用. 地理學評論 12：1081-1106.
西水孜郎 1943. 東亞の農產資源. 地理學研究 2：213-229.
西水孜郎 1946. 我が國の食料需給問題. 國民地理 1：3-4.
西水孜郎 1949.『日本の農業――經濟地理學的研究――』古今書院.
西水孜郎 1958.『日本農業経済地理』古今書院.
杉野圀明 1970. 経済地理学と世界経済――地政学批判――. 立命館経済学 19：419-465.
杉野幹夫 1976. 三環節論の再検討. 經濟論叢(京都大学経済学会) 118：366-382.
杉原 薫 1985. アジア間貿易の形成と構造. 社会経済史学 51(1)：17-53.
杉原 薫 1995. フリーダ・アトリーと名和統一――「日中戦争」勃発の経済的背景をめぐって――. 杉原四郎編『近代日本とイギリス思想』203-234. 日本経済評論社.
杉原 薫 1996.『アジア間貿易の形成と構造』ミネルヴァ書房.
関 文彦 1930. 臺灣の林業. 地學雜誌 42：532-536.
曾 品滄 2011. 日本人の食生活と「シナ料亭」の構造的変化. 老川慶喜・須永徳武・矢ヶ城秀吉・立教大学経済学部編『植民地台湾の経済と社会』213-231. 日本経済評論社.
総理府資源調査会事務局 1953.『明日の日本と資源』総理府資源調査会事務局.
高柳長直・荒木一視・西野寿章・山内昌和 2010. 第3章 農林水産業と食料. 経済地理学会編『経済地理学の成果と課題 第VII集』39-64. 日本経済評論社.
高柳長直 2014. 環境にやさしい農業と「自然」な食品. 経済地理学年報 60：287-300.
瀧川 勉 1956. アメリカの過剰農産物形成についての一考察――対外援助政策との関連において――. 農業綜合研究 10(2)：27-66.
瀧川 勉 1959. アメリカの農業政策と貿易政策――過剰農産物問題への歴史的視点――. 農業綜合研究 13(4)：51-87.
田口小吉 1903a. 臺灣の生產物に就て. 地學雜誌 15：68-76.
田口小吉 1903b. 臺灣の生產物に就て. 地學雜誌 15：167-176.
田口小吉 1903c. 臺灣の生產物に就て. 地學雜誌 15：248-255.

武見芳二　1928a. 樺太入移民の經濟地理學的考察(上). 地理學評論 4：877-895.
武見芳二　1928b. 樺太入移民の經濟地理學的考察(下). 地理學評論 4：962-987.
武見芳二　1929. 我が植民地に於ける内地人入移民. 地理學評論 5：127-141.
武見芳二　1934.『植民地理』岩波書店.
武見芳二　1938. 貿易上より観たる「持てる國・持たざる國」. 地理學 6-5, 64-85.
多田文男　1942. タイ地誌. 地理學研究 1：173-199.
田中　薫　1948. 日本の開拓地について. 人文地理 1：26-35.
田邊健一　1943. 濠洲の土地利用と開拓と人口. 地理學研究 2：246-253.
田邊健一　1944. 濠洲開拓初期の土地利用の發展. 地學雜誌 56：317-329.
チューネン著　近藤康夫・熊代幸雄訳　1989.『近代経済学古典選集 1 チューネン孤立国』日本経済評論社.
塚瀬　進　1992. 中国近代東北地域における農業発達と鉄道. 社会経済史学 58(3)：313-338.
塚瀬　進　1993.『中国近代東北経済史研究』東方書店.
塚瀬　進　2005. 中国東北地域における大豆取引の動向と三井物産. 江夏由樹・中見立夫・西村成雄・山本有造編『近代中国東北地域史研究の新視角』70-94.山川出版社.
辻村太郎　1927. ジャヴァ及びマドゥラに於ける農園経営の經濟地理學的考察. 地理濠評論 3：970-972.
辻村太郎　1946. 食生活と地理. 國民地理 1(5)：4-8.
角山　榮　1985. アジア間米貿易と日本. 社会経済史学 51(1)：126-140.
寺尾　博　1938. 北支の農業地理. 地學雜誌 50：498-516.
寺尾　博　1942. 稻と大東亞共榮圈. 科學 12(11)：1-1.
寺田貞次　1930. 植民地理に就いて. 地理學評論 6：645-652.
東畑精一・大川一司　1935.『朝鮮米穀經濟論』日本學術振興會.
冨田芳郎　1929.『經濟地理學原論』古今書院.
冨田芳郎　1937.『植民地理』叢文閣.
長岡　顕・中藤康俊・山口不二雄　1978.『日本の地域構造　3　日本農業の地域構造』大明堂.
中藤康俊　1983.『現代日本の食糧問題』汐文社.
中野尊正　1942. シンガポール島地誌. 地理學研究 1：275-296.
永井惟直　1899.『商工地理孛』博文館.
中山誠記　1953. 食糧の貿易構造と消費構造. 農業綜合研究 7(2)：1-23.
中山誠記　1958. 食糧消費水準の長期変化について. 農業綜合研究 12(4)：13-37.
中山誠記　1960.『食生活はどうなるか』岩波書店.
名和統一　1937.『日本紡績業と原棉問題研究』大同書院.

名和統一　1948.『日本紡績業の史的分析』潮流社.
西龜正夫　1931.『農業地理學』古今書院.
西川博史　1999.　フリーダ・アトリーと日本帝国主義.　経済学研究(北海道大学) 48(3) : 1-12.
錦織英夫　1980.　解題.　近藤康夫編『昭和前期農政経済名著集 18　農業経済地理　青鹿四郎』3-26.　農山漁村文化協会.
西田卯八　1926.『世界經濟地理講話』寶文館.
西田卯八　1928.『日本經濟地理講話(上)』寶文館.
西田卯八　1929.『日本經濟地理講話(下)』寶文館.
西山榮久　1941.『支那經濟地理』大阪屋號書店.
西山久徳　1974.『増補改訂経済地理学』現代書館.
野口保市郎　1924.『商業地理學概論』早稲田泰文社.
野口保市郎　1929.『經濟地理學概論』東京泰文社.
野口保市郎　1939.『經濟地理學総論』東京泰文社.
野口保市郎　1942.　大東亞共榮圈内の棉花問題について.　地理學研究 1 : 790-802.
野口保興　1931.『世界經濟地理　生産篇』ACM 廬.
野田公夫編　2013a.『農林資源開発の世紀――『資源化』と総力戦体制の比較史――』京都大学学術出版会.
野田公夫編　2013b.『日本帝国圏の農林資源開発――『資源化』と総力戦体制の東アジア――』京都大学学術出版会.
野原敏雄・森滝健一郎編　1975.『戦後日本資本主義の地域構造』汐文社.
則藤孝志　2012.　アジアにおける梅干し開発輸入の展開とそのメカニズム.　経済地理学年報 58 : 100-117.
樋口節夫　1967.　米についての地理学の関心とその記録――朝鮮産米研究の現代的意義に及ぶ――.　人文地理 19 : 54-74.
樋口節夫　1988.『近代朝鮮のライスマーケット』海青社.
尾留川正平　1942a.　英本國の農業と食糧問題.　地理學研究 1 : 776-787.
尾留川正平　1942b.　伊太利の農業と食糧問題.　地理學研究 1 : 1147-1156.
尾留川正平　1950.『食糧の生産と消費』金星堂.
尾留川正平　1973.　農業地理学体系樹立の系譜.　地理学評論 46 : 769-777.
福田敬太郎・荒木　孟・阿倍小次郎・草刈　孟・天明郁夫・木村靖二 1941.『生鮮食糧品出荷配給統制問題』東京市政調査會.
藤井英夫　1942.　本邦小麦の生産と需給關係.　地理學研究 1 : 418-426.
藤田佳久・元木　靖・北村修二・田坂行男　1992.　第 5 章　第 1 次産業の変化と地域構造.　経済地理学会編『経済地理学の成果と課題　第Ⅳ集』170-221.　大明堂.
藤本利治　1962.　農業地理学研究の目的と史的展望.　人文地理 13 : 561-572.

藤原辰史　2007．稲もまた大和民族なり──水稲品種の「共栄圏」．池田浩士編『大東亜共栄圏の文化建設』189-240．人文書院．
藤原辰史　2011．『カブラの冬──第一次世界大戦期ドイツの飢饉と民衆』人文書院．
フリードマン，H．著，渡辺雅男・記田路子訳　2006．『フード・レジーム　食料の政治経済学』こぶし書房．
細野重雄　1956．最近のアメリカ農産物価格支持政策．農業綜合研究 10(3)：299-312．
堀江邑一　1938．『支那經濟地理概論』日本評論社．
牧野俊重　1986．第一次世界大戦参戦期におけるアメリカの食糧政策．千葉敬愛経済大学研究論集 30：111-132．
増井好男　2008．食料資源問題の経済地理学的考察．東京農大農学集報 52(4)：151-160．
松田吉郎編　2012．『日本統治時代台湾の経済と社会』晃洋書房．
松村祝男　1982．米の生産調整と外国産果実の輸入に伴う桜桃栽培地域の変容について．熊本大学文学部論叢 8：1-34．
松村祝男・田嶋　久　1984．第2章　第一次産業．経済地理学会編『経済地理学の成果と課題　第III集』59-91．大明堂．
松本治彦　1944．米穀自給圏試論．国土計画 3(2)：91-104．
三浦伊八郎　1930．臺灣の森林と林業．地學雜誌 42：615-621．
三木理史　2010．日本における植民地理学の展開と植民地研究．歴史地理学 52(5)：24-42．
三木理史　2013．南満洲鉄道の成立と大豆輸送──駅勢圏の形成とその規定要因──．人文地理 65：108-128．
三木龍平　1932．滿洲大豆價値論．彦根高商論叢 13：161-207．
溝口三郎　1944．日滿を通ずる食糧自給圏の確立．国土計画 3(1)：37-56．
南滿洲鐵道株式會社地方部勸業課編　1920．『滿洲大豆』滿蒙文化協會．
宮坂梧朗　1936．『畜産經濟地理』叢文閣．
村上節太郎　1934．朝鮮の果樹栽培．地學雜誌 46：143-146．
村木定雄　1933a．臺灣バナナの地理学的研究(其一)．地學雜誌 45：185-192．
村木定雄　1933b．臺灣バナナの地理学的研究(其二)．地學雜誌 45：246-253．
村本達郎　1941．戰時體制下の獨逸の農業．地理學 9：332-336．
村本達郎　1942．農業地理より見たる土地利用問題．地理學評論 18：163-169．
元木　靖　1992．第1次産業の変化と地域構造．経済地理学会編『経済地理学の成果と課題　第IV集』170-180．大明堂．
持田恵三　1954．食糧政策の成立過程(一)──食糧問題をめぐる地主と資本──．農業綜合研究 8(2)：197-250．

持田恵三　1956. 食糧政策の成立過程(二)——食糧問題をめぐる地主と資本——. 農業綜合研究 10(3) : 197-250.
持田恵三　1969. 米穀市場の近代化——大正期を中心として——. 農業綜合研究 23(1) : 1-56.
持田恵三　1970.『米穀市場の展開過程』東京大学出版会.
持田恵三　1980. 世界農産物市場の形成. 農業綜合研究 34(1) : 57-138.
森　武夫　1935.『ブロック經濟地理』叢文閣.
森本厚吉　1921a. 國民食糧問題(1). 經濟學商業學國民經濟雜誌 31 : 482-506.
森本厚吉　1921b. 國民食糧問題(2). 經濟學商業學國民經濟雜誌 31 : 723-738.
森本厚吉　1922. 國民食糧問題(3). 經濟學商業學國民經濟雜誌 32 : 177-207.
谷ヶ城秀吉　2012.『帝国日本の流通ネットワーク』日本経済評論社.
矢澤大二　1939. 滿洲に於ける我が農業移民村の現狀に關する若干の考察. 地理學評論 15 : 524-549.
矢島　中　1942. マレー地誌. 地理學研究 1 : 242-270.
矢嶋仁吉　1942. タイ國の農產資源と土地利用. 地理學研究 1 : 764-775.
山口貞夫　1929. 日本の人口過剩. 地理學評論 5 : 644-647.
山口彌一郎　1947. 開拓地理への道. 新地理 1(4) : 19-22.
山口彌一郎　1950. 米食・稲作・農村社會——米の人文地理學的考察——. 新地理 4(6) : 12-22.
矢内原忠雄　1926. 朝鮮產米增殖計畫に就いて. 農業經濟研究 2 : 1-32.
矢内原忠雄　1929.『帝國主義下の臺灣』岩波書店.
山田高生　1994. 第一次大戦中のドイツの国家社会政策(二)——ヴィルヘルム・グレーナーと戦時社会政策——. 成城大学経済研究 126 : 1-16.
山田拍採　1930. 臺灣の農業. 地學雜誌 42 : 526-531.
山本正三・田林　明・北林吉弘　1987.『日本の農村空間——変貌する日本農村の地域構造——』古今書院.
山本正三・手塚　章・山本　充　1990. 農業地域の変貌に関する研究課題——予報——. 沢田　清編著『地理学と社会』206-212. 東京書籍.
山本政喜　1943.『民族經濟地理』三教書院.
山本有造　2003.『「満洲国」経済史研究』名古屋大学出版会.
山本義彦　1987a. 両大戦間期日本貿易構造分析の再検討 :「戦間期日本経済構造の変化と金融解禁政策」研究の覚書. 静岡大学法経研究 35(3-4) : 49-82.
山本義彦　1987b. 両大戦間期日本の貿易(上)統計指標による分析. 静岡大学法経研究 36(1) : 45-70.
山本義彦　1987c. 両大戦間期日本の貿易(下)統計指標による分析. 静岡大学法経研究 36(2) : 23-55.

除野信道　1952.『新経済地理学』古今書院.
除本理史　2005. 戦前期台湾における日本人漁業移民――台北州蘇澳の事例――. 東京経大学会誌 245:95-111.
横山英信　1992. 戦時期日本における麦需給政策の展開. 農業経済研究報告 25:151-170.
横山英信　1994. 日本食糧政策史研究に関する一考察――麦政策史研究の位置づけ・分析法補運検討を中心に――. 農業経済研究報告 27:87-103
横山英信　2002.『日本麦需給政策史論』八朔社.
横山英信　2005. 戦後小麦政策と小麦の需給・生産. 農業経済研究 77:114-128.
横山又二郎　1932. 日本を脅威する經濟封鎖. 地學雜誌 44:425-429.
横山又二郎　1934a. 吾が人口問題と滿洲. 地學雜誌 46:150-153.
横山又二郎　1934b. 滿洲の邦人數. 地學雜誌 46:500-503.
横山又二郎　1935. 比律賓嶋と米人. 地學雜誌 47:457-461.
横山又二郎　1936. 米人の比島に遺した置土產. 地學雜誌 48:295-297.
横山又二郎　1937a. 蘇聯極東軍の自給策. 地學雜誌 49:149-155.
横山又二郎　1937b. 人口の過剩は戰因となり得るか. 地學雜誌 49:447-454.
吉田義信　1969.『農業地理学研究』博文社.
米倉二郎　1941.『東亞地政學序説』生活社.
米田正武　1940. セレベスミナハサ州に於ける土地利用の状況. 地理學評論 16:15-37.
連合軍総司令部, 経済安定本部資源調査会訳　1951.『日本の天然資源-包括的な調査-』時事通信社.
ローレンス, F. 著, 矢野真千子訳　2005.『危ない食卓――スーパーマーケットはお好き？――』河出書房新社.
渡邊兵力　1942. 北支農業土地利用に關する覺書. 地理學研究 1:660-676.
渡邊　操　1947. 開拓地土地利用の將來. 社會地理 5:12-15.
渡邊　操・延井敬治　1948. 我國開拓可能地の地理的性格. 新地理 2(6):15-25.
渡邊　操 1950. 地理學徒のための農業の基礎知識. 社會地理 30, 2-4.

英語文献

Atkins, P. 1988. Redefining agricultural geography as the geography of food. *Area* 20:281-283.
Atkins, P. and Bowler, I. 2001. *Food in Society*. London: Arnold.
Bowler, I. 1992. The Industrialization of Agriculture. Bowler, I. ed. *The Geography of Agriculture in Developed Market Economies*. 7-31. Longman Science & Technical.

Bowler, I. and Ilbery, B. 1987. Redefining agricultural geography. *Area* 19：327-332.

House, E. 1936. New Deal among Nations. *Liberty*, Sep. 14, 44-47.

Utley, F. 1936. *Japan's Feet of Clay*. London：Faber and Faber. アトリー著，坂昭雄・沢井実・西川博史訳　1998.『日本の粘土の足』日本経済評論社.

中国語文献

末光欣也著　辛如意・高泉益訳　劉文甫監訳　2012.『台灣歴史　日本統治時代的台湾 1895～1945/46年　50年的軌跡（中文版）』致良出版社（台湾・台北市）（原典は末光欣也（2007）『台湾の歴史 日本統治時代の台湾（増訂版）』致良出版社）.

陳柔縉　2009.『人人身上都是一個時代』時報出版（台湾・台北市）（陳柔縉著，天野健太郎訳（2014）『日本統治時代の台湾』PHP研究所）

陳柔縉　2011.『台灣西方文明初體驗』麥田出版（台湾・台北市）.

廖怡錚　2012.『女給時代　1930年代臺灣的珈琲店文化』東村出版（台湾・新北市）.

許育純　2013.台湾菜的歴史与文化之研究　淡江大学歴史学系　碩士論文（修士論文）.

資　料

アサヒビール株式会社　1990.『Asahi 100』.

味の素株式会社　1951.『味の素沿革史』.

味の素株式会社　1971.『味の素株式会社社史』.

味の素株式会社　2009.『味の素グループの百年』.

味の素グループ　『味の素グループの100年史』https://www.ajinomoto.com/jp/aboutus/history/story/（2017年11月1日確認）.

大川一司編　1972.『長期経済統計　推計と分析　鉱工業』.

大阪府立貿易館　1935.『満洲国貿易概況』.

キッコーマン株式会社　2000.『キッコーマン株式会社八十年史』.

キッコーマン醤油株式会社　1968.『キッコーマン醤油史』.

経済安定本部民政局　1952.『戦前戦後の食糧事情』日本農村調査会.

サッポロビール株式会社　1996.『サッポロビール120年史』.

商工省（現 経済産業省，元 通商産業省）　各年.『工業統計表』（1938年までは『工場統計表』）.

商工省貿易局編　1934.『満洲貿易事情』.

しょうゆ情報センター　各年.『醤油の統計資料』http://www.soysauce.or.jp/（2017年11月1日確認）.

食糧庁　各年.『食糧管理統計年報』.

新義州税関　1930.『新義州港貿易概覧』.
新義州税関　各年.『貿易要覧(大正13, 14, 15年および昭和14年版)』.
鈴木三郎助　1961.『味に生きる』実業之日本社.
総務庁統計局　1987.『日本長期統計総覧』.
大洋漁業　1960.『大洋漁業八十年史』.
台湾総督府財務局　1936.『台湾貿易四十年表　自明治29年至昭和10年』.
朝鮮銀行調査部　1944.『朝鮮農業統計図表』.
朝鮮総督府　各年.『農業統計表』.
朝鮮総督府農林局　1934.『朝鮮米穀要覧』.
朝鮮貿易協会　1933.『最近の朝鮮対満洲貿易』.
東洋経済新報社 1950.『昭和産業史』.
東洋経済新報社　1965～1988.『長期経済統計』.
日清製油株式会社　1969.『日清製油六十年史』.
日清製油株式会社　1987.『日清製油八十年史』.
日清オイリオグループ株式会社　2007.『日清オイリオグループ100年史』.
日本関税協会　各月.『日本貿易月表』.
日本水産株式会社　1961.『日本水産50年史』.
日本水産株式会社　2011.『日本水産百年史』http://www.nissui.co.jp/corporate/100yearsbook/pdf/100yearsbook.pdf(2017年11月1日確認).
日本油脂株式会社　1967.『日本油脂三十年史.
農林水産業生産性向上会議　1958.『日本農業基礎統計』.
農林水産省　各年.『作物統計』.
農林水産省　各年.『食糧統計年報』.
農林水産省　各年.『食料需給表』.
浜田徳太郎編　1936.『大日本麦酒株式会社三十年史』.
ホーネンコーポレーション　1993.『育もう未来を　ホーネン70年の歩み』.
豊年精油株式会社　1944.『豊年製油株式会社二十年史』.
豊年精油株式会社　1963.『豊年製油株式会社四十年史』.
溝口敏行編　2008.『アジア長期経済統計　台湾』.
南満洲鉄道株式会社総務部調査課　1919～1931.『北支那貿易年報』.
明治製糖株式会社　1936.『明治製糖株式会社三十年史』.
矢野恒太郎記念会編　各年.『国勢図会』.

あとがき

第1部では食料の地理学の来歴を振り返り，第2部ではフードチェーンの概念を用いて戦前の状況を把握した。対象とした時期は食料の地理学やフードチェーンという今日的な概念の登場以前ではあるものの，当時の食品企業の海外展開の分析において，今日のフードチェーンの概念が有効なことを指摘できるとともに，当時の地理学研究においても食料に対する高い関心が払われていたことを確認できた。フードチェーンという言葉こそ存在しないものの，類似した観点が存在していたことは第1部に明らかである。それはすなわち，第2部にみた状況を把握する上で，第1部にみた当時の地理学は，戦後の長きにわたって失われていた観点を持っていたといえるのではないか。それでは，それはどのような観点かということを議論したのが第6章の補論である。

以下，各章の初出を示したい。いずれも筆者がこれまで学会誌等に発表してきた論文を再構成したものである。

第1章　荒木一視　2015. 食料の安定供給と地理学――その海外依存の学史的検討――. *E-journal GEO* 9: 239-267.

第2章　荒木一視　2015. 1940年代の地理学における食料研究――いかにして食料資源を確保するのか――. 地理科学 70: 215-235.

第3章　荒木一視　2017. 戦前の日本の食品企業の海外展開――フードチェーン構築の諸類型――. *Journal of East Asian Identities* 2: 1-20.

第4章　荒木一視　2016. 新義州税関資料からみた戦間期の朝鮮・満洲間粟貿易――日本の食料供給システムの一断面――. 人文地理 68: 44-65.

第5章　荒木一視・林呈蓉　2015. 戦前期台湾における日本食材の受容――工業統計表と台湾貿易四十年表に基づく推計――. エリア山口 44: 51-65.

なお，補論は本書が初出で書き下ろしということになるが，実際には「経済地理学年報」に投稿してリジェクトされた原稿である。もちろん編集委員会の判断は尊重するし，まぁ，内容からすると貴方の研究領域区分は問題があるといっているようなものなので，リジェクトされるのもさもありなんであるが，読者諸氏には大いにこの枠組みについて議論していただきたいのである。無理にその言い方に固執して「6次産業」などという意味不明の概念を拵えるよりも，かつて有していた枠組みを採用することの方がはるかに理解が容易と考えるのは筆者だけであろうか。加えていえば，リジェクトの理由の一つは採用した資料が『経済地理学文献総覧』のみであるので資料紹介の域を出ないというものであった。はたして『経済地理学文献総覧』の位置付けとは資料紹介程度のものでよいのだろうか。同書は「a comprehensive bibliography」ではなく「the comprehensive bibliography」であるというのが，筆者の考え方である。無論，このような場で論文のリジェクトの経緯を開陳するべきではないという読者もおられようし，あまり品の良いものではないことも承知している。しかし，ここではあえて記しておきたい。

また，本書の元となった研究の遂行にあたっては，平成25-27年度(2013-15年)科学研究費助成事業　挑戦的萌芽研究「近代日本における工業労働者への食料供給と植民地経営をめぐる地理学的研究」研究代表者: 荒木一視，課題番号25580176を使用した。

謝　辞　研究を進めるにあたって山口大学東亜経済研究所および愛知大学中部地方産業研究所に所蔵の資料によるところが大きい。前者は戦前の文献や統計資料を始め本書が利用した資料全般に関わって，後者は特に第3章の社史の分析に関わって利用させていただいた。また，その際には愛知大学の駒木伸比古先生には様々な便宜を図っていただいた。記して感謝申し上げる。最後に，本書の刊行にあたっては海青社の宮内久社長，編集部の福井将人様には大変お世話になった。あわせて謝意を表したい。

索　引

重要な記述があるページ番号はゴシック体で示した。

一般項目

ア　行

カ　行

サ 行

タ　行

ナ　行

ハ　行

マ 行

ヤ 行

ラ 行

地 名

食品名

人 名

文 献 名

●著者紹介
荒木 一視（ARAKI Hitoshi）

山口大学教育学部 教授

専門分野：経済地理学

略　　歴：1964年和歌山県生まれ，旭川大学講師，助教授，山口大学助教授，准教授を経て現職。博士（文学）

主な著書：『食料の地理学の小さな教科書』（編著，2013年，ナカニシヤ出版），『モンスーンアジアのフードと風土』（共編著，2012年，明石書店），『アジアの青果物卸売市場』（単著，2008年，農林統計協会）など。

Modern Japan's Food Chains:
Geography and Overseas Operation
by ARAKI Hitoshi

きんだいにほんのふーどちぇーん
近代日本のフードチェーン
海外展開と地理学

発 行 日――――――2018 年 3 月 22 日　初版第 1 刷
定　　価――――――カバーに表示してあります
著　　者――――――荒　木　一　視
発 行 者――――――宮　内　　久

海青社
Kaiseisha Press

〒520-0112　大津市日吉台2丁目16-4
Tel. (077) 577-2677　Fax (077) 577-2688
http://www.kaiseisha-press.ne.jp
郵便振替　01090-1-17991

 ● ISBN978-4-86099-326-9　C3025　● Printed in JAPAN